Web 前端技术丛书

Vue3.x+TypeScript 实践指南

邹琼俊 编著

北京航空航天大学出版社

内 容 简 介

为了紧跟技术潮流，本书聚焦于当下最火的 Vue3 和 TypeScript 及其相关技术，这些知识是面试 Vue 方向前端岗位时必须掌握的内容。本书站在初学者的视角，将理论和实践相结合，通过循序渐进、由浅入深的方式来一一讲解 Vue3 的技术体系，让读者在学习的过程中不断提升前端开发水平。阅读本书仅需要有 CSS、HTML、JS 基础，即使你是一个 Vue 初学者，阅读本书也不会有任何困难。书中提供了丰富的示例来帮助读者将理论知识运用于实践，让读者学习起来不会感到枯燥乏味。相信本书能让读者在短时间内快速掌握 TypeScript 和 Vue3 的相关知识，并能够将所学知识运用到实际应用当中去。

如果你是 Vue 初学者，建议你按照章节顺序从头到尾阅读，如果你已经有了一定的基础，可以挑选自己感兴趣的章节进行阅读。本书适合所有 Web 开发从业人员，也适合作为高等院校和培训学校计算机专业课程的教学参考书。

图书在版编目(CIP)数据

Vue3. x+TypeScript 实践指南 / 邹琼俊编著. -- 北京 ：北京航空航天大学出版社，2022.8

ISBN 978-7-5124-3846-0

Ⅰ. ①V… Ⅱ. ①邹… Ⅲ. ①网页制作工具—程序设计—指南②JAVA 语言—程序设计—指南 Ⅳ. ①TP393.092.2-62

中国版本图书馆 CIP 数据核字(2022)第 125358 号

Vue3. x+TypeScript 实践指南

邹琼俊 编著

策划编辑 陈守平 责任编辑 陈守平

*

北京航空航天大学出版社出版发行

北京市海淀区学院路 37 号(邮编 100191) http://www.buaapress.com.cn

发行部电话：(010)82317024 传真：(010)82328026

读者信箱：goodtextbook@126.com 邮购电话：(010)82316936

北京富资园科技发展有限公司印装 各地书店经销

*

开本：787×1 092 1/16 印张：24.25 字数：621 千字

2022 年 8 月第 1 版 2023 年11月第 3 次印刷 印数：2 001～3 000 册

ISBN 978-7-5124-3846-0 定价：79.00 元

前　言

本书特点

本书以实用为主，内容言简意赅、通俗易懂，实用、适用、够用是本书的编写理念。全书采用理论和实践相结合、由浅入深的方式来阐述 TypeScript 和 Vue3 在实际工作中的各种应用，相信读者在阅读过程中不会感觉到枯燥乏味。

如何阅读本书

本书分为 10 章，第 1～2 章是讲解 TypeScript 基础和常用语法，第 3 章是对 Vue3 的基础知识点进行介绍，第 4 章是对 Vue3 中新增的 Composition API 进行详细的介绍，第 5 章是介绍 Vue3 中新增的组件和 API，第 6 章是介绍 vue-router 和 vuex 的相关知识，第 7 章是介绍 Vue3 的常用 UI 框架，第 8 章是对 Webpack5 进行介绍，第 9 章是通过一个大屏展示的实战项目来将书中的内容应用到实践中，第 10 章是讲解 Vue 前端岗位的面试求职，而我们学习技术的最终目的就是为了就业。

由于书中内容环环相扣，故对于初学者，我建议尽量按顺序阅读，阅读时，把书中所有的示例自己动手实现一遍；如果是有经验的开发者，可以选择自己感兴趣的内容阅读。在阅读过程中，读者可以按照自己的想法在原有的示例上修改或新增一些内容，学会自己扩展和思考。

为什么写作此书

现如今，对于每一位 Web 前端开发者而言，TypeScript 都是必须要掌握的语言。

2020 年十大流行语言如下：

1. JavaScript

2. Java

3. C

4. Python

5. C++

6. C#

7. PHP

8. TypeScript

9. Pascal

10. R

我们再去 GitHub 上查看一下当前 TypeScript 的星星数，已经 7.58 万了，如下图所示。

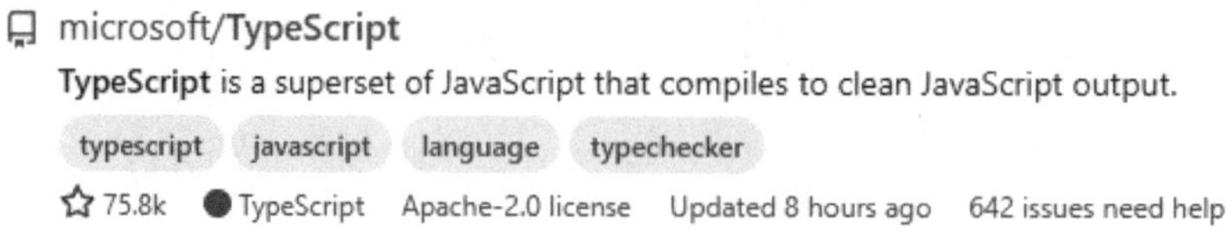

microsoft/TypeScript
TypeScript is a superset of JavaScript that compiles to clean JavaScript output.
typescript javascript language typechecker
75.8k TypeScript Apache-2.0 license Updated 8 hours ago 642 issues need help

Angular、React、Vue 并称为当下前端三大框架，我们来依次看一下它们在 GitHub 上的星星数：

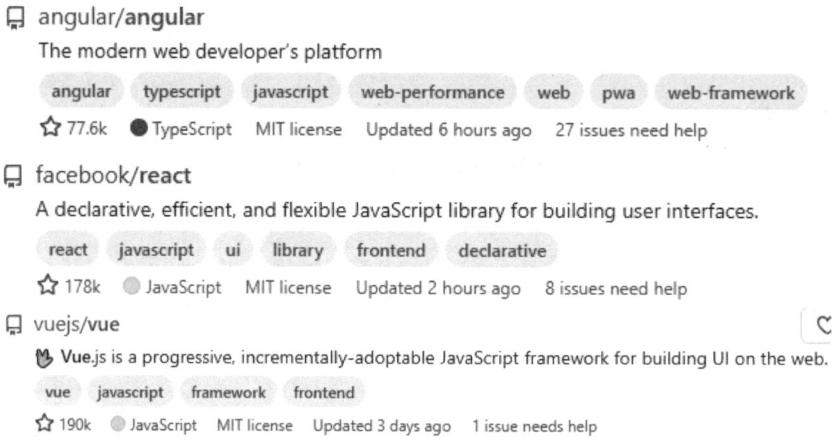

angular/angular
The modern web developer's platform
angular typescript javascript web-performance web pwa web-framework
77.6k TypeScript MIT license Updated 6 hours ago 27 issues need help

facebook/react
A declarative, efficient, and flexible JavaScript library for building user interfaces.
react javascript ui library frontend declarative
178k JavaScript MIT license Updated 2 hours ago 8 issues need help

vuejs/vue
Vue.js is a progressive, incrementally-adoptable JavaScript framework for building UI on the web.
vue javascript framework frontend
190k JavaScript MIT license Updated 3 days ago 1 issue needs help

Vue 的星星数已经超过了 React，成为最受欢迎的前端框架，当然，这得益于我国庞大的开发群体。从另一方面来说，这也反映了 Vue 在国内的火热程度。

Vue 是一套用于构建用户界面的渐进式框架，Vue.js 3.0"One Piece"正式版在 2020 年 9 月份发布，经过两年多的开发，已有 100＋位贡献者，累计 2600＋次提交和 600＋次 PR(Pull Request)，Vue3 支持 Vue2 的大多数特性，并更好地支持了 TypeScript，同时也增加了许多新的特性，如 Composition API、新组件等。

Vue.js 是目前最火的一个前端框架，也是前端开发必备的一个工具，国内前端招聘需求中基本都要求会使用 Vue，许多公司新项目也都采用 Vue 技术栈，还有一些公司原有的项目需要使用 Vue 进行重构。

由于 Vue3 可以更好地支持 TypeScript，且本书 Vue3 的内容中涉及 TypeScript，鉴于部分读者对于 TypeScript 并不是很了解，故本书将先从讲解 TypeScript 开始。

技术总是不断地发展和创新。本书中的技术紧跟时代潮流，我希望，读者通过阅读本书能够更好地与时俱进，掌握当前最流行的 Vue 技术栈，从而找到一份不错的工作。毕竟，对于绝大多数人而言，学习一门技术的目的，通常都是掌握一门谋生的技能。

适合人群

本书适合所有从事 Web 开发的工作者及计算机专业的高校大学生。

源代码、课件及勘误

本书附赠源代码和课件供读者参考，以便更好地理解书中的内容，下载方式如下：

方式一：下载地址 https://github.com/zouyujie/vue3_book_codes，如果下载有问题，请电子邮件联系 zouyujie@126.com，邮件主题为"vue3"。

方式二：关注微信公众号"北航科技图书"，回复"3846"，获得程序代码的下载链接。也可登录北京航空航天大学出版社网站的"下载专区"下载相关代码。如果下载有问题，请电子邮件联系 goodtextbook@126.com。

希望本书能给读者带来思路上的启发与技术上的提升，使每位读者能够从中获益。同时，也非常希望借此机会能够与国内热衷于 Web 应用的开发者们进行交流。由于时间和本人水平有限，书中难免存在一些纰漏和错误，希望大家批评、指正。如果大家发现了问题，可以直接与我联系，我会第一时间在本人的技术博客(http://www.cnblogs.com/jiekzou)中对相关内容进行更正，万分感谢！

致　谢

本书能够顺利出版要感谢北京航空航天大学出版社的编辑们，正是他们在写作过程中的全程指导，才使得整个创作不断被完善，确保了本书顺利完稿。

写一本书所费的时间和精力都是巨大的，写书期间，我占用了太多本该陪家人的时间。在这里，要感谢我的父母，是他们含辛茹苦地把我培养成人，同时也感谢公司给我提供了一个自我提升的发展平台，正是这一切的一切，才促使我顺利完成本书的编写。

作　者

2022 年 2 月

目　录

第1章
TypeScript基础

本章学习目标

- 能够知道 TypeScript 是什么
- 掌握 TypeScript 的安装
- 对 TypeScript 有一个基本的概念
- 掌握在 Webpack 中 TypeScript 的使用
- 学会 VS Code 开发工具的常用操作

1.1 初识 TypeScript

1.1.1 TypeScript 的介绍

TypeScript，简称 TS，是一种由微软开发的开源、跨平台的编程语言，是 JavaScript（简称 JS）的超集，最终会被编译为 JavaScript 代码。从技术上讲，TypeScript 就是具有静态类型的 JavaScript，和 JavaScript 的关系如图 1.1 所示。

2012 年 10 月，微软发布了首个公开版本的 TypeScript；2013 年 6 月 19 日，在发布了一个预览版之后，微软发布了正式版的 TypeScript。

TypeScript 中文版官网：https://www.tslang.cn/。

TypeScript 是开源和跨平台的编程语言，它的作者是 C＃的首席架构师安德斯·海尔斯伯格。

TypeScript 扩展了 JavaScript 的语法，所以任何现有的 JavaScript 程序都可以运行在 TypeScript 环境中。

TypeScript 是为大型应用的开发而设计的，并且可以编译为 JavaScript。

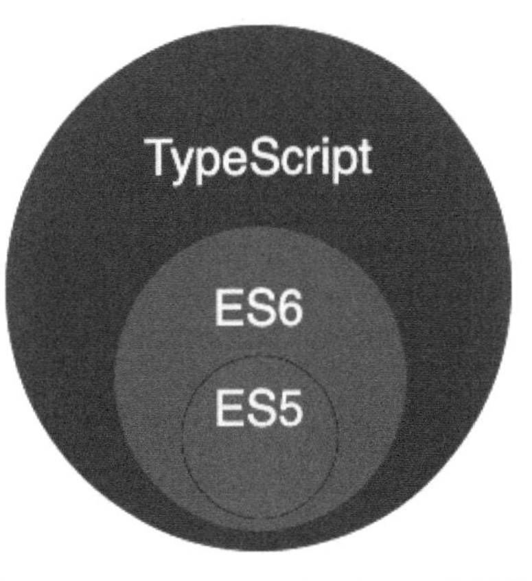

图 1.1　TypeScript 和 JavaScript 关系图

TypeScript 主要提供了类型系统和对 ES6+的支持，由微软开发，代码已在 GitHub 上开源，开源地址：https://github.com/Microsoft/TypeScript。

由于 JavaScript 是 TypeScript 的子集，因此可以在 TypeScript 代码中使用所有 JavaScript 库和代码。

1.1.2 TypeScript 的特点

TypeScript 主要有以下几大特点：

① 始于 JavaScript，归于 JavaScript。

TypeScript 可以编译出纯净、简洁的 JavaScript 代码，并且可以运行在任何浏览器上、Node.js 环境中以及任何支持 ECMAScript 3(或更高版本)的 JavaScript 引擎中。

② 强大的类型系统。

类型系统允许 JavaScript 开发者在开发 JavaScript 应用程序时使用高效的开发工具和常用操作，比如静态检查和代码重构。

③ 先进的 JavaScript。

TypeScript 提供最新的且不断发展的 JavaScript 特性，包括那些来自 2015 年的 ECMAScript(ES6) 和未来的提案中的特性，比如异步功能和 Decorators，以帮助建立健壮的组件。

TypeScript 在社区的流行度越来越高，非常适合于一些大型项目和基础库的开发，能够极大地帮助开发者提升开发效率和开发体验，并且能有效避免一些以前编码阶段难以发现的代码错误，如经典的"'undefined' is not a function"。

TypeScript 同 JavaScript 相比，其最大的特点是强类型，支持静态和动态类型。和 JavaScript 不同，这种强类型相比弱类型，可以在编译期间发现并纠正错误，降低试错成本的同时也提升了代码的规范性。

JavaScript 动态类型的自由特性经常会导致错误，这些错误不仅会降低程序员的工作效率，还会由于新代码增加的成本而使开发陷入停顿。例如在一些 if 内部的类型错误，JavaScript 需要执行到对应代码才能发现错误，而 TypeScript 在写代码的过程中就能发现部分错误，代码交付质量相对高一些；不过对于逻辑错误，TypeScript 自然也是无法识别的。

由于 JavaScript 无法合并类型以及编译时缺乏错误检查，故它不适合作为企业和大型代码库中服务器端代码。

1.2 安装 TypeScript

1.2.1 安装 node.js

在安装 TypeScript 之前，先来安装 node.js，安装完 node 之后，会自带一个 npm 的包管理器，后面就可以通过 npm 来安装 TypeScript 和其他的一些库了。另一方面，TypeScript 是无法直接在浏览器中运行的，它需要使用 TypeScript 编译器(tsc)将其编译为 JavaScript 代码才能在浏览器中运行。

node.js 官网地址：https://nodejs.org/zh-cn/。

本书使用的 node 版本是 node-v14.15.4-x64，这个版本的下载地址是：https://nodejs.org/download/release/v15.4.0/，笔者下载的是 node-v15.4.0-x64.msi 这个安装包，如图 1.2 所示，下载完成之后，直接双击安装包进行安装即可。

```
../
docs/                                     09-Dec-2020 05:20
win-x64/                                  09-Dec-2020 04:22
win-x86/                                  09-Dec-2020 04:22
SHASUMS256.txt                            09-Dec-2020 14:15
SHASUMS256.txt.asc                        09-Dec-2020 14:15
SHASUMS256.txt.sig                        09-Dec-2020 14:15
node-v15.4.0-aix-ppc64.tar.gz             09-Dec-2020 11:36
node-v15.4.0-darwin-x64.tar.gz            09-Dec-2020 12:24
node-v15.4.0-darwin-x64.tar.xz            09-Dec-2020 12:25
node-v15.4.0-headers.tar.gz               09-Dec-2020 11:54
node-v15.4.0-headers.tar.xz               09-Dec-2020 11:54
node-v15.4.0-linux-arm64.tar.gz           09-Dec-2020 11:04
node-v15.4.0-linux-arm64.tar.xz           09-Dec-2020 11:06
node-v15.4.0-linux-armv7l.tar.gz          09-Dec-2020 11:11
node-v15.4.0-linux-armv7l.tar.xz          09-Dec-2020 11:12
node-v15.4.0-linux-ppc64le.tar.gz         09-Dec-2020 11:11
node-v15.4.0-linux-ppc64le.tar.xz         09-Dec-2020 11:12
node-v15.4.0-linux-s390x.tar.gz           09-Dec-2020 11:10
node-v15.4.0-linux-s390x.tar.xz           09-Dec-2020 11:11
node-v15.4.0-linux-x64.tar.gz             09-Dec-2020 11:56
node-v15.4.0-linux-x64.tar.xz             09-Dec-2020 11:57
node-v15.4.0-win-x64.7z                   09-Dec-2020 11:30
node-v15.4.0-win-x64.zip                  09-Dec-2020 11:31
node-v15.4.0-win-x86.7z                   09-Dec-2020 11:29
node-v15.4.0-win-x86.zip                  09-Dec-2020 11:29
node-v15.4.0-x64.msi                      09-Dec-2020 11:31
node-v15.4.0-x86.msi                      09-Dec-2020 11:29
node-v15.4.0.pkg                          09-Dec-2020 13:19
node-v15.4.0.tar.gz                       09-Dec-2020 11:46
node-v15.4.0.tar.xz                       09-Dec-2020 11:51
```

图 1.2 下载 node.js

由于 node 的版本一直在持续更新，故当打开 node.js 官网的下载地址时，默认看到的是当前最新的版本。如果你想要安装指定的历史版本，可以访问 https://nodejs.org/zh-cn/download/releases/，然后选择你想要安装的版本进行安装。

node.js 安装完成之后，在控制台执行命令 node -v 可查看当前安装的 node 版本，执行结果如下：

```
C:\Users\zouqi>node -v
v14.15.4
```

如果能看到版本信息，说明 node.js 已经安装成功了。

1.2.2 npm

npm 是 node.js 下的包管理器。node.js 中自带了 npm，安装完 node.js 之后，在控制台运行命令 npm -v 可查看 npm 版本，运行结果如下：

```
C:\Users\zouqi > npm -v
6.11.2
```

由于 npm 安装插件是从国外服务器下载的，受网络影响大，速度慢且可能出现异常。所幸的是淘宝团队（阿里巴巴旗下业务）解决了这个问题，来自阿里云官网的说明："这是一个完整 npmjs.org 镜像，你可以用此代替官方版本，同步频率目前为 10 分钟一次以保证尽量与官方服务同步。"也就是说，我们可以使用阿里布置在国内的服务器来进行 node 安装。

(1) 使用淘宝镜像

用阿里定制的 cnpm 命令行工具代替默认的 npm，输入下面的代码进行安装：

```
npm install -g cnpm --registry = https://registry.npm.taobao.org
```

执行命令 cnpm -v，检测 cnpm 版本，如果安装成功可以看到 cnpm 的基本信息。正常情况下会出现如下执行结果：

```
C:\Users\zouqi > cnpm -v
cnpm@6.1.1 (C:\Users\zouqi\AppData\Roaming\npm\node_modules\cnpm\lib\parse_argv.js)
npm@6.14.11 (C:\Users\zouqi\AppData\Roaming\npm\node_modules\cnpm\node_modules\npm\lib\npm.js)
node@14.15.4 (D:\Program Files\nodejs\node.exe)
npminstall@3.28.0 (C:\Users\zouqi\AppData\Roaming\npm\node_modules\cnpm\node_modules\npminstall\lib\index.js)
prefix = C:\Users\zouqi\AppData\Roaming\npm
win32 x64 10.0.10240
registry = https://r.npm.taobao.org
```

如果执行结果出现"npm WARN npm npm does not support Node.js v14.15.4"这样的警告信息，说明 node.js 和 npm 的版本不一致。解决办法如下：

① 在 powershell 或者 cmd 命令窗口查看 node 和 npm 版本，分别使用 node-v，npm-v。

② npm 与 node 版本对照（https://nodejs.org/zh-cn/download/releases/），根据自己的 node 版本来更新 npm 版本：npm -g install npm@6.14.10。如若此时仍然报错，依旧显示 npm 不支持这个版本，则说明 npm 存在旧的 npm 缓存，此时还是旧的 npm 环境。

③ 在 C:\Users\administrater\AppData\Roaming 根目录下删除 npm，npm-cache 两个文件（如找不到 Roaming 这个文件夹，可以在此电脑中搜索 npm，根据路径删除掉这两个文件夹）。

④ 在命令行工具中执行 npm install npm@6.14.10-g 升级 npm 版本，之后就可以使用 npm install 命令＋包名的方式安装相应的包了。

(2) 将淘宝镜像设置成全局的下载镜像

可直接在命令行设置：npm config set registry https://registry.npm.taobao.org。配置后可通过执行 npm config get registry 命令来验证是否设置成功。如果看到运行结果是：

```
C:\Users\zouqi > npm config get registry
https://registry.npm.taobao.org/
```

说明已经将 npm 的镜像改为了淘宝镜像，此后当使用 npm 命令安装各种包时，将会从淘宝的服务器上下载文件而不是直接从 npm 官网下载了。

1.2.3　npm install --save、--save-dev、-D、-S、-g 的区别

npm 中的一些常见命令参数如下：

```
npm install = npm i
--save = -S
--save - dev = -D
```

i 是 install 的简写，-S 是--save 的简写，-D 是--save-dev 的简写。

--save 和--save-dev 表面上的区别是--save 会把依赖包名称添加到 package. json 文件 dependencies 节点下，--save-dev 则添加到 package. json 文件 devDependencies 节点下。

dependencies 是运行时依赖，devDependencies 是开发时依赖。

devDependencies 下列出的模块是开发时要用的，比如安装 style-loader 和 css-loader 时，采用的是命令"npm i style-loader css-loader -D "，在发布后用不到它，只在开发时才用到它。

dependencies 下的模块则是发布后还需要依赖的模块，譬如 jQuery 库，在开发完后肯定还要依赖它们，否则程序就运行不了，所以采用的是"npm i jquery-S"。

当执行命令 npm install -g moduleName 时会产生如下结果：

① 安装模块到全局，不会在项目 node_modules 目录中保存模块包。

② 不会将模块依赖写入 devDependencies 或 dependencies 节点。

③ 运行 npm install 初始化项目时不会下载模块。

注意：正常使用 npm install 或 npm i 时，会下载 dependencies 和 devDependencies 中的模块，当使用 npm install - production 或者注明 NODE_ENV 变量值为 production 时，则只会下载 dependencies 中的模块。在运行 npm i 命令把 package. json 文件中 dependencies 和 devDependencies 包全部安装到项目的过程中，如果中途卡死了，可以按 Ctrl+C 终止，但是终止之后建议删除 node_modules 目录，然后再重新安装，否则可能会出现各种报错。

1.2.4　yarn

yarn 和 npm 一样是一款快速、可靠、安全的依赖管理工具，其中 yarn 的详细介绍可以参考网站：https://yarn. bootcss. com/。和 npm 相比，yarn 的特点是速度超快。

yarn 缓存了每个下载过的包，所以再次使用时无须重复下载。同时，yarn 利用并行下载以达到资源利用率最大化，因此安装速度更快。

yarn 可以直接通过 npm 来安装：npm i yarn-g。yarn 和 npm 的语法对比如表 1.1 所列。

表 1.1　yarn 和 npm 的语法对比

yarn	npm	说　明
yarn init	npm init	初始化项目
yarn	npm install	安装项目全部依赖
无	npm install xx	本地安装，就是安装到当前命令行下的目录中，但不会记录在 package. json 中，npm install 时不会自动安装此依赖

续表 1.1

yarn	npm	说　明
yarn global add xx	npm install xx -g	添加全局依赖包
yarn add xx	npm install xx --save	将依赖项添加到 dependencies
yarn add xx --dev	npm install xx --save-dev	将依赖项添加到 devDependencies
yarn remove xx	npm uninstall xx --save npm uninstall xx --save-dev	移除依赖包
yarn run xx	npm run xx	运行项目

1.2.5　全局安装 TypeScript

在 CMD 控制台中运行如下命令：

```
npm install -g typescript
```

安装完成后，接着在控制台运行如下命令，检查安装是否成功：

```
tsc -V
```

运行结果如下：

```
C:\Users\zouqi>tsc -V
Version 3.8.3
```

说明：由于 TypeScript 处于不断更新当中，所以读者看到的版本号可能会更高。

1.3　第一个 TypeScript 程序

1.3.1　TS 和 JS 的区别

JS 中的变量本身是没有类型的，变量可以接受任意不同类型的值，同时可以访问任意属性，属性不存在无非是返回 undefined。

然而 JS 是有类型的，但是 JS 的类型是和值绑定的，在赋值的时候才确定 JS 是何种类型，通过 typeof 判断变量类型其实是判断当前值的类型。

ts-and-js.html 示例代码如下：

```
<script>
    var val = 33;
    console.log(typeof val) // "number"
    val = '葵花宝典'
    console.log(typeof val) // "string"
```

```
    val = { name: '东方不败' }
    val = function () {
        console.log('人生自古谁无死,留取丹心照汗青')
    }
    console.log(val); //f ()
    console.log(val.xx) // undefined
</script>
```

TS 做的事情就是给变量加上类型限制:

① 限制在变量赋值的时候必须提供类型匹配的值。

② 限制变量只能访问所绑定的类型中存在的属性和方法。

1.3.2 编写 TS 程序

新建目录"01",然后在此目录下,新建文件"first.ts",输入如下代码:

```
//自调用函数
(() => {
        function greeter(msg:string) {
            return '你好,' + msg;
        }
        let msg = '中国';
        console.log(greeter(msg));
    })();
```

说明:这是一个 JS 的自调用函数,当页面加载时,代码会自动执行这个 JS 函数。

新建一个 html 文件"index.html",在这个 html 文件中引入 first.ts 文件,代码如下:

```
<!DOCTYPE html>
<html lang="en">
<head>
    <meta charset="UTF-8">
    <meta name="viewport" content="width=device-width, initial-scale=1.0">
    <title>Document</title>
</head>
<body>
    <script src="./first.ts"></script>
</body>
</html>
```

在浏览器中打开这个 index.html,会发现浏览器控制台报错,错误信息如下:

```
Uncaught SyntaxError: Unexpected token ':'。
```

接下来,在 first.ts 中去掉 TS 代码:string,然后再查看浏览器控制台,发现可以正常输出了。

说明:如果直接引入的 TS 文件中存在 TS 语法,代码则会报错,如果只有单纯的 JS 语法代码,则可以正常引入和使用。

1.3.3 手动编译代码

在前面的代码当中，虽然使用了 .ts 扩展名，但是去掉 TS 代码：string 后，这段代码仅仅是 JavaScript 而已。如果要使用 TS 代码，需要将其编译为 JavaScript 代码才可以在浏览器中访问。

在命令行上，运行 TypeScript 编译器命令：

```
tsc first.ts
```

执行过程如图 1.3 所示。执行完后，会在 first.ts 文件所在目录自动生成一个 frist.js 文件，它包含了和输入文件 first.ts 中相同(运行结果相同，代码会有细微变化)的 JavaScript 代码。

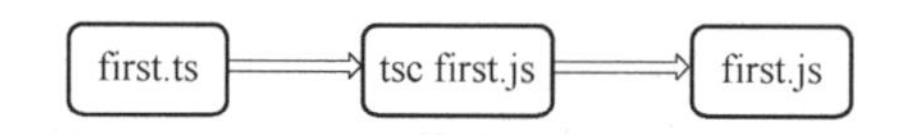

图 1.3 执行过程示意图

对照如图 1.4 所示左侧的 TS 文件和右侧编译后的 JS 文件可得出结论：TS 文件中函数的形参如果使用了某个类型进行修饰，最终在编译的 JS 文件中是没有这个类型的。

```
// first.ts
1  //自调用函数
2  (() => {
3      function greeter(msg:string) {
4          return '你好，' + msg;
5      }
6      let msg = '中国';
7      console.log(greeter(msg));
8  })();
```

```
// first.js
1  //自调用函数
2  (function () {
3      function greeter(msg) {
4          return '你好，' + msg;
5      }
6      var msg = '中国';
7      console.log(greeter(msg));
8  })();
```

图 1.4 TS 文件和 JS 文件

TS 文件中，如果变量使用的是 let 进行修饰，编译的 JS 文件中的修饰符会变为 var。

在命令行上，通过 Node.js 运行这段代码：

```
node first.js
```

控制台输出为：

```
你好，中国
```

修改 index.html 中的 js 引入为：

```
<script src="./first.js"></script>
```

则浏览器控制台可以正常输出。

1.3.4 VS Code 自动编译

VS Code 自动编译的步骤如下：

① 新建目录“02”，控制台跳转到这个目录，然后执行 tsc --init，可在当前目录下生成配置文件 tsconfig.json。

② 修改 tsconfig.json 配置：

```
"outDir": "./js",
"strict": false,
```

outDir：表示将代码编译输出到指定的目录。

strict：表示是否开启严格模式。

③ 在 VS Code 中启动监视任务：

操作步骤：终端(Terminal) → 运行任务(Run Task)→显示所有任务(Show All Tasks) →监视 tsconfig.json(ts：watch tsconfig.json)，如图 1.5 所示。

④ 新建 index.ts 文件，代码如下：

```
(() =>{
    document.body.innerHTML = "可可托海的牧羊人";
})();
```

此时，当保存 index.ts 文件的时候，会自动在当前目录下生成一个 js 目录，并将 index.ts 文件编译为 index.js 存放在 js 目录下，如图 1.6 所示。

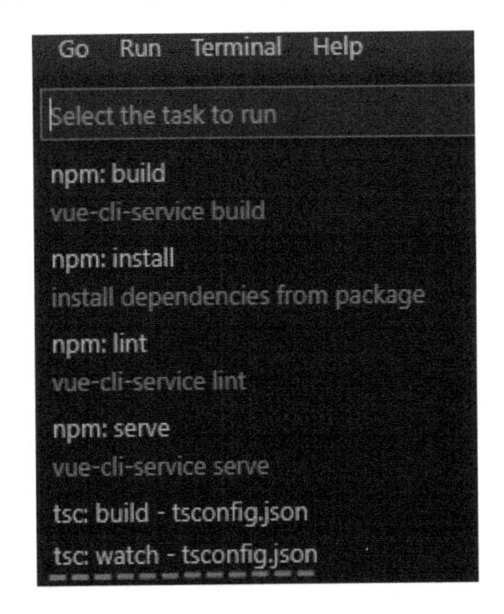

图 1.5 监视 tsconfig.json

图 1.6 保存 index.ts 文件

⑤ 新建 index.html 文件，只需要直接引入 js 目录下编译后的 index.js 文件即可，代码如下：

```
<!DOCTYPE html>
<html lang="en">
<body>
    <script src="./js/index.js"></script>
</body>
</html>
```

1.3.5 类型注解

TypeScript 里的类型注解是一种轻量级的为函数或变量添加约束的方式。使用格式:变量名名称:变量类型。

新建 type-note.ts,代码如下:

```
(() =>{
    function showMsg(person: string[]) {
        return "天龙三兄弟: " + person.join(',');
    }
    let user = ["乔峰","段誉","虚竹"];
    document.body.innerHTML = showMsg(user);
})();
```

新建 type-note.html,代码如下:

```
<!DOCTYPE html>
<html lang="en">
<body>
    <script src="./js/type-note.js"></script>
</body>
</html>
```

运行结果如图 1.7 所示。

← → C ⓘ 127.0.0.1:5500/02/type-note.html

天龙三兄弟: 乔峰,段誉,虚竹

图 1.7 运行结果

在这个例子中,希望 showMsg 函数接收一个字符串数组参数,于是尝试把 showMsg 的调用改成传入一个字符串:

```
// let user = ["乔峰","段誉","虚竹"];
let user = "慕容复";
```

重新编译,系统会报错,错误信息如下:Argument of type 'string' is not assignable to parameter of type 'string[]'.,大意是 string 类型的参数不可以赋值给 string[]参数类型。

TypeScript 提供了静态的代码分析,它可以分析代码结构和提供的类型注解。

要注意的是尽管有错误,type-node.js 文件还是被创建了,这说明就算代码里有错误,仍然可以使用 TypeScript。但在这种情况下,TypeScript 会警告:代码可能不会按预期执行。

1.3.6 接 口

接口是用于约束一系列具有公共特性的类结构的,在 TypeScript 里,如果两个类型内部的结构兼容,那么这两个类型就是兼容的。这就允许在实现接口时,只要保证包含了接口要求的结构就可以，而不必明确地使用 implements 语句。

这里，使用接口来描述一个拥有 userName、age、skill 字段的对象。

interface. ts 代码为：

```
(() =>{
    interface Person {
        userName: string;
        age: number;
        skill:string
    }
    function greeter(person: Person) {
        return `丐帮：${person.userName}，年龄：${person.age}，绝技：${person.skill}`;
    }
    let user = { userName: "萧峰",age:32,skill:"降龙十八掌、擒龙功" };
    document.body.innerHTML = greeter(user);
})()
```

编译后的 interface. js 代码为：

```
(function () {
    function greeter(person) {
        return "\u4E10\u5E2E\uFF1A" + person.userName + "\uFF0C\u5E74\u9F84\uFF1A" +
person.age + "\uFF0C\u7EDD\u6280\uFF1A" + person.skill;
    }
    var user = { userName: "萧峰", age: 32, skill: "降龙十八掌、擒龙功" };
    document.body.innerHTML = greeter(user);
})();
```

interface. html 代码为：

```
<body>
    <script src="./js/interface.js"></script>
</body>
```

运行结果如图 1.8 所示。

← → C ⓘ 127.0.0.1:5500/02/interface.html

丐帮：萧峰，年龄：32，绝技：降龙十八掌、擒龙功

图 1.8 运行结果

1.3.7 类

我们使用类来改写前面的例子，TypeScript 支持 JavaScript 的新特性，比如支持基于类的面向对象编程。

让我们创建一个 Student 类，它带有一个构造函数和一些公共字段。注意类和接口可以一起工作，程序员可以自行决定抽象的级别。

新建 class-demo.ts，代码如下：

```
(() =>{
    class Student {
        msg: string;
        constructor(public userName, public age, public skill) {
            this.msg = userName + " " + age + " " + skill;
        }
    }
    interface Person {
        userName: string;
        age:number,
        skill: string;
    }
    function greeter(person : Person) {
        return "丐帮: " + person.userName + "年龄:" + person.age + ",绝技 " + person.skill;
    }
    let user = new Student("萧峰",32, "降龙十八掌、擒龙功");
    document.body.innerHTML = greeter(user);
})();
```

class-demo.html 代码为：

```
<body>
    <script src="./js/class-demo.js"></script>
</body>
```

运行结果和前面的示例一样。

在构造函数的参数上使用 public 等同于创建了同名的成员变量，如代码：

```
msg: string;
constructor(public userName, public age, public skill) {
    this.msg = userName + " " + age + " " + skill;
}
```

等同于如下代码：

```
msg: string;
userName: string;
age: number;
skill: string;
constructor(userName: string, age: number, skill: string) {
    this.userName = userName;
    this.age = age;
    this.skill = skill;
    this.msg = userName + age + skill;
}
```

在本章，只需要对 TypeScript 先有一个大致的印象，下一章将更加详细地介绍 TypeScript 的一些常用语法。

1.4 使用 Webpack 打包 TypeScript

使用 Webpack 打包 TypeScript 的步骤如下：

① 新建目录“03_webpack-ts”，依次创建如图 1.9 所示的文件目录结构。

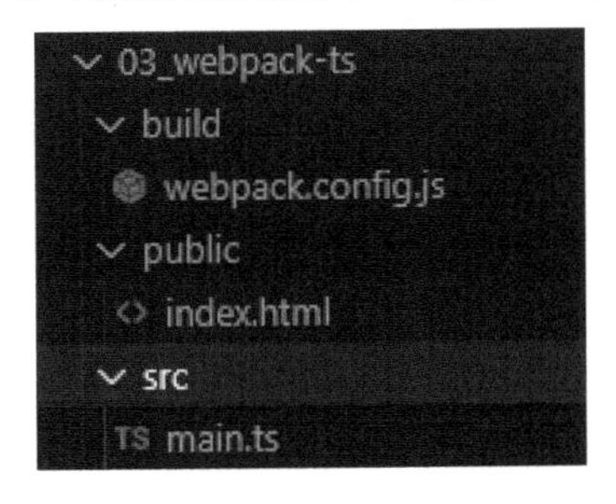

图 1.9 文件目录结构

index.html 代码为：

```
<! DOCTYPE html >
< html lang = "en">
< head >
    < meta charset = "UTF-8">
    < meta name = "viewport" content = "width = device-width, initial-scale = 1.0">
    < title > Document </title >
</head >
< body >
</body >
</html >
```

说明：在 VS Code 当中，可以通过输入“!”然后按 Enter 键的方式自动生成 html 代码结构。

main.ts 代码为：

```
console.log('我看你天赋异禀，骨骼清奇，定是万中无一的编码奇才！');
```

webpack.config.js 代码为：

```
const {CleanWebpackPlugin} = require('clean-webpack-plugin') //清除文件
const HtmlWebpackPlugin = require('html-webpack-plugin') //配置生成 html 文件
const path = require('path')
const isProd = process.env.NODE_ENV === 'production' // 是否生产环境
//把一个路径或路径片段的序列解析为一个绝对路径
function resolve (dir) {
  return path.resolve(__dirname, '..', dir)
}
```

```
module.exports = {
  mode: isProd ? 'production' : 'development', //模式,指定是生产模式还是开发模式
  entry: {
    app: './src/main.ts' //程序主入口文件
  },
  //输出配置
  output: {
    path: resolve('dist'), //指定打包后的文件存放目录
    filename: '[name].[contenthash:8].js' //指定打包后 js 文件的命名规则:app.八位哈希值.js
  },
  module: {
    rules: [
    //通过 ts-loader 对 src 目录下面的 ts 和 tsx 文件进行操作
      {
        test: /\.tsx? $/,
        use: 'ts-loader',
        include: [resolve('src')]
      }
    ]
  },
  //插件配置
  plugins: [
    //先清除原有的打包目录(这里是配置的 dist 目录),再生成新的
    new CleanWebpackPlugin({}),
    new HtmlWebpackPlugin({
      template: './public/index.html' //指定生成 html 的模板文件路径
    })
  ],
  resolve: {
    extensions: ['.ts', '.tsx', '.js'] //在导入语句没带文件后缀时,Webpack 会自动带上后缀后去尝
试访问文件是否存在,这里可配置不需要写后缀名的数组列表
  },
  devtool: isProd ? false : 'source-map',
  //开发服务器配置
  devServer: {
    host: 'localhost', // 主机名
    stats: 'errors-only', // 打包日志输出错误信息
    port: 8888, //端口
    open: true //浏览器当中自动打开
  },
}
```

② 打开控制台终端,执行 npm init -y,生成 package.json 文件。

③ 执行 tsc --init,生成 tsconfig.json 文件。

④ 安装依赖。

由于yarn安装包更快，故推荐使用yarn进行装包。执行npm i yarn -g，全局安装yarn。然后在控制台终端依次执行如下命令安装依赖：

```
yarn add -D typescript
yarn add -D webpack
yarn add webpack-cli@3.3.10 -D
yarn add -D webpack-dev-server
yarn add -D html-webpack-plugin clean-webpack-plugin
yarn add -D ts-loader
yarn add -D cross-env
```

说明：由于webpack-cli和webpack-dev-server的最新版本可能存在兼容性问题，故需要指定其中一个的版本，这里指定webpack-cli的版本。

各依赖模块说明如下：

webpack：一个模块打包器。

webpack-cli：简易客户端，用来以webpack协议连接相应服务。

webpack-dev-server：webpack官方提供的一个小型Express服务器。

html-webpack-plugin：生成html的插件。

clean-webpack-plugin：清除文件插件。

ts-loader：webpack打包编译typescript的插件。

cross-env：配置跨平台的环境变量。

⑤ 配置打包命令。

在package.json文件中的scripts节点添加如下配置：

```
"dev": "cross-env NODE_ENV = development webpack-dev-server --config build/webpack.config.js",
"build": "cross-env NODE_ENV = production webpack --config build/webpack.config.js",
```

⑥ 运行yarn dev。

可能存在的问题："Error: Cannot find module 'webpack-cli/bin/config-yargs'"。

原因分析：webpack-cli和webpack-dev-server之间版本不兼容。

解决方案：卸载webpack-cli，然后重新安装指定版本。

卸载前面的安装包：

```
yarn remove webpack-cli - D
```

重新安装指定版本：

```
yarn add webpack-cli@3.3.10 - D
```

浏览器会自动打开http://localhost:8888/，并返回如下内容：

```
<! DOCTYPE html>
<html lang = "en">
<head>
    <meta charset = "UTF-8">
    <meta name = "viewport" content = "width = device-width, initial-scale = 1.0">
    <title>Document</title>
<script defer src = "app.28ab82b6.js"></script></head>
```

```
<body>
</body>
</html>
```

查看浏览器控制台，会输出如下内容：

```
我看你天赋异禀，骨骼清奇，定是万中无一的编码奇才！
```

1.5 VS Code

俗话说“工欲善其事必先利其器”，在进行编码开发之前，有必要先选择并安装好相应的开发工具。当前使用得最多的前端 IDE 当属 Visual Studio Code（简称 VS Code）和 WebStorm，而 WebStorm 是收费的，所以推荐读者使用 VS Code，本书所有代码均由 VS Code 编写。VS Code 相较于 WebStorm 来说更加的轻量级，而且丰富的插件库让 VS Code 具备强大的扩展和自定义功能。

当使用 VS Code 作为前端代码开发工具时，需要做一些配置，例如安装插件、忽略 node_module 目录等，这样可以极大地提升我们的开发体验。

VS Code 官网下载地址：https://vscode.en.softonic.com/。

1.5.1 忽略 node_module 目录

在 VS Code 工具中，为了提升开发工具的性能，通常会忽略 node_module 目录；忽略后，node_module 目录将不再显示在 VS Code 当中。操作步骤如下：

① 单击 File→Preferences→Settings，如图 1.10 所示。

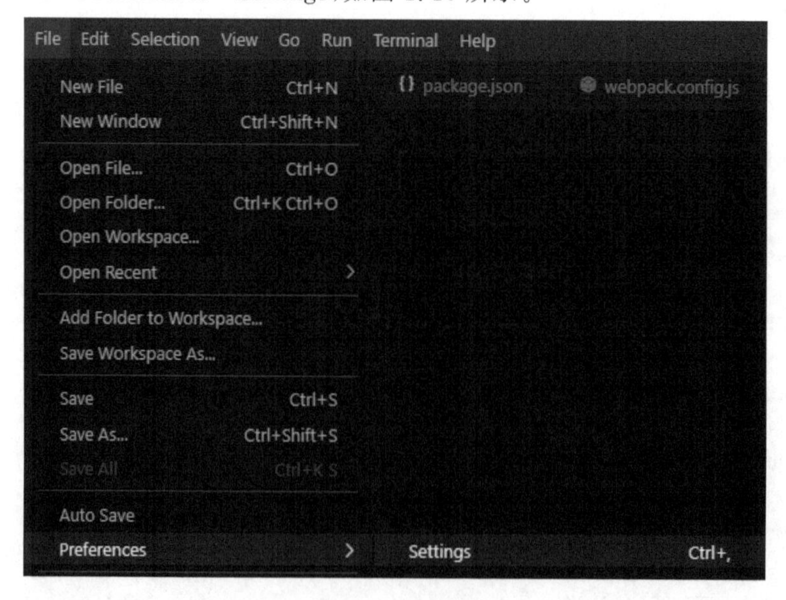

图 1.10 步骤①

② 在控制面板中输入 setting.json，打开 setting.json，如图 1.11 所示。

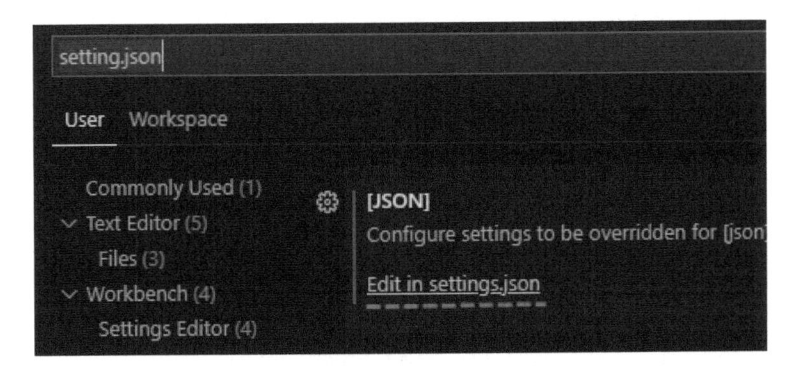

图 1.11　步骤②

③ 修改 setting.json，添加以下代码：

```
"files.exclude": {
    "**/node_modules": true
},
```

1.5.2　安装 VS Code 插件

当使用 VS Code 来开发基于 Vue3＋TypeScript 的 Web 应用时，安装合适的 VS Code 插件可以极大地提升我们的开发体验和开发效率。

VS Code 中许多插件需要自己去安装，此处以安装一个 Vue 的插件 Vetur 为例来演示在 VS Code 中如何进行插件的安装。打开 Visual Studio Code，单击左侧最下面一个图标，如图 1.12 所示。

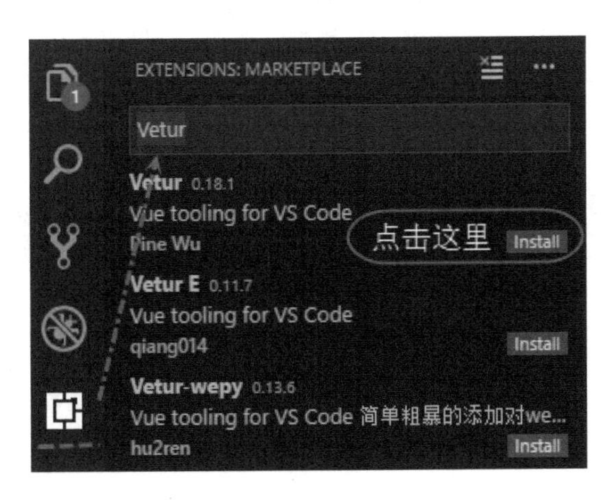

图 1.12　按装插件 Vetur

其他插件的安装方式与此类似。

建议安装的插件如下：

IntelliSense for CSS class names in HTML：在 HTML 页面中可以对 CSS 的 class 类名进行智能提示。

Vetur：语法高亮、智能感知、Emmet 等包含格式化功能，Alt＋Shift＋F（格式化全文），Ctrl＋K、Ctrl＋F(格式化选中代码，两个 Ctrl 需要同时按着)。

Auto Close Tag：自动闭合 HTML/XML 标签。

Auto Rename Tag：自动完成另一侧标签的同步修改。

Vue VSCode Snippets：Vue 的代码片段插件，可以通过输入快捷指令自动插入代码片段，例如输入：vba。

Prettier - Code formatter：代码格式化。

JavaScript(ES6) code snippets：ES6 语法智能提示及快速输入，除 js 外还支持. ts，. jsx，. tsx，. html，. vue，省去了配置其支持各种包含 js 代码文件的时间。

HTML CSS Support：为 HTML 页面提供 CSS 智能感知。

选择安装的插件如下：

Chinese (Simplified) Language Pack for Visual Studio Code：中文(简体)语言包。

EsLint：语法纠错。

1.5.3 打开并运行 Webpack 项目

打开 VS Code，在 IDE 的菜单栏选择 File→Open Folder，然后选中项目代码目录，例如"D:\WorkSpace\vue3_ts_book\codes\chapter1\03_webpack-ts"。

如需要运行 Webpack 项目，可以在 IDE 的菜单栏中选择 Terminal→New Terminal，然后在控制台输入 yarn，安装项目需要的依赖包，如图 1.13 所示。

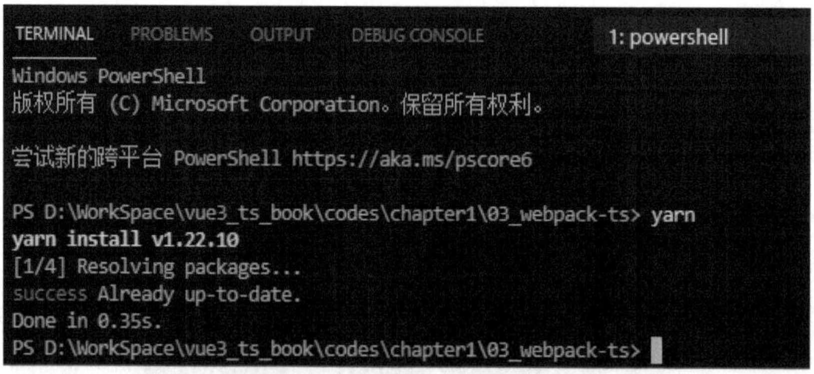

```
TERMINAL    PROBLEMS    OUTPUT    DEBUG CONSOLE                1: powershell
Windows PowerShell
版权所有 (C) Microsoft Corporation。保留所有权利。

尝试新的跨平台 PowerShell https://aka.ms/pscore6

PS D:\WorkSpace\vue3_ts_book\codes\chapter1\03_webpack-ts> yarn
yarn install v1.22.10
[1/4] Resolving packages...
success Already up-to-date.
Done in 0.35s.
PS D:\WorkSpace\vue3_ts_book\codes\chapter1\03_webpack-ts>
```

图 1.13 运行 Webpack 项目

确保项目的依赖包安装完成之后，查看 package.json 文件，可以看到有如下配置项：

```
"scripts": {
  "dev": "cross-env NODE_ENV = development webpack-dev-server --config build/webpack.config.js",
  "build": "cross-env NODE_ENV = production webpack --config build/webpack.config.js",
  "test": "echo \"Error: no test specified\" && exit 1"
},
```

意味着可以在控制台直接运行这些脚本，例如执行：yarn run dev，运行结果如下所示：

```
PS D:\WorkSpace\vue3_ts_book\codes\chapter1\03_webpack-ts > yarn run dev
yarn run v1.22.10
$ cross-env NODE_ENV = development webpack-dev-server --config build/webpack.config.js
i「wds」: Project is running at http://localhost:8888/
i「wds」: webpack output is served from /
i「wds」: Content not from webpack is served from D:\WorkSpace\vue3_ts_book\codes\chapter1\03_
webpack-ts
i「wdm」: wait until bundle finished: /
i「wdm」: Compiled successfully.
```

如果不想关闭或者中断当前运行的项目，但又需要在这个控制台终端执行新的任务，则可以通过菜单栏重新再开一个 Terminal，或者直接单击如图 1.14 所示的快捷图标进行操作。

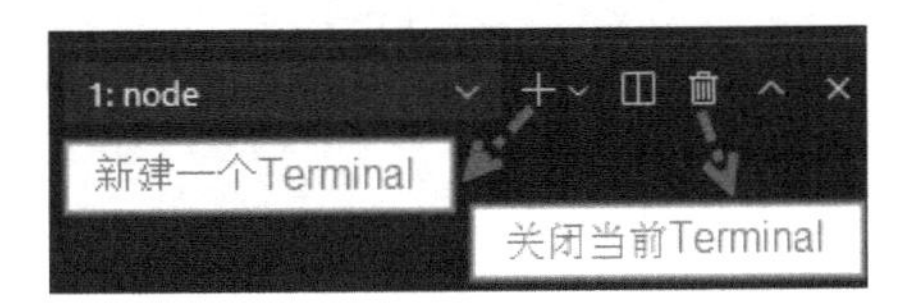

图 1.14　快捷图标

1.5.4　VS Code 配置

通过选择 File→Preferences 可以对 VS Code 进行可视化配置，如图 1.15 所示。

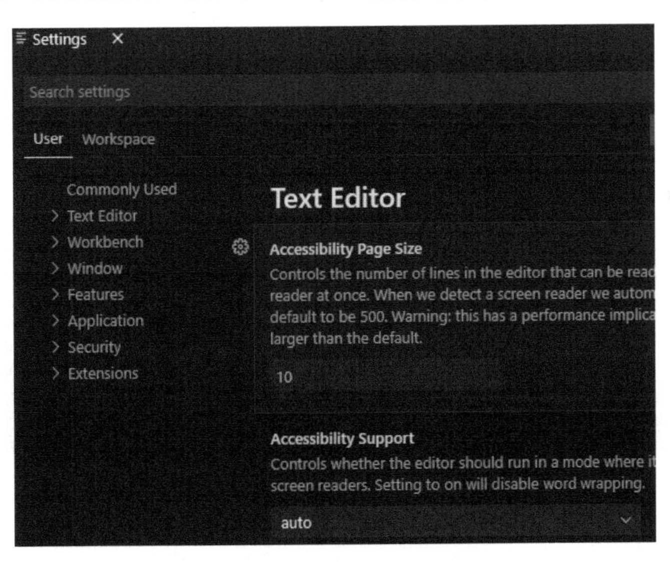

图 1.15　对 VS Code 进行可视化配置

也可以通过组合快捷键 Ctrl＋Shift＋P，打开 JSON 配置文件 settings.json，直接在配置文件当中进行配置，如图 1.16 和图 1.17 所示。

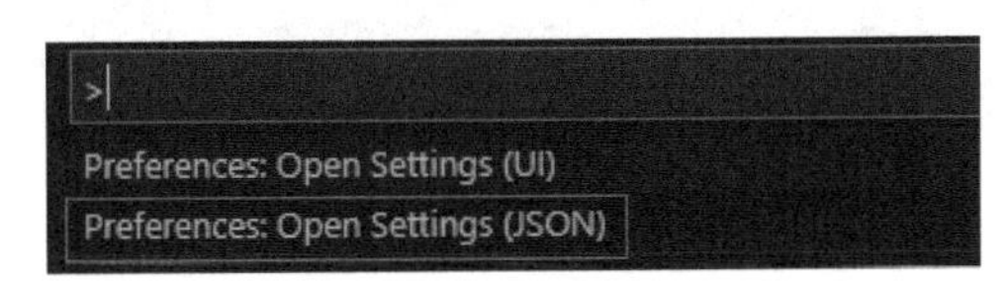

图 1.16　打开 JSON 配置文件 settings.json

```
{} settings.json ×
C: > Users > DELL > AppData > Roaming > Code > User > {} settings.json > ...
1   {
2       "files.exclude": {
3           "**/node_modules": true
4       },
5       "[vue]": {
6           "editor.defaultFormatter": "esbenp.prettier-vscode"
7       },
8       "[javascript]": {
9           "editor.defaultFormatter": "esbenp.prettier-vscode"
10      },
11      "[json]": {
12
13
14          "editor.quickSuggestions": {
15              "strings": true
16          },
17          "editor.suggest.insertMode": "replace"
18      },
19      "[typescript]": {
20          "editor.defaultFormatter": "vscode.typescript-language-features"
21      },
22      "vetur.validation.template": false
23  }
```

图 1.17　在配置文件中进行配置

其实，通过可视化的界面进行配置，其最终结果也会相应地自动修改 settings. json 配置文件。

1.5.5　搜　索

搜索包括全局搜索和当前页面搜索。

① 全局搜索。

如图 1.18 所示，单击左侧的搜索图标，然后输入内容，可以进行全局模糊查找，当单击查找列表中的记录时，可以自动定位并打开查找到的文件。

图 1.18　全局搜索

② 当前页面搜索。

可直接在当前页按组合快捷键 Ctrl＋F 进行当前页面搜索，如图 1.19 所示。

图 1.19　当前页面搜索

第2章

TypeScript常用语法

本章学习目标

- 掌握 TypeScript 基础类型
- 掌握 TypeScript 接口、类、函数和泛型的使用
- 了解声明文件和 JS 内置对象

2.1 基础类型

TypeScript 支持与 JavaScript 几乎相同的数据类型，此外还提供了实用的枚举类型方便用户使用。

环境准备：

新建目录 ts-demo，并将 1.4 节的实例 03_webpack-ts 目录下所有文件(除 node_modules 目录外)全部拷贝过来，然后在 ts-demo 目录控制台终端执行 yarn install，安装所有项目依赖。

下面将依次介绍 TypeScript 的各种数据类型。

2.1.1 布尔值

最基本的数据类型就是简单的 true/false 值，在 JavaScript 和 TypeScript 中叫作 boolean(在其他语言中也一样)。

在 src 目录下新建文件“01-base-type.ts”，输入如下代码：

```
let isDone: boolean = false;
isDone = true;
isDone = 1 // error:Type 'number' is not assignable to type 'boolean'
```

说明：在声明变量 isDone 的同时指定其类型为 boolean，并初始化赋值为 false。接下来，将变量 isDone 赋值为 true，因为 true 也是 boolean 类型，所以执行成功。最后再将变量 isDone 赋值为 1，因为 1 不是 boolean 类型，所以会报错。

在 main. ts 中引入 01-base-type. ts 文件，代码如下：

```
import  './01-base-type';
```

2.1.2 数 字

和 JavaScript 一样，TypeScript 里的所有数字都是浮点数，这些浮点数的类型是 number。除了支持十进制和十六进制字面量，TypeScript 还支持 ECMAScript 2015(ES6)中引入的二进制和八进制字面量。

什么是字面量?

JavaScript 字面量(literal)又称直接量，在 JavaScript 代码中用来表示一个固定的值，它可以理解为“代码文字字面意义的常量”。它是仅表示“自己”意义的一个实例。字面量可分为数字字面量、字符串字面量、数组字面量、表达式字面量、对象字面量、函数字面量。

如下代码所示，let decLiteral: number = 10 这段声明变量的语法中 10 就是数字字面量，表示数字 10。

```
let decLiteral: number = 10; // 十进制
let binaryLiteral: number = 0b1010 ; // 二进制
let octalLiteral: number = 0o12; // 八进制
let hexLiteral: number = 0xa; // 十六进制
console.log(decLiteral,binaryLiteral,octalLiteral,hexLiteral); //10 10 10 10
```

说明：二进制用 0b 开头标识，八进制用 0o 开头标识，十六进制用 0x 开头标识。

2.1.3 字符串

JavaScript 程序的另一项基本操作是处理网页或服务器端的文本数据。像其他语言一样，我们使用 string 表示文本数据类型。和 JavaScript 一样，可以使用双引号(")或单引号(')表示字符串，如下列代码所示。

```
let name: string = '尹天仇';
name = '喜剧之王';
// name = 32 // error
let age: number = 32;
const info = '我是 ${name},我今年 ${age}岁！';
console.log(info);//我是喜剧之王,我今年 32 岁！
```

2.1.4 undefined 和 null

在 TypeScript 里，undefined 和 null 两者各自有自己的类型，分别叫作 undefined 和 null，如下列代码所示。它们本身的类型用处不是很大。

```
let u: undefined = undefined;
let n: null = null;
```

默认情况下，null 和 undefined 是所有类型的子类型。就是说，你可以把 null 和 undefined

赋值给 number 类型的变量。

2.1.5　数　组

TypeScript 像 JavaScript 一样可以操作数组元素。有两种方式可以定义数组。

第一种方式是在元素类型后面接上 [],表示由此类型元素组成的一个数组：

```
let listN: number[] = [1,2,3,4];
let listS:string[] = ["零零恭","零零喜","零零发","零零财"];
```

第二种方式是使用数组泛型,即 Array <元素类型>：

```
let list: Array< string > = ["张三","李四"];
```

2.1.6　元组(tuple)

元组类型允许表示一个已知元素数量和类型的数组,各元素的类型不必相同。比如,可以定义一对值分别为 string 和 number 类型的元组：

```
let x: [string, number]; // 定义元组类型
// 初始化数据
x = ['杨万里', 30]; // OK
// 错误的初始化
x = [30, '杨万里']; // Error:Type 'string' is not assignable to type 'number'
```

元组类型中的类型顺序是有严格要求的,所有类型的顺序一致才能赋值成功。

当访问一个已知索引的元素,会得到正确的类型：

```
console.log(x[0].substr(1)); // 万里
console.log(x[1].substr(1)); // Error:Property 'substr' does not exist on type 'number'
```

2.1.7　枚举(enum)

枚举类型是对 JavaScript 标准数据类型的一个补充。使用枚举类型可以为一组数值赋予友好的名字：

```
enum BillType {
    Repair,
    Check,
    Maintain
}
// 枚举数值默认从 0 开始依次递增
// 根据特定的名称得到对应的枚举数值
let billType: BillType = BillType.Repair;// 0
console.log(billType, BillType.Repair, BillType.Check);//0 0 1
```

默认情况下,从 0 开始为元素编号,你也可以手动指定成员的数值。例如,将上面的例子改成从 1 开始编号：

```
enum BillType { Repair  = 1, Check, Maintain };//1,2,3
let b: BillType = BillType.Check; //2
```

或者，全部都采用手动赋值：

```
enum BillType { Repair  = 1, Check = 3, Maintain = 5 };//1,3,5
let b: BillType = BillType.Check; //3
```

枚举类型提供的一个便利是你可以由枚举的值得到它的名字。例如，已知数值为 2，但是不确定它映射到 Color 里的哪个名字，这时可以查找相应的名字：

```
enum BillType { Repair = 1, Check, Maintain };
let billType: string = BillType[2]
console.log(billType)  // 显示'Check',因为上面代码里它的值是 2
```

2.1.8 any

有时候，我们会想要为那些在编程阶段还不清楚类型的变量指定一个类型，这些值可能来自于动态的内容，比如来自用户输入或第三方代码库，这种情况下，我们不希望类型检查器对这些值进行检查，而是直接让它们通过编译阶段的检查。那么，我们可以使用 any 类型来标记这些变量：

```
let notSure: any = 24;
notSure = '雪飘人间'; //可以是个字符串
notSure = false; // 也可以是个布尔值
```

在对现有代码进行改写的时候，any 类型是十分有用的，它允许你在编译时选择性地包含或移除类型检查，并且当你只知道一部分数据的类型时，any 类型也是有用的。比如，你有一个数组，它包含了不同的类型的数据：

```
let listAny: any[] = [30, false, '归海一刀'];
listAny[1] = '地字第一号';//可以修改数据类型
```

上述代码可以正常运行，并且修改后的 listAny 数组值变成了：30，'地字第一号'，'归海一刀'。

2.1.9 void

从某种程度上来说，void 类型似乎与 any 类型相反，它表示没有任何类型。当一个函数没有返回值时，通常会见到其返回值类型是 void：

```
// 表示没有任何类型，一般用来说明函数的返回值不能是 undefined 之外的值
function fn(): void {
    console.log("天苍苍,野茫茫");//返回结果:undefined
    // return undefined;// ok undefined
    // return null;//error:Type 'null' is not assignable to type 'void'
    // return 1 // error:Type 'number' is not assignable to type 'void'
}
console.log(fn()); //undefined
```

声明一个 void 类型的变量没有什么大的用处,因为你只能为它赋予 undefined:

```
let unusable: void = undefined;
```

2.1.10　never

never 类型表示的是那些永不存在的值的类型。例如, never 类型是那些总是会抛出异常或根本就不会有返回值的函数表达式或箭头函数表达式的返回值类型;变量也可能是 never 类型,当它们被永不为真的类型保护所约束时。

never 类型是任何类型的子类型,也可以赋值给任何类型。然而,没有类型是 never 的子类型或可以赋值给 never 类型(除了 never 本身之外),即使是 any 也不可以赋值给 never 类型。

下面是一些返回 never 类型的函数:

```
// 返回 never 的函数必须存在无法达到的终点
function error(message: string): never {
    throw new Error(message);
}
// 推断的返回值类型为 never
function fail() {
    return error("Something failed");
}
// 返回 never 的函数必须存在无法达到的终点
function infiniteLoop(): never {
    while (true) {
    }
}
```

2.1.11　object

object 表示非原始类型,也就是除 number,string,boolean,symbol,null 或 undefined 之外的类型。

使用 object 类型,就可以更好地表示像 Object.create 这样的 API。例如:

```
declare function create(o: object | null): void;
create({ age: 32 }); // OK
create(null); // OK
create(30); // Error
create("石小猛"); // Error
create(false); // Error
create(undefined); // Error
```

2.1.12　联合类型

联合类型(Union Types)表示取值可以为多种类型中的一种。

需求1:定义一个函数得到一个数字或字符串值的字符串形式值:

```
function toStr(x: number | string): string {
    return x.toString()
}
```

需求2:定义一个函数得到一个数字或字符串值的长度:

```
function getLength(x: number | string):number {
    // return x.length // error
    if (x.length) { // error
        return x.length;
    }else {
        return x.toString().length
    }
}
```

2.1.13 类型断言

类型断言(Type Assertion)可以用来手动指定一个值的类型,通过类型断言这种方式可以告诉编译器"相信我,我知道自己在干什么"。类型断言好比其他语言里的类型转换,但是不进行特殊的数据检查和解构。它无法避免运行时的错误,只在编译阶段起作用。TypeScript会假设作为程序员的你已经进行了必需的检查。

类型断言有两种形式:一是"尖括号"语法,<类型>值。二是as语法,值as类型,在tsx中只能用这种方式。

需求:定义一个函数得到一个字符串或者数值数据的长度:

```
function getLength(x: number | string):number {
    if ((<string>x).length) {
        return (x as string).length
    }else {
        return x.toString().length
    }
}
console.log(getLength('真的爱你'), getLength(1024));//4 4
```

2.1.14 类型推断

TS会在没有明确指定类型的时候推测出一个类型。

分下面两种情况:①定义变量时赋值了,推断为对应的类型;②定义变量时没有赋值,推断为any类型。代码如下所示:

```
/* 定义变量时赋值了,推断为对应的类型 */
let val = 122; // number
val = '交通事故报警电话' // error
```

```
/* 定义变量时没有赋值，推断为 any 类型 */
let anyType;  // any 类型
anyType = 122;
anyType = '交通事故报警电话';
```

2.2 接　口

TypeScript 的核心原则之一是对值所具有的结构进行类型检查。我们使用接口(Interfaces)来定义对象的类型，接口是对象的状态(属性)和行为(方法)的抽象(描述)，可以对对象的属性和行为进行约束。

2.2.1 接口初探

需求：创建人的对象，需要对人的属性进行一定的约束，例如：

① id 是 number 类型，必须有，只读的。

② name 是 string 类型，必须有。

③ age 是 number 类型，必须有。

④ sex 是 string 类型，必须有。

⑤ skill 是数组类型，非必须的。

新建文件“02-Interfaces.ts”，代码如下：

```
(() => {
    // 定义人的接口
    interface IPerson {
        id: number;
        name: string;
        age: number;
        sex: string;
        skill: string[]
    }
    //定义实现了 IPerson 接口的 per 对象
    const per: IPerson = {
        id: 1,
        name: '陈家洛',
        age: 30,
        sex: '男',
        skill:['庖丁解牛']
    };
})();
```

类型检查器会查看对象内部的属性是否与 IPerson 接口描述一致，如果不一致就会提示类型错误。

2.2.2 可选属性“?”

接口里的属性不全都是必需的。有些只在某些条件下存在,或者根本不存在。

```
interface IPerson {
    id: number;
    name: string;
    age: number;
    sex: string;
    skill?: string[]
}
```

带有可选属性的接口与普通的接口定义差不多,只是在可选属性名字定义的后面加了一个“?”符号。可选属性的好处之一是可以对可能存在的属性进行预定义,好处之二是可以捕获引用了不存在的属性时的错误。

```
const per: IPerson = {
    id: 1,
    name: '陈家洛',
    age: 30,
    sex: '男',
    // skill:['庖丁解牛'] //可以没有
};
```

2.2.3 只读属性 readonly

一些对象属性只能在对象刚刚创建的时候修改其值。你可以在属性名前用 readonly 来指定只读属性,只读属性一旦赋值就再也不能被改变了。

```
interface IPerson {
    readonly id: number;
    name: string;
    age: number;
    sex: string;
    skill?: string[]
}
const per: IPerson = {
    id: 1,
    name: '陈家洛',
    age: 30,
    sex: '男',
    // skill:['庖丁解牛'] //可以没有
    wife: '香香公主' // error 没有在接口中定义, 不能有
};
per.id = 7; // error 只读属性不能修改
```

readonly 和 const 的区别:判断该用 readonly 还是 const ,最简单的方法是看要把它作为

变量还是作为属性使用。作为变量使用的话用 const，若作为属性则使用 readonly。

2.2.4 函数类型

接口能够描述 JavaScript 中对象拥有的各种各样的外形。除了描述带有属性的普通对象外，接口也可以描述函数类型。

为了使用接口表示函数类型，我们需要给接口定义一个调用签名，它就像是一个只有参数列表和返回值类型的函数定义。参数列表里的每个参数都需要名字和类型。

```
// 接口可以描述函数类型(参数的类型与返回的类型)
interface ISearchData {
    (list: string[], name: string): string[]
}
```

这样定义后，我们可以像使用其他接口一样使用这个函数类型的接口。下列代码展示了如何创建一个函数类型的变量，并将一个同类型的函数赋值给这个变量。

```
const search: ISearchData = function (list: string[], name: string): string[] {
    return list.filter(f => { return f == name });
}
console.log(search(['桃花','仙人','种桃树'], '桃花')); //["桃花"]
```

2.2.5 类类型

与 C# 或 Java 里接口的基本作用一样，TypeScript 也能够用类类型来明确地强制一个类去符合某种契约。

```
//动物接口
interface IAnimal {
    eat(): void;        //吃东西的方法
}
//人的接口
interface IPerson{
    study():void; //学习的方法
    sing():void; //唱歌的方法
}
class User implements IAnimal{
    eat(){
        console.log('大口吃肉');
    }
}
```

① 一个类可以实现多个接口。

```
class User implements IAnimal,IPerson{
    eat(){
        console.log('大口吃肉');
    }
```

```
    study(){
        console.log('钻木取火');
    }
    sing(){
        console.log('两只老虎爱跳舞');
    }
}
```

② 一个接口可以继承多个接口。和类一样,接口也可以相互继承。这让我们能够从一个接口里复制成员到另一个接口里,可以更灵活地将接口分割到可重用的模块里。

```
interface IUser extends  IAnimal,IPerson{

}
```

2.3 类

对于传统的 JavaScript 程序,我们会使用函数和基于原型的继承来创建可重用的组件,但对于熟悉使用面向对象方式的程序员,使用这些语法就有些棘手,因为他们用的是基于类的继承,并且对象是由类构建出来的。从 ECMAScript 2015(ES6)开始 ,JavaScript 程序员能够使用基于类的面向对象的方式。TypeScript 已经支持开发者使用类这一特性,并且编译后的 JavaScript 可以在所有主流浏览器和平台上运行,而不需要等到下个 JavaScript 版本。

2.3.1 基本示例

下面看一个使用类的例子:

```
class Greeter {
    // 声明属性
    greeting: string;
    // 构造方法
    constructor (message: string) {
      this.greeting = message;
    }
    // 一般方法
    greet (): string {
      return '你好,' + this.greeting;
    }
}
// 创建类的实例
const greeter = new Greeter('你在他乡还好吗');
// 调用实例的方法
console.log(greeter.greet()); //你好,你在他乡还好吗
```

如果你使用过C#或Java，你会对这种语法非常熟悉。我们声明一个Greeter类，这个类有3个成员：一个greeting属性，一个构造函数和一个greet方法。

你会注意到，我们在引用任何一个类成员的时候都用了this，它表示我们访问的是类的成员。

最后一行，我们使用new构造了Greeter类的一个实例，它会调用之前定义的构造函数，创建一个Greeter类型的新对象，并执行构造函数初始化greeting属性。

2.3.2 继　承

在TypeScript里，我们可以使用常用的面向对象模式。基于类的程序设计中一种最基本的模式是允许使用继承来扩展现有的类。看下面的例子：

```
//动物类
class Animal {
    //跑
    run(distance: number) {
        console.log('跑了 ${distance}m');
    }
}
//鸭子继承动物类
class Duck extends Animal {
    //叫
    cry() {
        console.log('嘎嘎嘎');
    }
}
const duck = new Duck(); //实例化鸭子对象
duck.cry(); //调用鸭子的 cry 方法 --嘎嘎嘎
duck.run(100); //可以调用从父中继承得到的 run 方法 --跑 100m
```

这个例子展示了最基本的继承：类从基类中继承了属性和方法。这里，Duck是一个派生类，它通过extends关键字派生自Animal基类。派生类通常被称作子类，基类通常被称作超类或者父类。

因为Duck继承了Animal的功能，因此我们可以创建一个Duck的实例，它能够调用cry()和run()。

下面我们来看一个更加复杂的例子：

```
//动物类
class Animal {
    name: string;

    constructor (name: string) {
      this.name = name;
    }

    run (distance: number = 0) {
```

```
    console.log('${this.name}跑了${distance}m');
  }

}
//蛇类继承动物类
class Snake extends Animal {
  constructor (name: string) {
    // 调用父类型构造方法
    super(name);
  }

  // 重写父类型的方法
  run (distance: number = 5) {
    console.log('蛇开始游走...');
    super.run(distance);
  }
}

//马类继承动物类
class Horse extends Animal {
  constructor (name: string) {
    // 调用父类型构造方法
    super(name);
  }

  // 重写父类型的方法
  run (distance: number = 50) {
    console.log('马开始奔跑...');
    // 调用父类型的一般方法
    super.run(distance);
  }
  //马类特有扩展的方法
  eat () {
    console.log('吃草');
  }
}

const snake = new Snake('白素贞');
snake.run();

const horse = new Horse('赤兔马');
horse.run();

// 父类型引用指向子类型的实例 ==> 多态
const wuzhui: Animal = new Horse('乌骓马');
wuzhui.run();
```

```
wuzhui.run(24);
/* 如果子类型没有扩展的方法,可以让子类型引用指向父类型的实例 */
const qingshe: Snake = new Animal('青蛇');
qingshe.run();
/* 如果子类型有扩展的方法,不能让子类型引用指向父类型的实例 */
const dilu: Horse = new Animal('的卢'); //error:Horse 中有 eat 方法,但是 Animal 中没有
dilu.run();
```

这个例子展示了上面没有提到的一些特性。例子中,我们使用 extends 关键字创建了 Animal 的两个子类:Horse 和 Snake。

与前一个例子的不同点是,派生类包含了一个构造函数,它必须调用 super(),它会执行基类的构造函数。而且,在构造函数里访问 this 的属性之前,我们一定要调用 super()。这个是 TypeScript 强制执行的一条重要规则。

这个例子演示了在子类里重写父类的方法。Snake 类和 Horse 类都创建了 run 方法,它们重写了从 Animal 继承来的 run 方法,使得 run 方法根据不同的类而具有不同的功能。注意,即使 wuzhui 被声明为 Animal 类型,但因为它的值是 Horse,调用 wuzhui.run(24) 时,它会调用 Horse 里重写的方法。

运行结果如下:

```
蛇开始游走...
白素贞跑了 5m
马开始奔跑...
赤兔马跑了 50m
马开始奔跑...
乌骓马跑了 50m
马开始奔跑...
乌骓马跑了 24m
青蛇跑了 0m
的卢跑了 0m
```

2.3.3 公共、私有以及受保护的修饰符

访问修饰符:用来描述类内部的属性/方法的可访问性。

public:默认值,公开的外部也可以访问。

private:只有类内部可以访问。

protected:类内部和子类可以访问。

在上面的例子里,我们可以自由地访问程序里定义的成员。如果你对其他语言中的类比较了解,就会注意到我们在之前的代码里并没有使用 public 来做修饰。例如,C# 要求必须成员是可公开访问的。在 TypeScript 里,成员都默认为 public。

你也可以明确地将一个成员标记成 public。我们可以用下面的方式来重写上面的 Animal 类:

```
class Animal {
    public name: string;

    public constructor (name: string) {
      this.name = name;
    }

    public run (distance: number = 0) {
      console.log('${this.name}跑了${distance}m');
    }
  }
```

当成员被标记成 private 时，它就不能再声明它的类的外部访问。

```
class Animal {
    private name: string;
    constructor(theName: string) { this.name = theName; }
}
new Animal("Cat").name; // 错误: 'name' 是私有的.
```

protected 修饰符与 private 修饰符的行为很相似，但有一点不同，protected 成员在派生类中仍然可以访问，例如：

```
class Person extends Animal {
    private age: number = 35;
    protected skill: string = '小李飞刀';

    run (distance: number = 5) {
      console.log('人开始跑...');
      super.run(distance);
    }
  }

  class Student extends Person {
    run (distance: number = 6) {
      console.log('学生开始跑...');

      console.log(this.skill); // 子类能看到父类中受保护的成员
      console.log(this.age); //error: 子类看不到父类中私有的成员

      super.run(distance);
    }
  }

  console.log(new Person('李寻欢').name); // 李寻欢--公开的可见
  console.log(new Person('李寻欢').sex); //undefined--error:受保护的不可见
  console.log(new Person('李寻欢').age); //35--error:私有的不可见
```

2.3.4 readonly 修饰符

你可以使用 readonly 关键字将属性设置为只读的。只读属性必须在声明时或构造函数里被初始化。

```
class Person {
    readonly name: string = '谢晓峰';
    constructor(name: string) {
      this.name = name;
    }
}
let per = new Person('三少爷');
console.log(per.name);//三少爷;
per.name = '阿吉'; // error
console.log(per.name);//阿吉--尽管报错,还是会显示出来
```

在上面的例子中,我们必须在 Person 类里定义一个只读成员 name 和一个参数为 name 的构造函数,并且立刻将 name 的值赋给 this.name,这种情况经常会遇到。参数属性可以方便地让我们在一个地方定义并初始化一个成员。下面的例子是对之前 Person 类的修改版,使用了参数属性:

```
class Person {
    constructor(readonly name: string) {
    }
}
const per = new Person('三少爷');//三少爷;
console.log(per.name);
```

注意看我们是如何舍弃参数 name,仅在构造函数里使用 readonly name: string 参数来创建和初始化 name 成员的,我们把声明和赋值合并在一起了。

参数属性通过给构造函数参数前面添加一个访问限定符来声明。使用 private 限定一个参数属性会声明并初始化一个私有成员。对于 public 和 protected 来说也是一样。

2.3.5 存取器

TypeScript 支持通过 getters/setters 来截取对对象成员的访问。getters/setters 能帮助用户有效地控制对对象成员的访问。

接下来我们从一个没有使用存取器的例子开始。

```
class Person {
    fullName?: string;
}
let employee = new Person();
employee.fullName = "独孤求败";
if (employee.fullName) {
    console.log(employee.fullName);//独孤求败
}
```

下面来看如何把一个简单的类改写成使用 get 和 set。

```
class Person {
    firstName: string = '独孤';
    lastName: string = '求败';
    get fullName () {
      return this.firstName + '-' + this.lastName
    }
    set fullName (value) {
      const names = value.split('-');
      this.firstName = names[0];
      this.lastName = names[1];
    }
  }


  const p = new Person();
  console.log(p.fullName);//独孤-求败

  p.firstName = '独孤';
  p.lastName =  '天峰';
  console.log(p.fullName);//独孤-天峰

  p.fullName = '逆天-唯我';
  console.log(p.firstName, p.lastName);//逆天 唯我
```

2.3.6 静态属性

到目前为止，我们只讨论了类的实例成员，即那些仅当类被实例化的时候才会被初始化的属性。我们也可以创建类的静态成员，这些属性存在于类本身上而不是类的实例上。

```
class Person {
    name: string = '独孤天峰';
    static skill: string = '龙爪手';
  }
  console.log(new Person().name);//独孤天峰
  console.log(Person.skill);//龙爪手
```

在上述的例子中，我们使用 static 定义 skill，因为它是所有人都会用到的属性。每个实例想要访问这个属性的时候，都要在 skill 前面加上类名。如同在实例属性上使用 this. xx 来访问属性一样，这里我们使用 Person. xx 来访问静态属性。

说明：静态属性，是类对象的属性。非静态属性，是类的实例对象的属性。

2.3.7 抽象类

抽象类作为其他派生类的基类使用，它们不能被实例化。不同于接口，抽象类可以包含成员的实现细节。abstract 关键字用于定义抽象类和在抽象类内部定义抽象方法。

抽象类不能创建实例对象，只有实现类才能创建实例，抽象类可以包含未实现的抽象方法。

```
abstract class Animal {
    abstract cry ():void;
    run () {
      console.log('动物在奔跑');
    }
}
class Person extends Animal {
    cry () {
      console.log('会哭的人不一定流泪');
    }
}
const per = new Person();
per.cry();//会哭的人不一定流泪
per.run();//动物在奔跑
```

2.4 函 数

函数是 JavaScript 应用程序的基础，可以帮助实现抽象层、模拟类、封装和模块化。在 TypeScript 里，虽然已经支持类、命名空间和模块，但函数仍然是主要的定义行为的方式。TypeScript 为 JavaScript 函数添加了额外的功能，让用户可以更容易地使用。

2.4.1 基本示例

和 JavaScript 一样，TypeScript 函数可以创建有名字的函数和匿名函数。用户可以随意选择适合应用程序的方式，不论是定义一系列 API 函数还是只使用一次的函数。

通过下面的例子可以迅速回想起这两种 JavaScript 中的函数：

```
// 命名函数
function add(x, y) {
    return x + y
}
// 匿名函数
let myAdd = function (x, y) {
    return x + y;
}
```

2.4.2 函数类型

为 add 函数添加类型的代码如下：

```
function add(x: number, y: number): number {
    return x + y
```

```
}
// 匿名函数
let myAdd = function (x: number, y: number): number {
    return x + y;
}
```

我们可以给每个参数添加类型之后再为函数本身添加返回值类型。TypeScript 能够根据返回语句自动推断出返回值类型。

为函数指定类型后，接下来写出函数的完整类型：

```
let myAdd: (x: number, y: number) => number =
    function (x: number, y: number): number {
        return x + y
    }
```

2.4.3 可选参数和默认参数

TypeScript 里的每个函数参数都是必需的。这不是指不能传递 null 或 undefined 作为参数，而是说编译器检查用户是否为每个参数都传入了值。编译器还会假设只有这些参数会被传递进函数。简短地说，传递给一个函数的参数个数必须与函数期望的参数个数一致。

在 JavaScript 里，每个参数都是可选的，可传可不传。没传参的时候，它的值就是 undefined。在 TypeScript 里，我们可以在参数名旁使用"?"实现可选参数的功能。比如，我们想让 url 是可选的，可以在其后加"?"。在 TypeScript 里，我们也可以为参数提供一个默认值，当用户没有传递这个参数或传递的值是 undefined 时，它们叫作有默认初始化值的参数。如下代码所示，把 prefix 的默认值设置为 "/api/"：

```
function getUrl(prefix: string = '/api/', url?: string): string {
    if (url) {
        return prefix + url;
    }else {
        return prefix;
    }
}
console.log(getUrl('/ctrl/', 'base/getUserList'));///ctrl/base/getUserList
console.log(getUrl('/ctrl/'));///ctrl/
console.log(getUrl());///api/
```

2.4.4 剩余参数

必要参数、默认参数以及可选参数有个共同点：它们表示某一个参数。有时，用户想同时操作多个参数，或者并不知道会有多少参数传递进来，在 JavaScript 里，这种情况下用户可以使用 arguments 来访问所有传入的参数。

在 TypeScript 里，可以把所有参数收集到一个变量里：

```
function getUrl(prefix: string, ...urls: string[]) {
    return prefix  + urls.join("/");
}

let fullUrl = getUrl("/base/", "user", "getList");///base/user/getList
console.log(fullUrl);
```

剩余参数会被当作个数不限的可选参数,可以一个都没有,也可以有任意个。编译器创建参数数组,名字是用户在省略号(…)后面给定的名字,用户可以在函数体内使用这个数组。

这个省略号也会在带有剩余参数的函数类型定义上使用到:

```
let getUrlFun: (prefix: string, ...rest: string[]) => string = getUrl;
```

2.4.5　函数重载

函数重载是指函数名相同,而形参不同的多个函数。

在JaveScript中,由于弱类型的特点,形参与实参可以不匹配,所以没有函数重载这一说,但在TypeScript与其他面向对象的语言(如Java、C#)中就存在此语法。

比如我们有一个函数是这样的,它可以接收2个string类型的参数进行拼接,也可以接收2个number类型的参数进行相加。那么在TypeScript里应该如何表示这个重载?我们看一下下面这个例子:

```
// 重载函数声明
function add(x: string, y: string): string;
function add(x: number, y: number): number;

// 定义函数实现
function add(x: string | number, y: string | number): string | number {
    // 在实现上我们要注意严格判断两个参数的类型是否相等,而不能简单地写一个 x + y
    if (typeof x === 'string' && typeof y === 'string') {
        return x + y;
    }else if (typeof x === 'number' && typeof y === 'number') {
        return x + y;
    }
    return '';
}
console.log(add(2, 17)); //19
console.log(add('金风', '玉露')); //金风玉露
console.log(add(1, '凡')); // error
```

2.5　泛　型

泛型是指在定义函数、接口或类的时候,不预先指定具体的类型,而在使用的时候再指定具体类型的一种特性。

2.5.1 泛型引入

下面创建一个函数,实现功能:根据指定的数量 count 和数据 value ,创建一个包含 count 个 value 的数组。不用泛型的话,这个函数可能是下面这样的:

```
function createArray(value: any, count: number): any[] {
    const arr: any[] = [];
    for (let index = 0; index < count; index++) {
        arr.push(value);
    }
    return arr;
}
const arr1 = createArray(17, 3);
const arr2 = createArray('鹅', 3);
console.log(arr1[0].toFixed(), arr2[0].substr(0)); //17 鹅
```

2.5.2 使用函数泛型

泛型函数的类型与非泛型函数的类型没什么不同,只是泛型函数有一个类型参数在最前面,像函数声明一样:

```
function createArray<T>(value: T, count: number) {
    const arr: Array<T> = []
    for (let index = 0; index < count; index++) {
      arr.push(value)
    }
    return arr
}
onst arr1 = createArray<number>(17, 3)
console.log(arr1[0].toFixed());
console.log(arr1[0]. substr(0)); // error

const arr2 = createArray<string>('鹅', 3)
console.log(arr2[0].substr(0));
console.log(arr2[0].toFixed()) // error
```

2.5.3 多个泛型参数的函数

一个函数可以定义多个泛型参数,如下所示:

```
function swap<K, V>(a: K, b: V): [K, V] {
    return [a, b];
}
const result = swap<string, number>('孙悟空', 72);
console.log(result[0].length, result[1].toFixed()); //3 "72"
```

2.5.4 泛型接口

在定义接口时,为接口中的属性或方法定义泛型类型;在使用接口时,再指定具体的泛型类型。

```
//定义基接口
interface Ibase<T> {
    data: T[];//数据列表
    add: (t: T) => void; //添加
    detail: (id: number) => T|undefined; //获取详情
}
//定义用户类
class User {
    id?: number; //id 主键自增
    name: string; //姓名
    age: number; //年龄

    constructor(name: string, age: number) {
        this.name = name;
        this.age = age;
    }
}
//定义一个实现了基接口 Ibase<T>的类 UserService,泛型类指定为 User
class UserService implements Ibase<User> {
    data: User[] = [];

    add(user: User): void {
        user = { ...user, id: Date.now() };
      this.data.push(user);
        console.log('添加用户', user.id);
    }

    detail(id: number): User|undefined {
        return this.data.find(item => item.id === id);
    }
}

const userService = new UserService();//实例化对象
userService.add(new User('女帝', 29));//添加数据
userService.add(new User('石瑶', 27));
console.log(userService.data);
```

运行结果如图 2.1 所示。

```
添加用户 1613306397902
添加用户 1613306397902
▼(2) [{…}, {…}]
  ▶0: {name: "女帝", age: 29, id: 1613306397902}
  ▶1: {name: "石瑶", age: 27, id: 1613306397902}
```

图 2.1 运行结果

2.5.5 泛型类

在定义类时,为类中的属性或方法定义泛型类型,在创建类的实例时,再指定特定的泛型类型。泛型类看上去与泛型接口差不多,泛型类使用 < >括起泛型类型,跟在类名后面。

```
class GenericNumber<T> {
    zeroValue?: T;
    add?: (x: T, y: T) => T;
}
let myGenericNumber = new GenericNumber<number>();
myGenericNumber.zeroValue = 0;
myGenericNumber.add = function (x, y) { return x + y; };
```

GenericNumber 类的使用是十分直观的,并且你可能已经注意到了,这里并没有限制 GenericNumber 类的属性和方法只能使用 number 类型,我们也可以使用字符串或其他更复杂的类型。

```
let stringNumeric = new GenericNumber<string>();
    stringNumeric.zeroValue = "大唐";
    stringNumeric.add = function (x, y) { return x + y; };
    console.log(stringNumeric.add(stringNumeric.zeroValue, "不良人")); //大唐不良人
```

2.5.6 泛型约束

如果直接对一个泛型参数取 length 属性,则系统会报错,因为这个泛型参数根本就不知道它有这个属性。

```
// 没有泛型约束
function fn<T>(x: T): void {
    console.log(x.length);  // error
}
```

可以使用泛型约束来实现:

```
//定义一个接口,来约束对象属性
interface LengthAttribute {
    length: number;
}
// 指定泛型约束
```

```
function fun<T extends LengthAttribute>(x: T): void {
    console.log(x.length);
}
```

需要传入符合约束类型的值，而且必须包含 length 属性：

```
fun('李淳风');
fun(31); // error:number 类型没有 length 属性
```

2.6 声明文件和内置对象

2.6.1 声明文件

当使用第三方库时，我们需要引用它的声明文件，才能获得对应的代码补全、接口提示等功能。

什么是声明语句？

假如我们想使用第三方库 jquery，一种常见的方式是在 html 中通过 <script> 标签引入 jquery，然后就可以使用全局变量 $ 或 jquery 了。但是在 TS 中，编译器并不知道 $ 或 jquery 是什么东西，如果需要 TS 对新的语法进行检查，需要加载对应的类型说明代码。

什么是声明文件？

通常我们把声明语句放到一个单独的文件(jquery.d.ts)中，这个存放声明语句的文件就是声明文件。声明文件必须以.d.ts 为后缀，一般来说，TS 会自动解析项目中的所有声明文件。

我们先来安装 jquery，执行 npm i jquery -S。然后新建文件"06-other.ts"，并在 06-other.ts 中引入 jquery 库。

```
import jQuery from 'jquery';
(() => {
    jQuery('选择器');
})();
```

此时，我们直接使用 jQuery 是没有任何智能提示的，而且会报错，这时需要使用 declare var 来定义它的类型。在 src 目录下新建文件"jQuery.d.ts"，并添加如下代码：

```
declare var jQuery: (selector: string) => any;
```

此时，再将鼠标移到 06-other.ts 文件中的 jQuery 上时便会出现我们自定义的智能提示。

declare var 并没有真的定义一个变量，只是定义了全局变量 jQuery 的类型，仅仅用于编译时的检查，在编译结果中会被删除。

很多的第三方库都定义了对应的声明文件库，库文件名一般为 @types/xx，我们可以在 https://www.npmjs.com/package/package 上进行搜索。

有的第三方库在下载时会自动下载对应的声明文件库(比如 webpack)，有的可能需要单独下载(比如 jQuery/react)。

下载 jquery 声明文件的命令为：npm install @types/jquery --save-dev。

下载完 jquery 声明文件后，鼠标移到 06-other.ts 文件中的 jQuery 上时就可以看到完整的 jquery 智能提示。

2.6.2 内置对象

JavaScript 中有很多内置对象，它们可以直接在 TypeScript 中当作定义好了的类型使用。

内置对象是指根据标准在全局作用域(Global)上存在的对象。这里的标准是指 ECMAScript 和其他环境(比如 DOM 等)的标准。

ECMAScript 的内置对象包括：Boolean、Number、String、Date、RegExp、Error。

示例代码如下：

```
// 1.ECMAScript 的内置对象
let b: Boolean = new Boolean(1);
let n: Number = new Number(true);
let s: String = new String('18 岁');
let d: Date = new Date();
let r: RegExp = /^1/;
let e: Error = new Error('error message');
console.log(b); //Boolean 对象
b = true;
console.log(b); //true
let bl: boolean = new Boolean(2);  // error:Boolean 类型不能赋值给 boolean 类型
```

BOM 和 DOM 的内置对象包括：Window、Document、HTMLElement、DocumentFragment、Event、NodeList。

BOM 和 DOM 示例代码如下：

```
//2.BOM 和 DOM 的内置对象
const div: HTMLElement | null = document.getElementById('app');
const divs: NodeList = document.querySelectorAll('div');
document.addEventListener('click', (event: MouseEvent) => {
    console.dir(event.target);//html
})
const fragment: DocumentFragment = document.createDocumentFragment();
```

BOM 和 DOM 的内置对象在 TS 中仍然可以使用。

至此，TS 当中的东西已经基本学习完了，后面我们将开始 Vue3 相关知识的学习。

第3章 Vue3 快速上手

本章学习目标

- 了解 Vue3 并掌握 Vue3 项目的创建
- 掌握 Vue2.x 的基础知识

Vue3 依旧支持 Vue2.x 的 Option API 方式，为了兼顾对 Vue2.x 尚不够了解和习惯使用 Option API、ES 进行开发的读者，本章中所有的示例依旧采用 Vue2.x 中的 Option API 方式来编写，通过采用 ES 和 Option API 的编码方式来带领读者快速熟悉 Vue3 的用法。在我看来，Option API 的编码方式如果配合使用 TypeScript，看上去很不优雅，甚至有些奇怪，而如果你在 Vue3 中使用 Composition API 的话，强烈建议同 TypeScript 一起使用，因为 Composition API 和 TypeScript 的集成更加友好。从第 4 章起，书中所有的示例都将会采用 Composition API 和 TypeScript 来进行编写，读者可以将本章当成一个过渡。事实上，在实际的项目当中我也极力推崇采用这样的方式来进行开发。

3.1 Vue 介绍

Vue（读音 /vjuː/，类似于 view）是一套用于构建用户界面的渐进式框架。与其他大型框架不同的是，Vue 被设计为可以自底向上逐层应用。Vue 的核心库只关注视图层，不仅易于上手，还便于与第三方库或既有项目整合。另一方面，当与现代化的工具链及各种支持类库结合使用时，Vue 也完全能够为复杂的单页应用提供驱动，目前最新版本是 Vue3.x。

Vue3 发布于 2020 年 9 月 19 日，它在 Vue2.x 的基础上进行了一些优化，对 TypeScript 有了更好的支持。Vue3.x 的语法和 Vue2.x 非常相似，如果你已经会用 Vue2.x，那么学 Vue3.x 将会非常简单。Vue3 是向下兼容的，所以它支持 Vue2.x 中绝大多数的特性。

Vue 官网地址：https://cn.vuejs.org/。

3.2 认识 Vue3

(1) Vue3 的背景

① Vue.js 3.0 “One Piece”正式版在 2020 年 9 月份发布；

② 历经 2 年多开发，拥有 100+位贡献者，2 600+次提交，600+次 pull 和 request；

③ Vue3 支持 Vue2 的大多数特性；

④ 更好地支持 TypeScript。

(2) 性能提升

① 打包大小减少 41%；

② 初次渲染快 55%，更新渲染快 133%；

③ 内存减少 54%；

④ 使用 Proxy 代替 defineProperty 实现数据响应式监听；

⑤ 重写虚拟 DOM 的实现和 Tree-Shaking。

(3) 新增特性

① Composition（组合）API；

② setup：

a. ref 和 reactive；

b. computed 和 watch；

c. 新的生命周期函数；

d. provide 与 inject；

…

③ 新组件：

a. Fragment——文档碎片；

b. Teleport——瞬移组件的位置；

c. Suspense——异步加载组件的 loading 界面。

④ 其他 API 更新：

a. 全局 API 的修改；

b. 将原来的全局 API 转移到应用对象；

c. 模板语法变化。

Vue3.x Github 源码地址：https://github.com/vuejs/vue-next。

Vue3.x 官网地址：https://v3.cn.vuejs.org/。

3.3 vue-devtools

vue-devtools 是一个 Chrome 浏览器的插件，它是官方提供的一个 Vue 开发者工具，方便用户在开发 Vue 项目时调试，在开发和调试时都很有用，就像我们平时使用 Chrome 的开发者工具一样。

vue-devtools 有两种常见的安装方式，分别是官网编译安装和访问极简插件（https://chrome.zzzmh.cn/）网进行在线安装。

3.3.1 官网编译安装

① 安装 vue-devtools。

先到 GitHub 上去下载 devtools 这个库，克隆也可以，但需要特别注意的是，Vue2 使用 vue devtools master 版本。Vue3 使用 vue devtools deta 版本。

Vue2 版本 vue-devtools 下载地址：https://github.com/vuejs/devtools。

Vue3 版本 vue-devtools 下载地址：https://github.com/vuejs/devtools/releases/tag/v6.0.0-beta.6。

② 安装依赖。

由于我们用的是 Vue3，故下载 Vue3 版本 vue-devtools，下载 v6.0.0-beta.6.zip 并解压，然后在 devtools-6.0.0-beta.6 目录下执行 yarn。

③ 打包项目。

执行：yarn run build。

④ 在 Chrome 中安装插件。

在谷歌浏览器的地址栏输入：chrome://extensions/，可以在 Chrome 中打开扩展程序。单击“加载已解压的扩展程序”，如图 3.1 所示。

图 3.1 单击“加载已解压的扩展程序”

选择 devtools-6.0.0-beta.6 目录下的/packages/shell-chrome 文件夹。如果能显示出来这个插件的内容，如图 3.2 所示，说明安装正确。

图 3.2 插件内容显示

重启 Chrome 浏览器，然后打开一个已经启动的 Vue 项目，按 F12 键打开开发者工具，在开发者工具中就会出现一个新的 tab，叫 Vue，如图 3.3 所示。

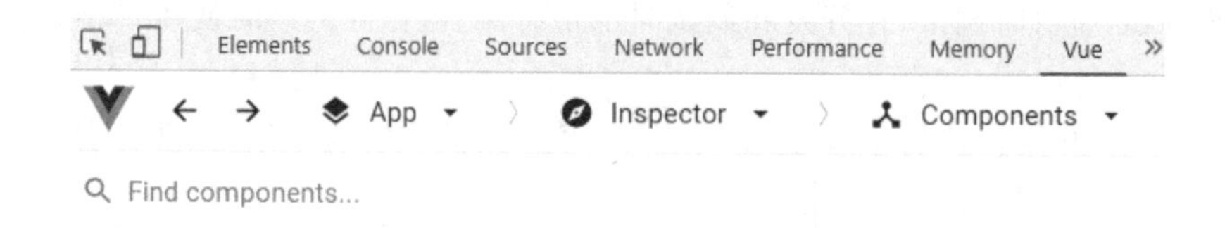

图 3.3　打开开发者工具

说明：此种方式安装过于复杂，且比较费时，有时可能还会失败，所以不建议采用此种方式进行安装。

3.3.2　极简插件在线安装

访问“极简插件”的官网，输入 devtools，出现的界面如图 3.4 所示。

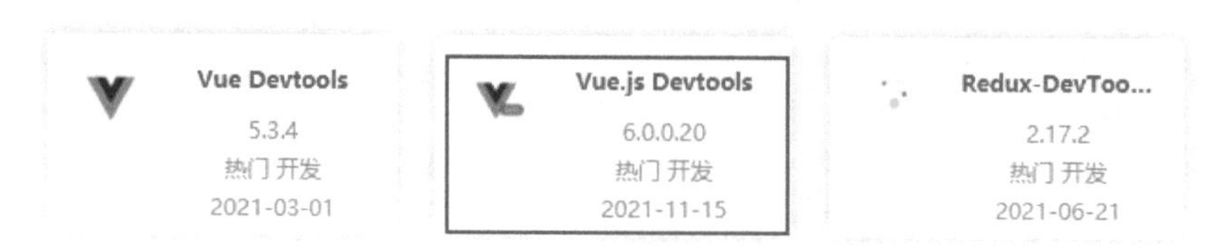

图 3.4　在“极简插件”官网输入 devtools 后出现的界面

这里选择 beta 版本（图 3.4 中的 vue. js Devtools），下载并解压，然后把解压后的文件 ljjemllljcmogpfapbkkighbhhppjdbg_6. 0. 0. 20_chrome. zzzmh. cn. crx 直接拖拽到谷歌的 chrome://extensions/页面，最终结果如图 3.5 所示。

图 3.5　页面示意图

说明：此种方法安装方便快捷，推荐采用此种方式进行安装。缺点是可能安装的不是最新版本。

3.4　创建 Vue3 项目

安装脚手架创建项目之前，电脑上必须安装 Node8 以上的版本。

创建 Vue3 项目有两种方式，分别是使用 vue-cli 和 vite，这两种方式创建的 Vue3 项目的代码目录结构会有差异，本书示例项目采用 vue-cli 的方式创建，同时我也建议读者使用 vue-cli来创建 Vue3 项目，因为 vue-cli 目前更加成熟。

3.4.1 使用 vue-cli 创建

安装文档地址：https://v3.cn.vuejs.org/guide/installation.html。

vue cli 文档地址：https://cli.vuejs.org/zh/。

① 安装或者升级 vue cli，保证 vue cli 版本在 4.5.0 以上。

如果是全局安装的话，同一台电脑只需要安装一次。安装 vue clic 的命令：npm install -g @vue/cli。查看 vue 版本：控制台执行 vue - V 或者 vue - version，运行结果如下：

```
C:\Users\DELL > vue --version
@vue/cli 4.5.11
```

② 创建 Vue 项目。

执行命令：vue create my-project。

说明：my-project 是我们自定义的项目名称。

接下来的步骤：

Please pick a preset——选择预置的模板，有默认（默认有 Vue2 和 Vue3 的模板）和手动两种，如图 3.6 所示。这里选择 Manually select features，yujie 这个模板是我以前自定义保存的模板。

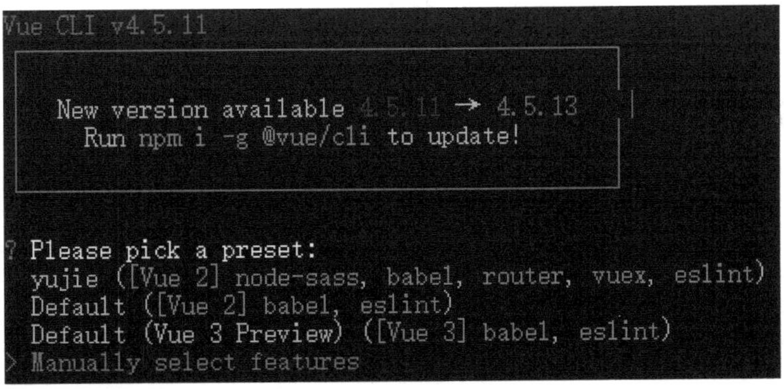

```
Vue CLI v4.5.11

   New version available 4.5.11 → 4.5.13
     Run npm i -g @vue/cli to update!

? Please pick a preset:
  yujie ([Vue 2] node-sass, babel, router, vuex, eslint)
  Default ([Vue 2] babel, eslint)
  Default (Vue 3 Preview) ([Vue 3] babel, eslint)
> Manually select features
```

图 3.6 选择预置的模板

Check the features needed for your project——选装项目需要的功能特性，选择 TypeScript，需要注意的是按空格键表示选择，按 Enter 键表示执行下一步。这里先空格选中，然后按 Enter 键，操作如图 3.7 所示。

Choose a version of Vue.js that you want to start the project with——选择 Vue 的版本，这里选择 3.x (Preview)。

Use class-style component syntax——是否使用 Babel 做转义，这里选择 NO，表示否。

Use Babel alongside TypeScript——是否使用 Babel 与 TypeScript 一起用于自动检测的填充，直接按 Enter 键表示是。

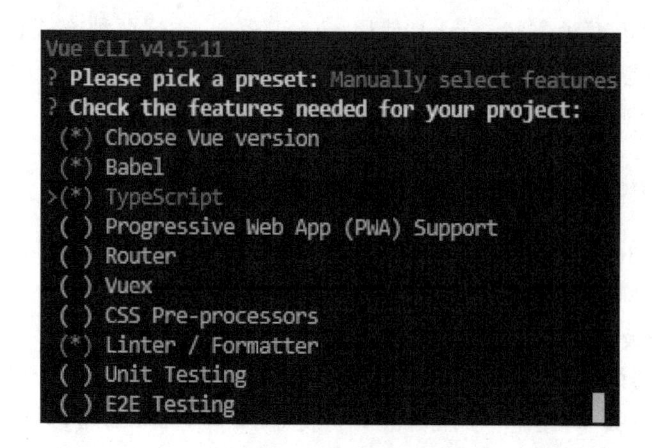

图 3.7　操作示意图

Use history mode for router? ——路由使用 history 模式，直接按 Enter 键。

Pick a linter / formatter config——选择语法检测规范，直接按 Enter 键。

Pick additional lint features——选择保存时检查/提交时检查，直接按 Enter 键。

Where do you prefer placing config for Babel, ESLint, etc. ? ——选择 Babel, PostCSS, ESLint 等自定义配置的存放位置，直接按 Enter 键。

Save this as a preset for future projects? ——是否保存当前预设，下次构建无须再次配置，直接按 Enter 键。

Pick the package manager to use when installing dependencies——用哪个包管理工具下载依赖，有 Yarn 和 NPM 这两个选项，直接按 Enter 键。

最终选择结果如图 3.8 所示。

```
Vue CLI v4.5.11
? Please pick a preset: Manually select features
? Check the features needed for your project: Choose Vue version, Babel, TS, Linter
? Choose a version of Vue.js that you want to start the project with 3.x (Preview)
? Use class-style component syntax? No
? Use Babel alongside TypeScript (required for modern mode, auto-detected polyfills, transpiling JSX)? Yes
? Pick a linter / formatter config: Basic
? Pick additional lint features: Lint on save
? Where do you prefer placing config for Babel, ESLint, etc.? In dedicated config files
? Save this as a preset for future projects? No
? Pick the package manager to use when installing dependencies: Yarn
```

图 3.8　最终选择结果

选择完成之后按 Enter 键，会执行创建操作，创建完成之后，依次执行 cd my-project、yarn serve 可运行项目。

3.4.2　Vue3 目录结构分析

通过 vue-cli 创建好的代码目录结构如图 3.9 所示。

目录结构说明：

① public：公共资源目录。

a. favicon. ico：网站的缩略标志，可以显示在浏览器标签、地址栏左边和收藏夹，是展示网

图 3.9　代码目录结构

站个性的缩略 logo 标志，也可以说是网站头像。

b. index. html：首页入口文件，可以添加一些 meta 信息或统计代码之类的。

② src：这里是用户要开发的目录，基本上要做的事情都在这个目录里。里面包含了几个目录及文件：

a. assets：放置一些图片或者 css 样式等静态资源，如 logo 等。

b. components：目录里面放了一个初始化组件文件，后续用户自己编写的自定义公共组件就放到这个目录下。

c. App. vue：根组件，也是所有组件的父组件，用户也可以直接将组件写在这里，而不使用 components 目录。

d. main. ts：程序主入口文件，因为采用了 TypeScript，所以是 TS 结尾。

e. shims-vue. d. ts：类文件（也叫定义文件），是为 TypeScript 做的适配定义文件，因为. vue 文件不是一个常规的文件类型，TS 不能理解. vue 文件是做什么的，加这一段是为了告诉 TS. vue 文件是这种类型的。

③ . browserslistrc：配置兼容浏览器。

browserslistrc 部分参数解释：

a. >1%：代表着全球超过 1%的人使用的浏览器。

b. last 2 versions：表示所有浏览器兼容到最后两个版本。

c. not dead：排除来自上两个版本查询的浏览器，但在全球使用统计中占不到 0.5%，并且 24 个月没有官方支持或更新。

④ . eslintrc. js：eslint 配置文件。

⑤ . gitignore：告诉 git 哪些文件不需要添加到版本管理中。

⑥ babel. config. js：babel 配置文件。

⑦ package. json：命令配置和包管理文件。

⑧ README. md：项目的说明文档，markdown 格式。

⑨ tsconfig. json：关于 TypeScript 的配置文件。

⑩ yarn. lock：如果项目中使用 yarn 作为包管理器，安装依赖时会生成 yarn. lock 文件，并且会提交到代码仓库。yarn. lock 存储了所有依赖项及依赖项的确切安装信息，用于锁定项目依赖包的版本。

main. ts 代码如下：

```
import { createApp } from 'vue'
import App from './App.vue'

//创建 App 应用并返回对应的实例对象，然后调用 mount 方法进行挂载，挂载到 id 为 app 的 html 节点上去(public/index.html)
createApp(App).mount('#app')
```

相较于 Vue3，Vue2 中 main. js 使用 Vue 的方式有些差异，代码如下：

```
import Vue from 'vue';
import App from './App.vue'
var vm = new Vue({
    el:'#app',
    render:r=>r(App),
})
```

App.vue为入口组件,html模板代码如下:

```
<template>
  <img alt="Vue logo" src="./assets/logo.png">
  <HelloWorld msg="Welcome to Your Vue.js + TypeScript App"/>
</template>
```

我们看到App组件当中没有了一对根标签,而在Vue2当中,所有Vue组件的html模板中都必须要有一对根标签,否则会报错。

在HelloWorld标签上如果看到了波浪线,则是因为我们在VS Code中设置的插件对eslint的语法进行了检测提示,如果我们不想看到这样的提示,可以按如下操作对其进行关闭:文件(File)→首选项(Preferences)→设置(Settings),会看到如图3.10所示界面。

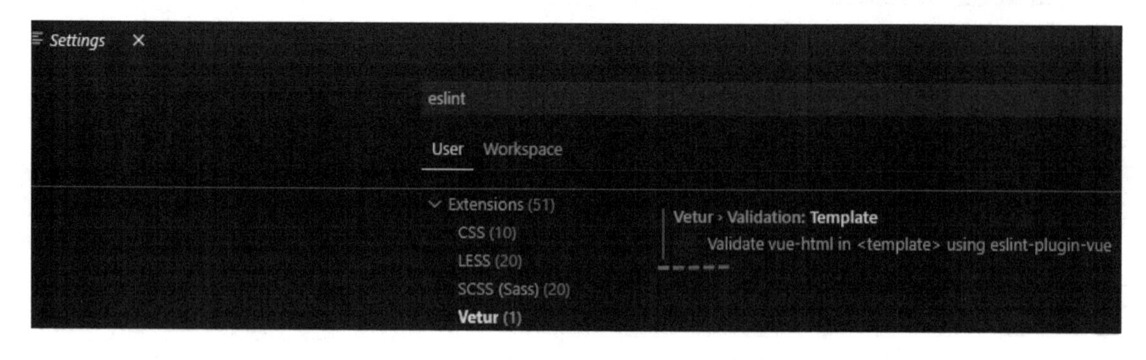

图3.10 设置界面

在搜索框中输入"eslint",然后在Vetur面板中去掉勾选项即可去掉eslint语法检查。

说明:Vue2组件中的html模板必须要有一对根标签,而Vue3组件的html模板中可以没有根标签。

App.vue中的脚本代码如下:

```
<script lang="ts">
//这里可以使用ts代码
//defineComponent函数表示定义一个组件,内部可以传入一个配置对象
import { defineComponent } from 'vue';
//引入组件
import HelloWorld from './components/HelloWorld.vue';
//暴露出去一个定义好的组件
export default defineComponent({
  name:'App', //指定组件名称
  //注册组件
```

```
  components: {
    HelloWorld
  }
});
</script>
```

Vue CLI 官方文档:https://cli. vuejs. org/zh/guide/creating-a-project. html# vue-create。

3.4.3 使用 Vite 创建

Vite 是一个由原生 ESM 驱动的 Web 开发构建工具。在开发环境下基于浏览器原生 ES imports 开发,它做到了本地快速开发启动,在生产环境下基于 Rollup 打包。其优点如下:

① 快速的冷启动,不需要等待打包操作;

② 即时的热模块更新,替换性能和模块数量的解耦让更新变得非常快;

③ 真正的按需编译,不再等待整个应用编译完成,这是一个巨大的改变。

创建步骤:

npm init vite-appvite-project

cdvite-project

npm install 或者 yarn

npm run dev 或者 yarn dev

说明:vite-project 是我们自定义的项目名称。

Vue3 官方文档: https://v3. cn. vuejs. org/guide/installation. html 中有介绍如何使用 vite 来构建我们的项目。

项目初始化目录结构如图 3.11 所示。界面运行结果如图 3.12 所示。

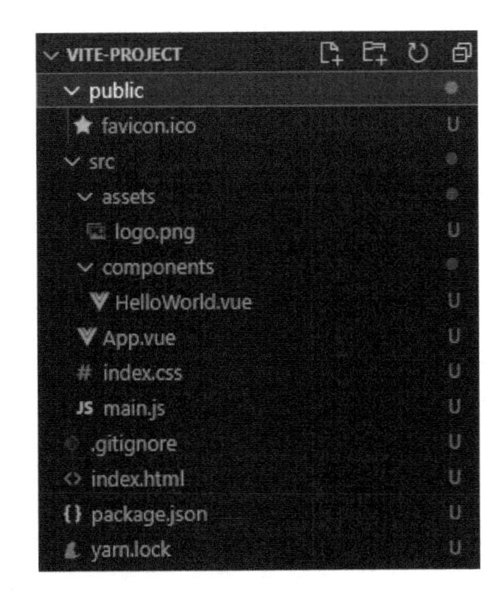

图 3.11 项目初始化目录结构

图 3.12 界面运行结果

3.5 Vue 常用指令介绍

Vue 指令（Directives）是带有 v-前缀的特殊属性。Vue 指令的职责是当表达式的值改变时，将其产生的连带影响响应式地作用于 DOM。

3.5.1 v-text

v-text 用于操作纯文本，它会替代显示对应的数据对象上的值。当绑定的数据对象上的值发生改变时，插值处的内容也会随之更新。

{{}}双大括号会将数据解释为普通文本，而非 HTML 代码。

在多数场景下，v-text 可以用{{}}来代替，但是{{}}更加灵活，因为 v-text 指令会替换掉整个 DOM 标签内部的内容，而{{}}可以在 DOM 标签内多次使用或者和文本混用，并且支持逻辑运算。

新建"views/BText.vue"来介绍 v-text 的使用，代码如下：

```
<template>
  <div>{{ message }}</div>
  <div v-text="message"></div>
  <div>{{ message }}-金庸</div>
  <div v-text="flag? '温客行':'周子舒'"></div>
  <div>{{ flag? '温客行':'周子舒' }}<span>-天涯客</span></div>
</template>

<script>
export default {
  data () {
    return {
      message: '飞雪连天射白鹿',
      flag:false
    }
  }
}
</script>
<style scoped>
div {
  height: 30px;
}
</style>
```

App.vue 中引入组件 BText.vue：

```
import BText from './views/BText.vue';
  <!-- 使用组件 -->
  <b-text></b-text>
export default defineComponent({
```

```
  name: 'App', //指定组件名称
  //注册组件
  components: {
    BText,
  }
});
```

运行结果如下：

飞雪连天射白鹿

飞雪连天射白鹿

飞雪连天射白鹿-金庸

周子舒

周子舒-天涯客

3.5.2　v-html 指令

v-html 可以输出真正的 HTML，例如，在界面中，需要显示带样式的数据时，可以使用 v-html。

新键“views/BHtml.vue”来介绍 v-html 指令的使用，代码如下：

```
<template>
<span v-html = "html"></span>
</template>
<script>
export default {
  data () {
    return {
      html: '<span style = "color:pink;">《卿本佳人》</span>'
    }
  }
}
</script>
```

App.vue 中引入组件 BHtml.vue，代码如下：

```
<!-- 使用组件 -->
  <b-html/>
//引入组件
import BHtml from './views/BHtml.vue';
//暴露出去一个定义好的组件
export default defineComponent({
  name: 'App', //指定组件名称
  //注册组件
  components: {
    BHtml
```

```
    }
  });
```

控制台执行 yarn serve,运行结果如下:

```
《卿本佳人》
```

defineComponent 函数只是返回传递给它的对象。但是,在类型方面,返回的值具有一个合成类型的构造函数,用于手动渲染函数、TSX 和 IDE 工具支持。

defineComponent 最重要的作用是在 TypeScript 下,给予了组件正确的参数类型推断。

3.5.3 v-model 和 v-bind

v-model 是 Vue 提供的一个特殊的属性,在 Vue 中被称为指令,它其实是一个语法糖,作用就是双向绑定表单控件。

v-bind:是 Vue 中用于绑定属性的指令,v-bind: 指令可以简写为:要绑定的属性。v-bind: 用于绑定属性值,只能实现数据的单向绑定,从 Model 自动绑定到 View, 无法实现数据的双向绑定。

注意:v-model 只能运用在表单元素中,常见表单元素如下:

input(radio, text, address, email....)、select、checkbox、textarea…

v-model 通过修改 AST 元素,给 el 添加了一个 prop,相当于在 input 上动态绑定了 value,又给 el 添加了事件处理,也就相当于在 input 上绑定了 input 事件。

<input v-model="message">可以理解为如下代码的简写:

```
<input v-bind:value = "message" v-on:input = "message = $event.target.value">
```

(1) 什么是 AST?

AST 是指抽象语法树(abstract syntax tree)或者语法树(syntax tree),它是源代码的抽象语法结构的树状表现形式。Vue 在 mount 过程中,template 会被编译成 AST 语法树。

然后,经过 generate(将 AST 语法树转化成 render function 字符串的过程)得到 render 函数,返回 VNode。VNode 是 Vue 的虚拟 DOM 节点,里面包含标签名、子节点、文本等信息。

(2) 什么是叫双向数据绑定?

当数据发生改变,DOM 会自动更新,当表单控件的值发生改变,数据也会自动得到更新。

我们先来看一下 v-model 在 Vue2.x 中的用法。新建一个 vue2 的 vue2-project 项目。views/BModel.vue 代码如下:

```
<template>
<div>
    <!--输出 -->
    <div class = "txt">{{ message }}</div>
    <!--双向绑定 -->
    <div><input type = "text" v-model = "message" /></div>
    <!--单向绑定 -->
    <div><input type = "text" v-bind:value = "message" /></div>
    <!--双向绑定 v-model 它实际上是下面这种写法的简写 -->
    <div>
```

```
      <input
        type="text"
        v-bind:value="message"
        @input="message = $event.target.value"
      />
    </div>
  </div>
</template>
<script>
export default {
  data() {
    return {
      message: "树欲静而风不止",
    };
  },
};
</script>
<style scoped>
div {
  height: 30px;
}
.txt {
  color: red;
}
</style>
```

v-model:value 可以简写为 v-model，因为 v-model 默认收集的就是 value 值。

App 中引入 BModel.vue：

```
import BModel from './views/BModel.vue';
export default {
  name: 'App',
  components: {
    BModel
  }
}
```

运行界面如图 3.13 所示。

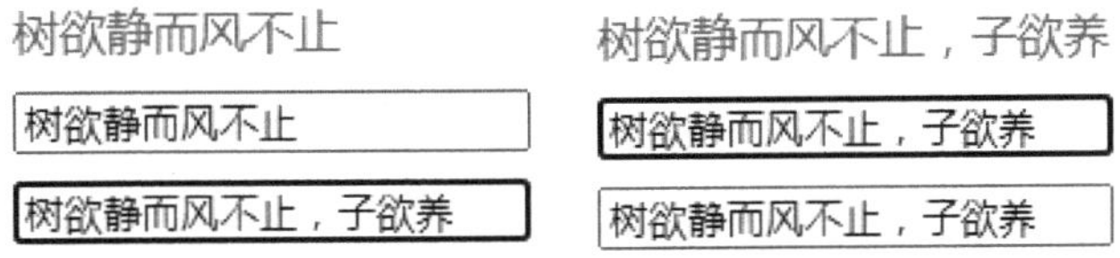

树欲静而风不止　　　　树欲静而风不止，子欲养

树欲静而风不止　　　　树欲静而风不止，子欲养

树欲静而风不止，子欲养　　　　树欲静而风不止，子欲养

图 3.13　运行界面

当我们修改第一个文本框中的内容时，第二个文本框中的内容也会随之改变，而当我们修改第二个文本框的内容时，第一个文本框中的内容并不会随之改变。因为第一个文本框使用的是 v-mode 双向数据绑定，而第二个文本框使用的是 v-bind 单向数据绑定。

接下来，介绍在父子组件中 v-model 的使用。新建 views/v-model/CustomInput. vue 作为子组件，代码如下：

```
<template>
    <div class="custom-input">
        <h3>自定义文本框</h3>
        <input  type="text" :value="value" @input="onInput"/>
    </div>
</template>
<script>
    export default {
        props:["value"],
        methods:{
            onInput(event){
                this.$emit("input",event.target.value);
            }
        }
    }
</script>
```

新建 views/v-model/ ModelDemo. vue 作为父组件，代码如下：

```
<template>
  <div>
div>{{name}}</div>
    <CustomInput
      v-model="name"
    ></CustomInput>
  </div>
</template>
<script>
import CustomInput from "./CustomInput.vue";
export default {
  components: {
    CustomInput,
  },
  data() {
    return {
      name: "岁月无声"
    };
  },
};
</script>
```

如果我们想要在父组件中给子组件传递多个 v-model，可以通过：属性名. sync 的方式修改 ModelDemo. vue，代码如下：

```
<div>{{name}}-{{title}}</div>
<CustomInput
      v-model = "name"
      :title.sync = "title"
    ></CustomInput>
    ...
  data() {
    return {
      name: "岁月无声",
      title: "歌曲",
    };
  }
```

修改 CustomInput.vue,代码如下：

```
<template>
    <div class = "custom-input">
        <h3>自定义文本框</h3>
        <input  type = "text" :value = "value" @input = "onInput"/>
        <input  type = "text" :value = "title" @input = "onTitleInput"/>
    </div>
</template>
<script>
    export default {
        props:["value","title"],
        methods:{
            onInput(event){
                this.$emit("input",event.target.value);
            },
            onTitleInput(event){
                this.$emit("update:title",event.target.value)
            }
        }
    }
</script>
```

最终运行结果如图 3.14 所示。

岁月无声留声-歌曲2022

自定义文本框

岁月无声留声	歌曲2022

图 3.14　运行结果

(3) Vue2.x中v-model存在的问题

虽然v-model在Vue2.x中使用起来很方便，但是它存在一个问题：那就是传递下去的必须是value值，同时接收的也必须是input事件。事实上，并不是所有的元素都适合传递value，比如<input type="checkbox">，当type属性的值为checkbox时，实际上是通过checked这个属性来表示是否被选中，而value值则是另外的含义。而且有些时候，一些组件并不是通过input来进行触发事件的。也就是说value和input事件在大多数情况下能够适用，但是当value另有含义，或者不能使用input触发时，我们就不能使用v-model进行简写了。为了解决这个问题，在Vue2.2中，引入了model组件选项，也就是说用户可以通过model来指定v-model绑定的值和属性。允许一个自定义组件在使用v-model时定制prop和event。

v-model在内部为不同的输入元素使用不同的属性并抛出不同的事件：

① text和textarea元素使用value属性和input事件。

② checkbox和radio使用checked属性和change事件。

③ select使用value和change事件。

当我们在一个自定义组件上使用v-model，如果自定义的组件并没有默认的value和input事件，而我们又想简单地实现双向绑定，就需要借助model这个属性。

新建views/ChildComponent.vue，代码如下：

```
<template>
  <div>
    <div>{{value}}</div>
    <select @change="onChange">
        <option :selected="name==item" v-for="(item,index) in users" :key="index" :value
="item">{{item}}</option>
    </select>
  </div>
</template>

<script>
export default {
  model: {
    prop: "name", // v-model 绑定的属性名称
    event: "curChange", // v-model 绑定的事件
  },
  props: {
    value: String, // value 跟 v-model 无关
    name: {
      // name 是跟 v-model 绑定的属性
      type: String,
      default: "",
    },
  },
  data(){
```

```
      return {
        users:["鲁迅","郁达夫","徐志摩"]
      }
    },
    methods:{
      onChange(val){
        this.$emit('curChange',val.target.value);
      }
    }
};
</script>
```

新建 views/ParentComponent.vue,代码如下:

```
<template>
  <div>
    当前选中的是:{{name}}
    <ChildComponent v-model="name" :value="curValue"></ChildComponent>
    <!-- 相当于 -->
    <!-- <ChildComponent
      :name="name"
      @change="
        (val) =>{
          name = val;
        }
      "
      :value="curValue"
    ></ChildComponent> -->
  </div>
</template>
<script>
import ChildComponent from "./ChildComponent.vue";
export default {
  components: {
    ChildComponent,
  },
  data() {
    return {
      name: "徐志摩",
      curValue: "著名作家",
    };
  },
};
</script>
```

运行结果如图3.15所示。

通过上面的代码可以看到,通过设置 model 选项,就可以直接使用指定的属性和事件,而不需要必须使用 value 和 input,value 和 input 可以另作他用了。

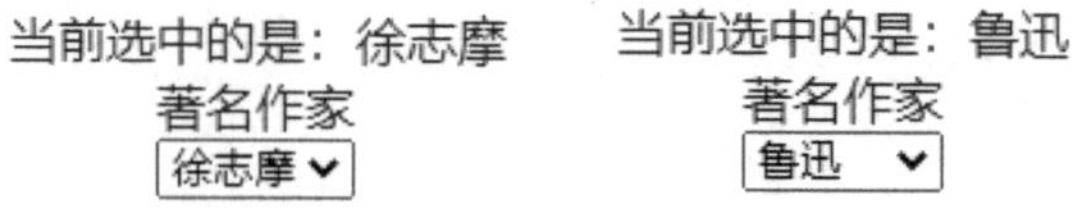

当前选中的是：徐志摩 当前选中的是：鲁迅
著名作家 著名作家
徐志摩 鲁迅

图 3.15 运行结果

(4) Vue3 中 v-model 的绑定

需要注意的是，Vue3 将之前的 v-model 和 .sync 整合到一起了，并淘汰了 .sync 写法。现在，v-model 在组件之间的使用再也不用像以前那样臃肿了，只需要在 v-model 上指定传值。在 my-project 项目中，新建 views/ModelDemo.vue：

```
<CustomInput v-model="age"></CustomInput>
```

这里就是将父组件中的变量 age 传入子模块的 props 中的 modelValue 变量中。

子组件只要使用 update：modelValue 的方式，就能将 age 的变化由子组件的 modelValue 传入父组件的变量 age 上。

CustomInput.vue 代码如下：

```
<template>
    <div class="custom-input">
        <h3>自定义文本框</h3>
        <!-- vue3 中的绑定 -->
        <input  type="text" :value="modelValue" @input="onNewInput"/>
    </div>
</template>
<script>
    export default {
        props:["modelValue"],
        methods:{
            onNewInput(event){
                this.$emit("update:modelValue",parseInt(event.target.value));
            },
        }
    }
</script>
```

Vue3 也支持多个 v-model 属性的绑定，例如：v-model:属性名 1、v-model:属性名 2。实现步骤如下：

① 修改 ModelDemo.vue：

```
<CustomInput v-model:name="name" v-model:title="title"></CustomInput>
```

② 修改 CustomInput.vue：

```
<input type="text" :value="title" @input="onTitleInput" />
    <input type="text" :value="name" @input="onNameInput" />
export default {
  props: ["title" "name"],
```

```
  methods: {
    onTitleInput(event) {
      this. $ emit("update:title", event. target. value);
    },
    onNameInput(event) {
      this. $ emit("update:name", event. target. value);
    }
  }
};
```

3.5.4 v-once

v-once 只渲染元素和组件一次,在随后的重新渲染中,元素/组件及其所有的子节点将被视为静态内容并跳过,这可以用于优化更新性能。

如果显示的信息后续不需要再修改,可以使用 v-once。

新建 views/BOnce. vue,代码如下:

```
<template>
    <!-- 单个元素 -->
    <span v-once>天长地久,海枯石烂,{{ msg }}</span>
    <!-- 有子元素 -->
    <div v-once>
      <h1>只因为在人群中多看了一眼</h1>
      <p>{{ msg }}</p>
    </div>
    <button @click = "onChange">改变</button>
</template>
<script>
export default {
    data(){
        return {
            msg:'我爱你'
        }
    },
    methods:{
        onChange(){
            this.msg = "我不再爱你了";
            console.log(this.msg);
        }
    }
};
</script>
```

使用了 v-once 之后,在控制台上修改 msg,发现无法更改,通过按钮触发 msg 修改,界面也不会更新。

3.5.5 v-pre

v-pre 的用法：跳过这个元素和它的子元素的编译过程，直接显示元素内部的文本。v-pre 可以用来显示原始 Mustache 标签（双大括号）。跳过大量没有指令的节点会加快编译过程，从而提升性能。

新建 views/BPre.vue，代码如下：

```
<template>
    <span v-pre>{{msg}}</span>
    <span>{{msg}}</span>
</template>
<script>
    export default {
        data(){
            return {
                msg:'我们不一样'
            }
        }
    }
</script>
```

以上代码，第一个 span 里的内容不会被编译，显示为{{msg}}，第二个 span 里的内容会被编译，显示为“我们不一样”。运行结果如图 3.16 所示。

图 3.16　运行结果

3.5.6 v-cloak

v-cloak 这个指令保持在元素上直到关联组件实例结束编译。和 CSS 规则（如 [v-cloak] { display: none }等）一起用时，这个指令可以隐藏未编译的 Mustache 标签（双大括号），直到组件实例准备完毕。它会在 vue 实例结束编译时从绑定的 html 元素上移除。

新建 views/BCloak.vue，代码如下：

```
<template>
  <span v-cloak>{{msg}}</span>
</template>
<script>
export default {
    data(){
        return {
            msg:'缘分转瞬即逝'
```

```
        }
    }
};
</script>
<style lang="scss" scoped>
[v-cloak] {
  display: none;
}
</style>
```

说明：如果是在单页应用当中，v-cloak并没有什么用，因为当我们使用webpack和vue-router时，项目中只有一个空的div元素，剩余的内容都是由路由去挂载不同组件完成的，所以不需要v-cloak。

v-cloak主要运用于多页应用当中，解决当网速较慢，Vue.js文件还没有加载完时，绑定的数据会先闪一下{{}}符号，然后再显示所绑定数据的问题，加了v-cloak之后，绑定数据的地方，会先显示空白再显示绑定的数据，而不是先显示{{}}这样的符号，再显示绑定的数据。

3.5.7 v-for和key属性

v-for主要用于数据遍历，有如下四种使用方式：

① 迭代普通数组。举例如下：

```
<ul>
    <li v-for="(item,index) in list" :key="index">{{++index}}.{{item}}</li>
</ul>
```

② 迭代对象数组。举例如下：

```
<ul>
    <li v-for="(item,index) in users" :key="index">
{{index++}}.[{{item.title}}]{{item.name}}</li>
  </ul>
```

③ 迭代对象中的属性。举例如下：

```
    <!-- 注意：在遍历对象身上的键值对的时候，除了有
val、key，在第三个位置还有一个索引 index -->
    <p v-for="(val, key, index) in userInfo" :key="index">键是：{{key}}，值是：{{ val }}，索引：
{{index}}</p>
```

④ 迭代数字。举例如下：

```
<p v-for="i in 7" :key="i">这是第 {{i}} 个 p 标签</p>
```

BForKey.vue部分代码如下：

```
export default {
  data () {
    return {
      list: ['《水浒传》', '《三国演义》', '《西游记》', '《红楼梦》'],
```

```
        users: [{ name: '段延庆', title: '恶贯满盈' }, { name: '叶二娘', title: '无恶不作' }, { name: '南海鳄神', title: '凶神恶煞' }, { name: '云中鹤', title: '穷凶极恶' }],
          userInfo: {
            username: '张三丰',
            age: 100,
          }
        }
      }
    }
```

运行结果如图 3.17 所示。

2.2.0+ 的版本里，当在组件中使用 v-for 时，key 是必须的。

当 Vue.js 用 v-for 更新已渲染过的元素列表时，它默认用“就地复用”策略。如果数据项的顺序被改变，Vue 将不会移动 DOM 元素来匹配数据项的顺序，而是简单复用此处每个元素，并且确保它在特定索引下显示已被渲染过的每个元素。

为了给 Vue 一个提示，以便它能跟踪每个节点的身份，从而重用和重新排序现有元素，用户需要为每个遍历项提供一个唯一的 key 属性。

- 1.《水浒传》
- 2.《三国演义》
- 3.《西游记》
- 4.《红楼梦》

- 0.[恶贯满盈]段延庆
- 1.[无恶不作]叶二娘
- 2.[凶神恶煞]南海鳄神
- 3.[穷凶极恶]云中鹤

键是：username ，值是：张三丰 ，索引：0

键是：age ，值是：100 ，索引：1

这是第 1 个p标签

这是第 2 个p标签

这是第 3 个p标签

图 3.17　运行结果

3.5.8　v-on

Vue 中提供了 v-on：事件绑定机制。v-on 可以被缩写为@。

有时候，需要在内联语句处理程序中访问原始 DOM 事件，我们可以使用特殊 $event 变量将其传递给方法。

views/BOn.vue 代码如下：

```
<template>
  <h3>{{ msg }}</h3>
  <!-- 调用无参方法时可以省略() -->
  <button v-on:click="getMsg">获取信息</button>
  <button @click="setMsg()">设置信息</button>
  <h3 v-text="title"></h3>
  <button @click="setTitle('海阔天空')">设置 Title</button>
  <!-- $event 是固定写法 -->
  <!-- data-自定义属性 -->
  <button data-cid="9547" @click="onBtnClick($event)">获取事件对象</button>
</template>
<script>
export default {
```

```
  data () {
    return {
      msg: '真的爱你',
      title: '',
    }
  },
  methods: {
    getMsg () {
      alert(this.msg);
    },
    setMsg () {
      this.msg = '喜欢你';
    },
    setTitle (title) {
      this.title = title;
    },
    onBtnClick (event) {
      console.log(event);
      // event.srcElement:获取当前 button
      event.srcElement.style.color = 'blue';
      console.log(event.srcElement.dataset.cid); //9547
      event.preventDefault(); //取消事件的默认动作。
      event.stopPropagation();//阻止事件冒泡
    }
  }
}
</script>
```

当存在多个事件参数时，$ event 通常放到最后，代码如下：

```
<a href = "http://www.cnblogs.com/jiekzou" @click = "show('沉默是金', $ event)">点歌</a>
    show(msg,event){
    if(event){
        event.preventDefault();//不加的话会默认跳转到 href 所指定的地址
    }
    alert(msg);
}
```

界面运行结果如图 3.18 所示。

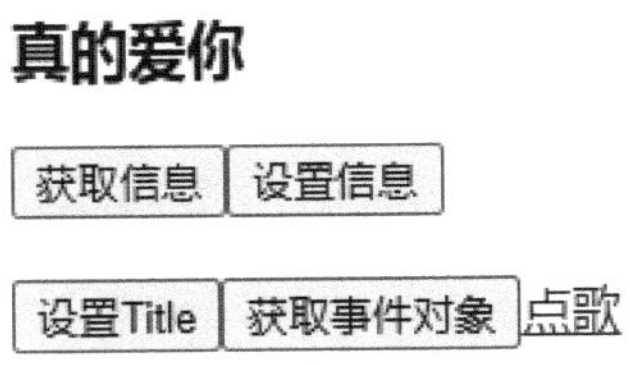

真的爱你

获取信息　设置信息

设置Title　获取事件对象　点歌

图 3.18　运行结果

3.5.9 多事件处理

在事件处理中可以使用逗号分隔多个事件处理程序。

views/Bevent.vue 代码如下：

```
<template>
  <!-- 注意:此时方法的()不能省略 -->
  <button @click="onOne(), onTwo()">执行多个事件</button>
</template>
<script>
export default {
  methods: {
    onOne () {
      console.log('一个小孩坐飞机');
    },
    onTwo () {
      console.log('两个小孩梳小辫儿');
    }
  }
}
</script>
```

我们也可以绑定一个总的事件处理函数,然后在总的事件处理函数中调用想要触发的多个处理函数,代码如下：

```
<template>
    <button @click="onClickAll">执行多个事件</button>
</template>
<script>
export default {
  methods: {
    onOne () {
      console.log('一个小孩坐飞机');
    },
    onTwo () {
      console.log('两个小孩梳小辫儿');
    },
    onClickAll(){
      this.onOne();
      this.onTwo();
    }
  }
}
</script>
```

3.5.10 事件修饰符

在事件处理程序中调用 event. preventDefault() 或 event. stopPropagation() 是十分常见的需求。event. preventDefault():阻止默认事件。event. stopPropagation():阻止冒泡。

为了解决阻止默认事件和事件冒泡等问题,Vue. js 为 v-on 提供了事件修饰符,修饰符是由点开头的指令后缀来表示的。

Vue 中事件修饰符包括以下几类:

① stop 修饰符:阻止冒泡;

② prevent 修饰符:阻止默认事件;

③ capture 修饰符:添加事件侦听器时使用事件捕获模式;

④ self 修饰符:只有事件在该元素本身(比如不是子元素)触发时触发回调;

⑤ once 修饰符:事件只触发一次;

⑥ passive 修饰符:会告诉浏览器你不想阻止事件的默认行为。该修饰符为 Vue2. 3. 0 新增修饰符,能够提升移动端的性能。

下面分别通过代码演示各事件修饰符的用法。

(1) 演示. stop 修饰符的用法

新建 views/BEventModifier. vue:

```
<template>
  <!-- 使用.stop 阻止冒泡 -->
  <div class="inner" @click="innerHandler">
    <input type="button" value="点击按钮" @click.stop="btnHandler" />
  </div>
</template>
<script>
export default {
  methods: {
    innerHandler () {
      console.log('触发了 inner div 的点击事件')
    },
    btnHandler () {
      console.log('触发了按钮的点击事件')
    }
  }
}
</script>
  <style>
      .inner {
          height: 50px;
          background-color: lightgreen;
      }
      .outer {
          height: 100px;
```

```
            background-color: lightblue;
            padding: 25px;
        }
    </style>
```

运行结果如图 3.19 所示。

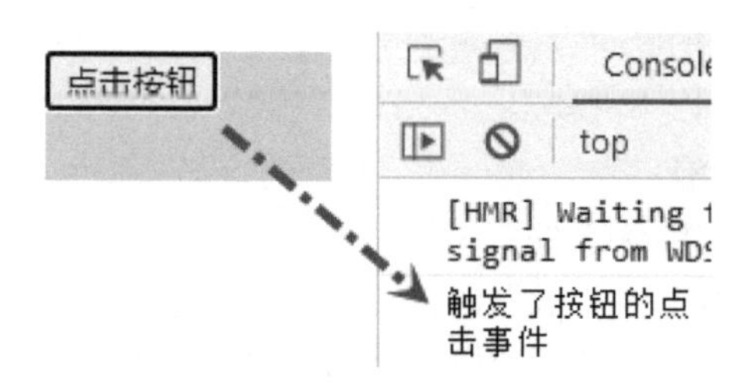

图 3.19 运行结果

当我们单击“点击按钮”,查看控制台日志,发现只执行了按钮的事件,并没有执行按钮外面 Div 的事件,说明已经成功阻止了事件冒泡。

js 事件冒泡:在一个对象上触发某类事件(比如单击 onclick 事件),如果此对象定义了此事件的处理程序,那么此事件就会调用这个处理程序,如果没有定义此事件处理程序或者事件返回 true,那么这个事件会向这个对象的父级对象传播,从里到外,直至它被处理(父级对象所有同类事件都将被激活),或者它到达了对象层次的最顶层,即 document 对象为止(有些浏览器是 window)。

(2) 演示.prevent 修饰符的用法

继续添加如下代码:

```
<! -- 使用 .prevent 阻止默认行为 -->
        <a href = "https://www.cnblogs.com/jiekzou/" @click.prevent = "linkClick">邹琼俊 - 博客园
</a>
```

methods:中添加方法 linkClick:

```
linkClick(){
    console.log('触发了 a 标签的点击事件')
}
```

运行结果如图 3.20 所示。

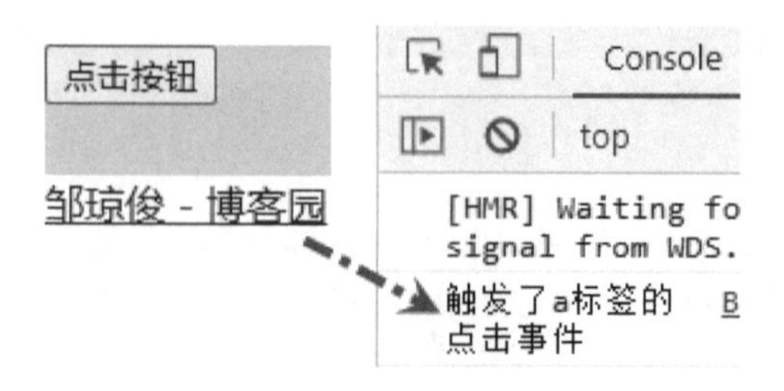

图 3.20 运行结果

(3) 演示.capture修饰符的用法

继续添加如下代码:

```
  <!-- 使用 .capture 实现捕获触发事件的机制 -->
<div class = "inner" @click.capture = "innerHandler">
  <input type = "button" value = "按钮(capture)" @click = "btnHandler">
</div>
```

运行结果如图3.21所示。

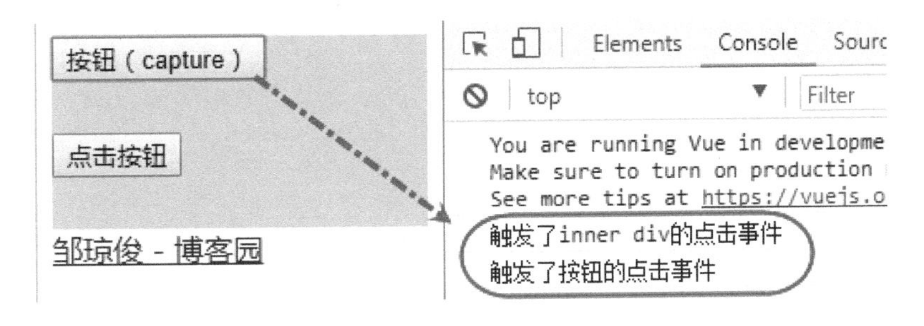

图3.21 运行结果

可以看到这里先执行了按钮外面Div的点击事件,然后再执行按钮的点击事件。capture相当于可以优先捕获事件进行执行。

(4) 演示.self修饰符的用法

继续添加如下代码:

```
<!-- 使用 .self 实现只有点击当前元素时候,才会触发事件处理函数 -->
<div class = "inner" @click.self = "innerHandler">
    <input type = "button" value = "按钮(self)" @click = "btnHandler">
</div>
```

运行结果如图3.22所示。

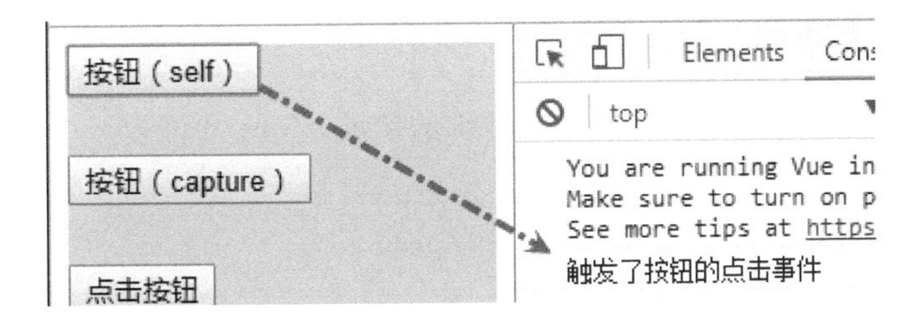

图3.22 运行结果

根据JS事件冒泡机制,点击了按钮,外层的div也会执行点击事件,但是在这里给div添加了.self修饰符之后,div的点击事件就没有执行了。

(5) 演示.once修饰符的用法

继续添加如下代码:

```
<!-- 使用 .once 只触发一次事件处理函数 -->
<a href = "https://www.cnblogs.com/jiekzou/" @click.prevent.once = "linkClick">邹琼俊 - 博客园
once</a>
```

我们会发现第一次点击的时候，页面不跳转，当第二次点击的时候页面就跳转了。

(6) 演示.stop 修饰符和.self 修饰符的区别

我们再添加一个外层 div，并设置样式和方法：

```
<!-- 演示：.stop 和 .self 的区别 -->
<div class="outer" @click="outerHandler">
  <div class="inner" @click="innerHandler">
    <input type="button" value="stop" @click.stop="btnHandler">
  </div>
</div>
  .outer {
      height: 100px;
      background-color: lightblue;
      padding: 25px;
    }
    outerHandler() {
        console.log('触发了 outer div 的点击事件')
    },
```

此时我们点击按钮“stop”，控制台输出的是：触发了按钮的点击事件。接下来，我们在 class 中为 inner 的 div 添加 self 修饰符：

```
<div class="inner" @click.self="innerHandler">
```

再来看下执行结果：

```
触发了按钮的点击事件
触发了 inner div 的点击事件
触发了 outer div 的点击事件
```

结论：.self 只会阻止自己身上冒泡行为的触发，并不会真正阻止冒泡的行为。

3.5.11 键盘修饰符

在监听键盘事件时，我们经常需要检查详细的按键。Vue 允许为 v-on 在监听键盘事件时添加按键修饰符：

```
<!-- 只有在 'key' 是 'Enter' 时调用 'vm.submit()' -->
<input v-on:keyup.enter="submit">
```

为了在必要的情况下支持旧浏览器，Vue 提供了绝大多数常用的按键码的别名：①.enter；②.tab；③.delete（捕获“删除”和“退格”键）；④.esc；⑤.space；⑥.up；⑦.down；⑧.left；⑨.right。

有一些按键（如.esc 及所有的方向键）在 IE9 中有不同的 key 值，如果你想支持 IE9，这些内置的别名应该是首选。

创建页面 views/BKeyUp.vue，代码如下：

```
<template>
  <!-- 只有在 'key' 是 'Enter' 时调用 'vm.submit()' -->
```

```
  <input v-on:keyup.enter="submit" />
</template>
<script>
export default {
  methods: {
    submit () {
      console.log("点击提交")
    }
  },
}
</script>
```

当按下 Enter 键时，会自动调用 submit 方法。

3.6 在 Vue 中使用样式

在 Vue 中有两种常用的样式使用方式，分别是 class 样式和内联样式。

3.6.1 使用 class 样式

注意：这里的 class 需要使用 v-bind 做数据绑定。

① 数组。

```
<div :class="['red','default']">待我长发及腰，东风笑别菡涛。
参商一面将报，百里关山人笑。</div>
```

② 数组中使用三元表达式。

```
<!-- 在数组中使用三元表达式 -->
<div :class="['default', isActive? 'active':'']">凛冬月光妖娆，似媚故国人廖。连里塞外相邀，重阳茱萸早消。</div>
```

③ 数组中嵌套对象。

```
<!--在数组中使用对象来代替三元表达式，提高代码的可读性 -->
<div :class="['default','italic', {'active':isActive} ]">待我长发及腰，北方佳丽可好。似曾相识含苞，风花雪月明了。</div>
```

④ 直接使用对象。

```
<div :class="{default:true, italic:true, active:true}">
心有茂霜无慌，南柯一梦黄粱。相得益彰君郎，红灯澜烛入帐。</div>
<div :class="classObj">待我长发及腰，伊人归来可好，我已万国来朝，不见阮郎一笑。</div>
```

⑤ class 可以和:class 共用，会自动合并样式名称。

```
<div class="red bold" :class="classObj">年年月月花相似</div>
```

JS 代码如下：

```
data () {
  return {
    isActive: false,
    classObj: { default: true, italic: true, active: true },
    styleObj: { color: 'green', 'font-size': '18px' },
    styleBase: { 'font-size': '18px' },
    styleOrange: { color: 'orange', background: '#000000' }
  }
}
```

示例代码见 views/BStyleClass.vue，最终界面运行结果如图 3.23 所示。

待我长发及腰，东风笑别菡涛。参商一面将报，百里关山人笑。
凛冬月光妖娆，似媚故国人廖。连里塞外相邀，重阳茱萸早消。
待我长发及腰，北方佳丽可好。似曾相识含苞，风花雪月明了。
心有茂霜无慌，南柯一梦黄粱。相得益彰君郎，红灯澜烛入帐。
待我长发及腰，伊人归来可好，我已万国来朝，不见阮郎一笑。
年年月月花相似

图 3.23 运行结果

3.6.2 使用内联样式

① 直接在元素上通过 ':style' 的形式，书写样式对象：

```
<div :style="{color: 'blue', 'font-size': '24px'}">
若我会见到你，事隔经年。我如何贺你，以眼泪，以沉默。</div>
```

② 将样式对象定义到 'data' 中，并直接引用到 ':style' 中。在 data 上定义样式：

```
styleObj:{color: 'green', 'font-size': '18px'}
```

在元素中，通过属性绑定的形式，将样式对象应用到元素中：

```
<div :style="styleObj">最美的爱情，不是天荒，也不是地老，只是永远在一起。
</div>
```

③ 在 ':style' 中通过数组，引用多个 'data' 上的样式对象。在 data 上定义样式：

```
styleBase:{'font-size': '18px'},
styleOrange:{color:'orange', background: '#000000'}
```

在元素中，通过属性绑定的形式，将样式对象应用到元素中：

```
<div :style="[styleBase, styleOrange]">曾经沧海难为水，除却巫山不是云</div>
```

JS 代码如下：

```
data () {
  return {
```

```
      isActive：false，
      classObj：{ default：true，italic：true，active：true }，
      styleObj：{ color：'green'，'font-size'：'18px' }，
      styleBase：{ 'font-size'：'18px' }，
      styleOrange：{ color：'orange'，background：'#000000' }
    }
  }
```

示例代码见 views/BStyleClass. vue，界面运行结果如图 3.24 所示。

若我会见到你，事隔经年。我如何贺你，以眼泪，以沉默。
最美的爱情，不是天荒，也不是地老，只是永远在一起。
曾经沧海难为水，除却巫山不是云

图 3.24　运行结果

3.7 条件判断

3.7.1 v-if

v-if 指令用于条件性地渲染一块内容，这块内容只会在指令的表达式返回 true 值时被渲染。

Conditionals. vue 代码如下：

```
<template>
  <p v-if = "flag">柳暗花明又一村</p>
</template>
<script>
    export default {
        data(){
            return {
                flag:true
            }
        }
    }
</script>
```

3.7.2 v-if…v-else

在 v-if 后面也可以用 v-else 添加一个“else 块”，在 Conditionals. vue 组件的 template 中继续添加如下代码：

```
<div v-if = "Math.random() > 0.5">
大于 0.5 </div>
<div v-else>
  小于等于 0.5
</div>
```

注意：v-else 元素必须紧跟在带 v-if 或者 v-else-if 的元素的后面，否则它将不会被识别。

3.7.3 v-else-if

v-else-if，顾名思义，充当了 v-if 的“else-if 块”，可以连续使用：

```
<div v-if = "type === 'red'">
  红
</div>
<div v-else-if = "type === 'orange'">
  橙
</div>
<div v-else-if = "type === 'yellow'">
  黄
</div>
<div v-else>
  其他
</div>
```

类似于 v-else，v-else-if 也必须紧跟在带 v-if 或者 v-else-if 的元素之后。

3.7.4 在 <template> 元素上使用 v-if 条件渲染分组

因为 v-if 是一个指令，所以必须将它添加到一个元素上。但是如果想切换多个元素呢？此时可以把一个<template>元素当作不可见的包裹元素，并在上面使用 v-if，最终的渲染结果将不包含 <template> 元素。示例代码如下：

```
<template v-if = "flag">
    <h1>倚天屠龙</h1>
    <p>宝刀屠龙，号令天下，莫敢不从</p>
    <p>倚天不出，谁与争锋</p>
  </template>
```

3.7.5 v-show

另一个用于根据条件展示元素的选项是 v-show 指令，其用法和 v-if 大致一样；不同的是带有 v-show 的元素始终会被渲染并保留在 DOM 中。v-show 只是简单地切换元素的 CSS property display。

注意：v-show 不支持 <template> 元素，也不支持 v-else。

添加如下代码：

```
<div v-show="! flag">升则飞腾于宇宙之间</div>
<div v-show="flag">隐则潜伏于波涛之内</div>
```

生成的DOM代码如下：

```
<div style="display: none;">升则飞腾于宇宙之间</div>
<div>隐则潜伏于波涛之内</div>
```

3.7.6 v-if VS v-show

v-if是“真正”的条件渲染，因为它会确保在切换过程中条件块内的事件监听器和子组件适当地被销毁和重建。

v-if也是惰性的，如果在初始渲染时条件为假，则什么也不做，当条件第一次变为真时，才会开始渲染条件块。

相比之下，v-show就简单得多，不管初始条件是什么，元素总是会被渲染，并且只是简单地基于CSS进行切换。

一般来说，v-if有更高的切换开销，而v-show有更高的初始渲染开销。因此，如果需要非常频繁地切换，则使用v-show较好；如果在运行时条件很少改变，则使用v-if较好。

3.8 在模板中使用JavaScript表达式

对于所有的数据绑定，Vue.js都提供了完全的JavaScript表达式支持。JsExpression.vue代码如下：

```
<template>
<!-- JavaScript表达式 -->
<div>{{ age + 1 }}</div>
<div>{{ isSuccess ? '兼济天下' : '独善其身' }}</div>
<div>{{ message.split('').reverse().join('') }}</div>
<div v-bind:id="'list-' + id">{{'list-' + id}}</div>
</template>
<script>
    export default {
        data(){
            return {
                age:16,
                isSuccess:true,
                message:'心清可品茶',
                id:1,
            }
        }
    }
</script>
```

运行结果如图 3.25 所示。

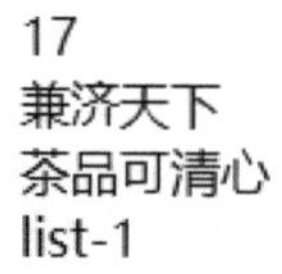

17
兼济天下
茶品可清心
list-1

图 3.25 运行结果

这些表达式会在所属 Vue 实例的数据作用域下作为 JavaScript 被解析。有一个限制就是每个绑定都只能包含单个表达式,所以下面的例子都不会生效,并且会直接报错:

```
<! --这是语句,不是表达式 -->
{{var age = 1 }}
<! --流控制也不会生效,请使用三元表达式 -->
{{if (isSuccess) { return message } }}
```

注意:模板表达式都被放在沙盒中,只能访问全局变量的一个白名单,如 Math 和 Date 。用户不应该在模板表达式中试图访问自己定义的全局变量!

3.9 计算属性

在模板中表达式非常便利,但是它们实际上只用于简单的操作。而模板是为了描述视图的结构,在模板中放入太多的逻辑会让模板过重且难以维护。这就是为什么 Vue.js 将绑定表达式限制为一个表达式。如果需要多于一个表达式的逻辑,应当使用计算属性。例如:

```
<div>{{ message.split('').reverse().join('') }}</div>
```

在这个地方,模板不再是简单的声明式逻辑。你必须看一段时间才能意识到,这里是想要显示变量 message 的翻转字符串。当你想要在模板中的多处包含此翻转字符串时,就会更加难以处理。所以,对于任何复杂逻辑,你都应当使用计算属性。

ComputedDemo.vue 代码如下:

```
<template>
<div v-text="reversedMessage"></div>
<button @click="setMsg()">改变数据</button>
</template>
<script>
export default {
  data() {
    return {
      message: "僧游云隐寺",
    };
  },
  computed: {
```

```
      // 计算属性的 getter
      reversedMessage: function() {
        //'this'指向 vm 实例
        return this.message
          .split("")
          .reverse()
          .join("");
      },
    },
    methods: {
      setMsg() {
        this.message = "晴晴雨雨时时好好奇奇";
      },
    },
  };
</script>
```

你可以像绑定普通 property 一样在模板中绑定计算属性。Vue 知道 vm.reversedMessage 依赖于 vm.message，因此当 vm.message 发生改变时，所有依赖 vm.reversedMessage 的绑定也会更新。而且最妙的是，我们已经以声明的方式创建了这种依赖关系，计算属性的 getter 函数是没有副作用（side effect）的，这使它更易于测试和理解。

计算属性默认只有 getter，不过在需要时你也可以提供一个 setter：

```
computed: {
  fullName: {
    // getter
    get: function() {
      return this.userName + "-" + this.nickName;
    },
    // setter
    set: function(newValue) {
      const names = newValue.split(" ");
      this.userName = names[0];
      this.nickName = names[names.length - 1];
    },
  },
},
```

模板代码如下：

```
<div>
  <input type="text" v-model="userName" />
  <input type="text" v-model="nickName" />
</div>
  <button @click="setDefaultMsg()">设置初始化数据</button>
<div>{{ fullName }}</div>
```

业务代码如下：

```
methods: {
  setDefaultMsg(){
      this.fullName = "独臂刀霸 刘精湛";
  }
},
```

现在再运行 vm.fullName = '独臂刀霸 刘精湛' 时，setter 会被调用，vm.firstName 和 vm.lastName 也会相应地被更新。

运行结果如图 3.26 所示。

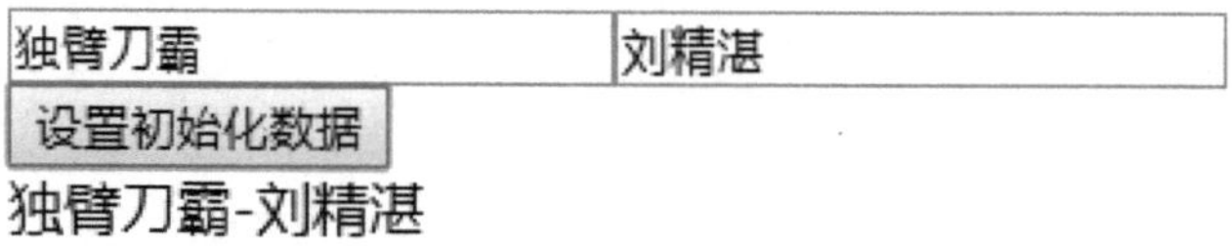

独臂刀霸 刘精湛

设置初始化数据

独臂刀霸-刘精湛

图 3.26 运行结果

3.10 watch

在 Vue 中，使用 watch 可监听响应数据的变化。虽然计算属性在大多数情况下更合适，但有时也需要一个自定义的侦听器。这就是为什么 Vue 通过 watch 选项提供了一个更通用的方法来响应数据的变化。watch 的用法大致有三种，分别是常规用法、立即执行和深度监听。

3.10.1 常规用法

新建示例 WatchDemo.vue，代码如下：

```
<template>
  <input type="text" v-model="name" />
  <button @click="name = '甄志丙'">换人</button>
  <div>{{msg}}</div>
</template>
<script>
export default {
  data() {
    return {
        name: "尹志平",
        msg:""
    }
  },
  watch: {
```

```
      /**
       * newVal:新值
       * oldVal:旧值
       */
      name(newVal, oldVal) {
        this.msg = '之前是' + oldVal + "在模仿小龙女;";
        this.msg += '现在是' + newVal + "在模仿小龙女";
      },
    },
  };
</script>
```

这里在 watch 对象中直接写了一个监听处理函数，当每次监听到 name 值发生改变时，执行函数。运行结果如图 3.27 所示。

图 3.27　运行结果

单击“换人”按钮，运行结果如图 3.28 所示。

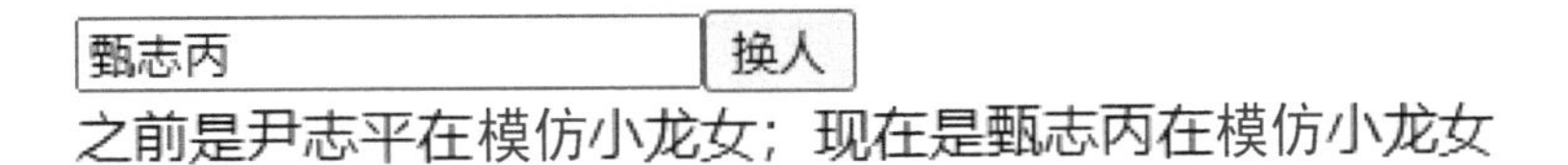

图 3.28　运行结果

3.10.2　立即执行(immediate 和 handler)

常规用法中 watch 有一个特点，就是当值第一次绑定的时候，不会执行监听函数，只有值发生改变才会执行。如果我们需要在最初绑定值的时候也执行函数，则需要用到 immediate 属性。

常用场景：比如当父组件向子组件动态传值时，子组件 props 首次获取到父组件传来的默认值时，也需要执行函数，此时就需要将 immediate 设为 true。其实，在前面的常规用法当中，也可以实现此需求，只需要在子组件 create 钩子函数当中先执行一次函数调用，待下次 props 属性值再变化时，再去调用 watch 中的函数。代码如下：

```
name: {
  handler(newVal, oldVal) {
    this.msg = "之前是" + oldVal + "在模仿小龙女;";
    this.msg += "现在是" + newVal + "在模仿小龙女";
  },
  immediate: true
},
```

监听的数据后面写成对象形式，包含 handler 方法和 immediate，之前我们写的函数其实就是在写这个 handler 方法。immediate 表示在 watch 中首次绑定的时候，是否执行 handler，值为 true 则表示在 watch 中声明的时候就立即执行 handler 方法，值为 false，则和一般使用 watch 一样，在数据发生变化的时候才执行 handler。

3.10.3 深度监听

当需要监听复杂数据类型(对象)的改变时，普通的 watch 方法无法监听到对象内部属性的改变，只有 data 中声明过或者父组件传递过来的 props 中的数据才能够监听到变化，此时就需要 deep 属性对对象进行深度监听。

在 WatchDemo.vue 中继续添加如下代码：

```
<input type="text" v-model="user.skill" />
<button @click="user.skill = '灵蛇拳'">换功</button>
<div>{{remark}}</div>
data() {
  return {
    ...
    user: {
      skill: "蛤蟆功",
    },
    remark:''
  };
},
watch: {
  user: {
    //只有一个参数的情况下表示 newVal
    handler(obj) {
      this.remark = obj.skill;
    },
    deep: true,
    immediate: true
  },
}
```

设置 deep：true 则可以监听到 person.name 的变化，此时会给 person 的所有属性都加上这个监听器，当对象属性较多时，每个属性值的变化都会执行 handler，默认情况下 deep 的属性值是 false，此时，当我们对象 user 中的 skill 属性变化时，是不会执行 watch 中的 handler 方法的。

如果只需要监听对象中的一个属性值，则可以做一下优化，即使用字符串的形式监听对象属性：

```
'user.skill': {
//只有一个参数的情况下表示 newVal
handler(val) {
  this.remark = val;
```

```
    },
    deep: true,
    immediate: true,
  },
```

这样只会给对象的某个特定的属性加监听器，当对象有多个属性时，可以提升程序的性能。

3.10.4 computed 和 watch 的区别

计算属性 computed 有以下特性：

① 支持缓存，只有依赖数据发生改变，才会重新进行计算。

② 不支持异步，当 computed 内有异步操作时无效，无法监听数据的变化。

③ computed 属性值会默认走缓存，计算属性是基于它们的响应式依赖进行缓存的，也就是基于 data 中声明过或者父组件传递的 props 中的数据通过计算得到的值。

④ 如果一个属性是由其他属性计算而来的，这个属性依赖其他属性，是一个多对一或者一对一的关系，一般用 computed。

⑤ 如果 computed 属性的属性值是函数，那么默认会走 get 方法；函数的返回值就是属性的属性值；在 computed 中的属性都有一个 get 和一个 set 方法，当数据变化时，调用 set 方法。

侦听属性 watch 有以下特性：

① 不支持缓存，当数据变化时，会直接触发相应的操作。

② 支持异步。

③ 监听的函数接收两个参数，第一个参数是最新的值；第二个参数是输入之前的值。

④ 当一个属性发生变化时，会引起一系列值的变化，需要执行对应的操作；是一个一对多的关系。

⑤ 监听数据必须是 data 中声明过或者父组件传递过来的 props 中的数据，数据变化会触发其他操作，函数有两个参数：

immediate：组件加载立即触发回调函数执行。

deep：深度监听，为了发现对象内部值的变化，用于复杂类型的数据(例如数组中对象内容的改变)时注意，deep 无法监听到数组的变动和对象的新增，参考 vue 数组变异，只有以响应式的方式触发才会被监听到。

3.11 自定义组件使用 v-model 实现双向数据绑定

默认情况下，组件上的 v-model 把 value 作为 prop 属性值，把 update：value 作为事件名称，我们可以通过向 v-model 传递参数来修改这些名词。

views/CustomModel.vue 代码如下：

```
<template>
<p>{{ skill }}</p>
<Child v-model:skill = "skill"></Child>
</template>

<script>
import Child from '../components/Child';
    export default {
        components:{
            Child
        },
        data(){
            return {
            skill:'七十二变'
            }
        },
    }
</script>
```

新建子组件 components/Child.vue：

```
<template>
  <h4>{{ skill }}</h4>
  <input
    type = "text"
    :value = "skill"
    @input = "$emit('update:skill', $event.target.value)"
  />
</template>
<script>
export default {
  props: {
    skill: {
      type: String
    }
  }
}
</script>
```

子组件需要一个 skill 的 prop，并发出 update:skill 要同步的事件。

运行结果如图 3.29 所示。

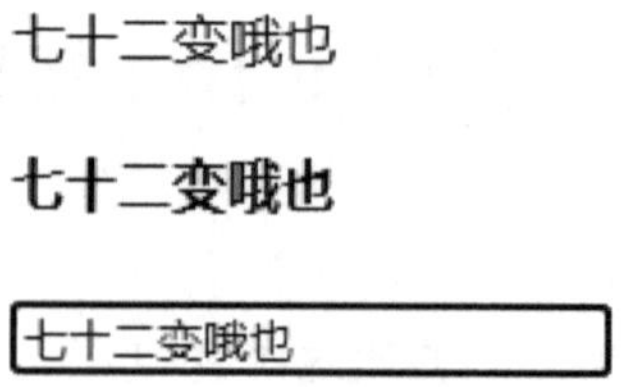

七十二变哦也

七十二变哦也

七十二变哦也

图 3.29　运行结果

3.12 自定义组件 slots

Vue 实现了一套内容分发的 API，这套 API 的设计灵感源自 Web Components 规范草案，将< slot >元素作为承载分发内容的出口。slot(插槽)就是子组件中提供给父组件使用的一个占位符，用< solt > </solt >表示，父组件可以在这个占位符中填充任何模板代码，如 HTML、组件等，填充的内容会替换子组件的< solt > </solt >标签。

① 自定义一个按钮子组件 components/MyButton. vue，这里我们使用默认插槽(匿名插槽)，父组件的内容将会代替< slot > </slot >显示出来：

```
<template>
  <button class = "primary">
      <slot>默认值</slot>
  </button>
</template>
<script>
    export default {

    }
</script>
<style scoped>
.primary{
    padding: 5px 10px;
    background: lightblue;
    color: #fff;
    border: none;
}
</style>
```

② 父组件调用这个子组件，在父组件中给这个占位符填充内容，新建 views/ SlotBtn. vue：

```
<template>
  <b-btn>登 录</b-btn>
  <b-btn><i>@</i>注 册</b-btn>
  <b-btn></b-btn>
</template>
<script>
import MyButton from '../components/MyButton';
export default {
  components: {
    'b-btn': MyButton
  }
}
</script>
<style scoped>
button {
```

```
  margin: 5px;
}
</style>
```

运行结果如图 3.30 所示。

登录 @注册 默认值

图 3.30 运行结果

如果子组件中没有使用插槽，父组件如果想要往子组件中填充模板或者 HTML，是做不到的。

③ 当我们需要在自定义组件当中定义多个 slot(插槽)时，我们可以给 solt 指定不同的名字，也就是具名插槽。具名插槽就是给插槽取个名字的意思，一个子组件可以放多个插槽，而且可以放在不同的地方，而父组件填充内容时，可以根据这个名字把内容填充到对方插槽中。

在 MyButton.vue 中添加如下代码：

```
<slot name="icon"></slot>
```

添加了一个名称为 icon 的插槽。

在 SlotBtn.vue 中，通过 v-slot:插槽名称的方式往指定插槽中插入内容，代码如下：

```
<b-btn>
  图标删除
      <!-- 旧语法 -->
  <!-- <template slot="icon"><img src="../assets/imgs/del.png"/></template> -->
  <!-- 新语法 -->
  <template v-slot:icon>
    <img src="../assets/imgs/del.png"/>
  </template>
</b-btn>
```

说明：自 V2.6.0 起，slot="名称"的方式被 v-slot:名称取代。

运行结果如图 3.31 所示。

登录 @注册 默认值 删除 图标删除

图 3.31 运行结果

④ slot-scope 作用域插槽。

作用域插槽就是带数据的插槽，即带参数的插槽，简单来说就是子组件提供给父组件的参数，该参数仅限于插槽中使用，父组件可根据子组件传过来的插槽数据进行不同的方式展现和填充插槽内容。

在 MyButton.vue 中添加如下代码：

```
    <slot name="other" :data="list"></slot>
```

```
export default {
  data(){
    return {
      list:['一字长蛇','二龙出水','天地三才']
    }
  }
}
```

在 SlotBtn.vue 中添加如下代码：

```
<!-- 旧语法 -->
  <!-- <template slot="other" slot-scope="list">
    古代名阵{{ list.data }}
  </template> -->
  <!-- 新语法 -->
  <template v-slot:other="list"> 古代名阵{{ list.data }} </template>
```

运行结果如图 3.32 所示。

默认值 古代名阵["一字长蛇", "二龙出水", "天地三才"]

图 3.32 运行结果

3.13 非 prop 的 attribute 继承(Vue3)

一个非 prop 的 attribute 是指传向一个组件，但是该组件并没有相应的 props 或 emits 定义的 attribute，常见的示例包括 class、style 和 id 属性。

3.13.1 attribute 继承

当组件返回单个根节点时，非 prop attribute 将自动添加到根节点的 attribute 中。也就是说，根节点会自动继承非 prop 的 attribute。

改造 MyButton.vue：

```
<style scoped>
button {
  padding: 5px 10px;
  color: #fff;
  border: none;
}
.primary {
  background: lightblue;
```

```
}
.warn {
    background: lightcoral;
}
</style>
```

在 SlotBtn. vue 中添加如下代码：

```
<b-btn class="warn">删 除</b-btn>
```

运行结果如图 3.33 所示。

登录　@注册　默认值　删除

图 3.33　运行结果

删除按钮对应的 DOM 如下所示：

```
▶<button class="primary warn" data-v-5abd212e data-v-4aef5b34>…</button>
```

可以看到，这里自动添加了 class 名为 warn 的样式。

3.13.2　禁用 attribute 继承

如果你不希望组件的根元素继承 attribute，你可以在组件的选项中设置 inheritAttrs：false。

禁用 attribute 继承的常见场景是需要将 attribute 应用于根节点之外的其他元素，通过将 inheritAttrs 选项设置为 false，你可以访问组件的 $attrs 属性，该属性包括组件 props 和 emits 属性中未包含的所有属性(例如：class、style、v-on 监听器等)。

新建“components/MyText. vue”，代码如下：

```
<template>
    <div class="my-text">
      <input type="text"/>
    </div>
</template>
<script>
    export default {

    }
</script>
<style  scoped>
.my-text{
font-size: 16px;
}
</style>
```

新建“views/AttributePage. vue”，代码如下：

```
<template>
    <MyText default-text="请输入值"></MyText>
</template>
<script>
import MyText from '../components/MyText'
    export default {
        components:{
            MyText
        }
    }
</script>
```

在浏览器中可以看到如图 3.34 所示的运行结果。

```
▼<div class="my-text" default-text="请输入值" data-v-68b6daae data-v-819503fe>
   <input type="text" data-v-68b6daae> == $0
 </div>
```

图 3.34 运行结果

default-text 属性自动被子组件的根节点继承了，而我们只想要子组件的 input 来继承这些自定义属性。

修改 views/AttributePage.vue，代码如下：

```
<template>
    <div class="my-text">
     <input type="text" v-bind="$attrs"/>
    </div>
</template>

<script>
    export default {
        inheritAttrs:false
    }
</script>
```

再次查看界面的 DOM 元素，如图 3.35 所示。

```
▼<div class="my-text" data-v-68b6daae data-v-819503fe>
   <input type="text" default-text="请输入值" data-v-68b6daae>
  </div>
</div>
```

图 3.35 运行结果

现在已经成功地将属性集成到了我们的 input 标签上。

注意：如果子组件当中存在多个根节点，不显示绑定 $attrs 的话，将会发出运行时警告。

3.14 $ ref 操作 DOM

ref 用来给 DOM 元素或子组件注册引用信息，引用信息会根据父组件的 $ refs 对象进行注册。如果在普通的 DOM 元素上使用，引用信息就是元素；如果用在子组件上，引用信息就是组件实例。通俗地理解就是通过 vm. $ ref 父组件可以直接引用子组件对象，自然也可以直接调用子组件当中的属性和方法。

通过 ref=“名称”可以给需要操作的目标添加事件，或者获取自定义的 data 属性，ref 常用场景包括：页面加载后，文本框自动聚焦。

新建“RefDom. vue”，代码如下：

```
<template>
  <div @click="getInfo" ref="divObj" data-name="画江湖之不良人">
    <span>点击获取数据</span>
  </div>
  <input type='text' ref='input' />
</template>
<script>
export default {
  data() {
    return {};
  },
  mounted() {
    this. $ nextTick(() =>{
      this. $ refs. input. focus(); //文本框自动聚焦
      //添加事件
      this. $ refs. divObj. onmouseover = () => {
        console. log("鼠标进入了",this. $ refs. divObj);
      };
    });
  },
  methods: {
    getInfo() {
    // 得到目标元素，并获取自定义的属性内容
      console. log(this. $ refs. divObj. dataset. name);
    },
  },
};
</script>
```

鼠标移动到 div 上，浏览器控制台输出“鼠标进入了”，单击 div 之后，浏览器控制台输出“画江湖之不良人”。

当父组件需要调用子组件的方法时，ref 还可以引用组件。例如，当一个大屏页面被拆分为许多模块化的组件，大屏的数据需要实时更新，每一个模块组件都调用独立的接口，只需要

在大屏页面开启一个 websocket 连接，然后将获取到的实时数据通过调用子模块组件的方法，把数据传递给方法即可。

新建“views/ref/RevenueStat. vue”，代码如下：

```
<template>
  <div>
  <p v-for="(item,index) in listData" :key="index">{{item.name}}:{{item.val}}</p>
  </div>
</template>

<script>
export default {
  data() {
    return {
      listData: [
        {name: "累计充值", val: 0 },
        {name: "特惠人群", val: 0 },
      ],
    };
  },
  created() {
    this.initData();
  },
  methods: {
    initData() {
    //模拟接口调用
    //   revenueStat().then((res) =>{
    //     let data = res.data.data;
    //     this.refreshData(data);
    //   });
    },
    //让父组件调用的方法
    refreshData(data) {
      if (data) {
        this.listData[0].val = data.totalPay;
        this.listData[1].val = data.discountNums;
      }
    },
  },
};
</script>
```

新建“views/ref/index. vue”，代码如下：

```
<template>
  <div>
    <RevenueStat ref="RevenueStat"></RevenueStat>
```

```
    <button @click="updateChindData">更新子组件</button>
  </div>
</template>

<script>
import RevenueStat from "./RevenueStat.vue";
export default {
  components: {
    RevenueStat,
  },
  data() {
    return {};
  },
  methods: {
    //更新子组件数据
    updateChindData() {
      this.$nextTick(() => {
        const obj = { totalPay: 200, discountNums: 300 };
        this.$refs.RevenueStat&&this.$refs.RevenueStat.refreshData(obj);
      });
    },
  },
};
</script>
```

this.$refs.RevenueStat 可以获取到子组件对象，获取到子组件之后就可以调用子组件中的属性和方法。但是需要注意的是，为了保证其获取成功，通常将其放置于 this.$nextTick 方法中。

注意：在 vue3 中使用组合式 API 的 setup()方法的时候，无法正常使用 this.$refs，但可以使用新的函数 ref()。

3.15 表单数据双向绑定

(1) 单向绑定

数据变，视图变；视图变（浏览器控制台上更新 html），数据不变。

(2) 双向绑定

数据变，视图变；视图变（在输入框更新），数据变。

(3) 基础用法

v-model 指令用于表单数据双向绑定，针对以下几种表单元素类型：

① text 文本。

② testarea 多行文本。

③ radio 单选框。

④ checkbox 复选框。

⑤ select 下拉框。

新建示例文件 FormDemo.vue,代码如下:

```
<template>
    <div>
            <div class="row">
                姓名(文本):<input type="text" v-model="name">
            </div>
              <div class="row">
            种族(单选按钮):
            <input type="radio" name="race" value="1" v-model="race">汉人
            <input type="radio" name="race" value="0" v-model="race">契丹人
              </div>
            <div class="row">
            武功(多选框):
            <input type="checkbox" name="skills" value="1" v-model="skills">擒龙功
            <input type="checkbox" name="skills" value="2" v-model="skills">降龙十八掌
            <input type="checkbox" name="skills" value="3" v-model="skills">打狗棒法
            </div>
            <div class="row">
            职位(下拉框):
            <select name="jobs" v-model="job">
                <option v-for="(item,index) in jobs" :key="index" :value="item.code">
{{item.name}}</option>
            </select>
            </div>
            <div class="row">
            奋斗目标(多行文本):<br/>
            <textarea id="" cols="30" rows="3" v-model="desc"></textarea>
              </div>
            <div class="row">
            <button type="button" @click="submitForm">提交</button>
            </div>
    </div>
</template>

<script>
    export default {
        data(){
            return {
                name:'乔峰',
                race:'0',  // 默认值为 0,它就会选中值为 0 的,也就是契丹人。
                skills:['2'], // 复选框被勾选之后会获得数组形式,默认选中降龙十八掌
                jobs:[
                    {code:'bz', name:'丐帮帮主'},
                    {code:'dw', name:'南院大王'},
```

```
                ],
                job：'bz',
                desc：'
                }
            },
            methods：{
                submitForm：function () {
                    // 获取表单数据
                    console.log(this.name + ',' + this.race + ',' + this.skills + ',' + this.
job + ',' + this.desc)；
                }
            }
        }
    </script>
```

运行结果如图 3.36 所示。

姓名（文本）：乔峰
种族（单选按钮）： 汉人 契丹人
武功（多选框）： 擒龙功 降龙十八掌 打狗棒法
职位（下拉框）： 丐帮帮主
奋斗目标（多行文本）：
提交

图 3.36　运行结果

3.16　组件传值

组件之间传值，最常见的为父传子、子传父，图 3.37 所示描述的是 Vue 进行父子组件传值的方式。

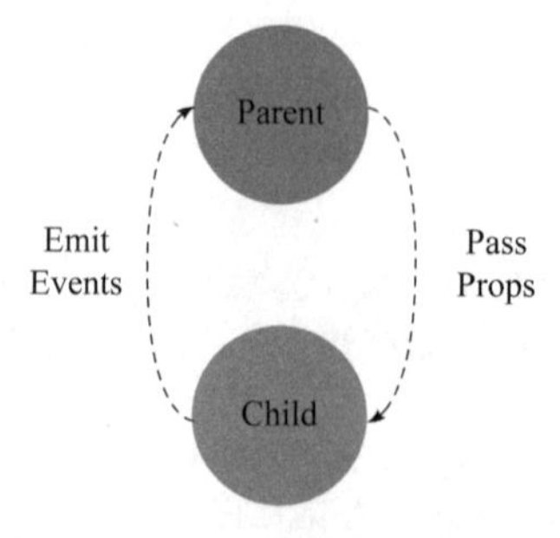

图 3.37　父子组件传值的方式

3.16.1　父组件向子组件传值

定义子组件 Son.vue 如下所示：

```
<template>
  <h3>郭襄的父亲是：{{ parentName}},</h3>
  <h3>他的武功有{{skill}}</h3>
</template>
<script>
export default {
  props: ["parentName","skill"],
};
</script>
```

props 的类型可以是一个字符串数组，但是通常你希望每个 prop 都有指定的值类型，这时，你可以以对象形式列出 prop，这些 property 的名称和值分别是 prop 各自的名称和类型：

```
props:{
    parentName:String,
    skill:Array
  }
```

当父组件没有设置需要传递过来的属性值时，还可以通过 default 给 props 中的属性指定一个默认值，此时 props 中的属性值是一个对象，可以分别指定其 type 和 default：

```
props: {
  parentName: {
    type: String,
    default: "",
  },
  skill: {
    type: Array,
    // 对象或数组默认值必须从一个工厂函数获取
    default: () => {
      return [];
    },
  },
  },
```

type 可以是下列原生构造函数中的一个：①String；②Number；③Boolean；④Array；⑤Object；⑥Date；⑦Function；⑧Symbol。

定义父组件 Father.vue，使用 v-bind 或简化指令：，将数据传递到子组件中，代码如下：

```
<template>
    <Son :parentName="name" :skill="skill"></Son>
</template>
<script>
import Son from "./Son.vue";
```

```
        export default {
            components:{
                Son
            },
            data(){
                return {
                    name:'郭靖',
                    skill:['降龙十八掌','九阴真经','空明拳']
                }
            }
        }
    </script>
```

说明:一定要使用 props 属性来定义父组件传递过来的数据。在子组件中,默认无法访问到父组件中的 data 上的数据和 methods 中的方法。

子组件中的 data 数据并不是通过父组件传递过来的,而是子组件自身私有的,比如:子组件通过 Ajax 请求回来的数据都可以放到 data 上,data 上的数据都是可读可写的。

组件中的所有 props 中的数据都是通过父组件传递给子组件的,props 中的数据都是只读的,无法重新赋值。把父组件传递过来的 parentName 属性先在 props 数组中定义一下,这样才能使用这个数据。

运行结果如图 3.38 所示。

郭襄的父亲是:郭靖,

他的武功有["降龙十八掌", "九阴真经", "空明拳"]

图 3.38 运行结果

3.16.2 子组件向父组件传值

原理:父组件将方法的引用传递到子组件内部,子组件在内部调用父组件传递过来的方法,同时把要发送给父组件的数据在调用方法的时候当作参数传递进去。

在父组件 Father.vue 中:

```
<Son :parentName="name" :skill="skill" @func="show"></Son>
<div class="parent">
  {{name }}
  <span v-if="dataFormSon.name">
    有一个儿子叫{{ dataFormSon.name }},今年{{ dataFormSon.age }}岁了</span
  >
</div>
data() {
  return {
    name: "郭靖",
```

```
      skill: ["降龙十八掌", "九阴真经", "空明拳"],
      dataFormSon: {},
    };
  },
  methods: {
    show(data) {
      this.dataFormSon = data;
    },
  },
```

父组件将方法的引用传递给子组件使用的是事件绑定机制：v-on 或其简写@。其中，show 是父组件 methods 中定义的方法名称，func 是子组件调用传递过来的方法名称。

在子组件 Son.vue 中：

```
<div class = "son"> < input type = "button" value = "找父亲" @click = "myclick" /> </div>
  data() {
    return {
      sonMsg: { name: "郭破虏", age: 6 },
    };
  },
  methods: {
    myclick() {
      // 当点击子组件的按钮的时候，通过 $ emit 拿到父组件传递过来的 func 方法，并调用这个方法
      // emit 英文原意是触发，调用、发射的意思
      this. $ emit("func", this.sonMsg);
    },
  },
```

子组件内部通过 this. $ emit('方法名', 要传递的数据) 方式，来调用父组件中的方法，同时把数据传递给父组件使用。

运行结果如图 3.39 所示。

图 3.39　运行结果

组件之间的通信，除了通过 props 父传子和 $ emit 子传父之外，还可以通过使用 Vuex、EventBus(事件总线)、localStorage、sessionStorage、cookie 等。

3.17　$ root 和 $ parent 的使用

通常我们不建议通过子组件来访问父组件的属性和方法，因为这样会破坏组件的封闭性，

子组件一旦可以访问父组件数据，那就意味着它的复用性自然也就降低了。然而，在一些特殊的场景下，我们想要访问父组件的属性和方法也是可以的，可通过 vm. $parent 来引用父组件对象，然后就可以调用父组件中的属性和方法了。

通过调用 vm. $root，子组件可以访问根组件对象。

说明：上文中的 vm 表示 View Model（视图模型），它其实就是我们的 new Vue()对象。

接下来，我们将通过一个简单的购物车示例，来演示 $root 和 $parent 的使用。

这里将使用到 scss，所以需要安装 node-sass 和 sass-loader：cnpm i node-sass@4.12.0 sass-loader@7.0.1 -D。这里需要安装特定的版本，因为安装最新的版本可能会报错。

最终示例效果如图 3.40 所示。

商品信息	单价	数量	金额
汽车补漆笔黑色漆面修补车漆神器去痕点	50	3	150

图 3.40 示例效果

我们可以单独抽取商品数量为一个组件，当数量变化时，商品的总金额必然也会发生变化。

① 新建一个商品数目修改组件“views/parent/ProductNums. vue”，代码如下：

```
<template>
    <input type="number" class="nums" v-model="productNums" @input="changeNums" min="0"/>
</template>
<script>
    export default {
        props:{
            id:{
                type:Number,
            },
            nums:{
                type:Number,
                default:0
            }
        },
        data(){
            return {
                productNums:this.nums
            }
        },
        methods:{
            changeNums(event){
                this.$emit('updateNums',this.id,event.target.value);
                //另一种调用方式
                // this.$parent.$parent.updatedList(this.id,event.target.value);
```

```
                //直接调用根组件的方法
                this.$root.say(); //我是一代目
            }
        }
    }
</script>
<style lang="scss" scoped>
.nums{
    width: 60px;
}
</style>
```

注意：this.$parent可以级联调用，this.$parent.$parent表示父组件的父组件。

② 新建商品项子组件“views/parent/ItemBox.vue”，代码如下：

```
<template>
  <dl class="item-box">
    <dd class="name">{{ item.name }}</dd>
    <dd>{{ item.price }}</dd>
    <dd><ProductNums :nums="item.nums" @updateNums="updateNums" :id="item.id"></ProductNums></dd>
    <dd>{{ item.fee }}</dd>
  </dl>
</template>
<script>
import ProductNums from "./ProductNums.vue";
export default {
  components: { ProductNums },
  props: {
    item: {
      type: Object,
      default: () => {
        return {
          name: "",
          price: 0,
        };
      },
    },
  },
  methods:{
      updateNums(id,val){
          //调用父组件方法
          this.$parent.updatedList(id,val)
      }
  }
};
```

```
</script>
<style lang="scss" scoped>
.item-box {
  display: flex;
  dd {
    width: 100px;
    padding: 0px;
    margin: 0px;
    &.name {
      width: 150px;
    }
  }
}
</style>
```

因为我们采用的是数据驱动模式，所以只需要修改父组件 list 中的数据，子组件当中内容便会自动更新。

③ 新建父组件文件“views/parent/index.vue”，代码如下：

```
<template>
  <dl class="head">
    <dd class="name">商品信息</dd>
    <dd>单价</dd>
    <dd>数量</dd>
    <dd>金额</dd>
  </dl>
  <div class="list-item">
    <ItemBox v-for="(item, index) in list" :key="index" :item="item"></ItemBox>
  </div>
</template>
<script>
import ItemBox from "./ItemBox.vue";
export default {
  components: {
    ItemBox,
  },
  data() {
    return {
      list: [
        {
          id: 1,
          name: "汽车补漆笔黑色漆面修补车漆神器去痕点",
          price: 50,
          nums: 1,
          fee: 50,
        },
```

```
          ],
        };
      },
      methods: {
        updatedList(id, nums) {
          const index = this.list.findIndex((f) => f.id == id);
          if (index != -1) {
            this.list[index].nums = nums;
            this.list[index].fee = this.list[index].price * nums;
          }
        },
      },
    };
    </script>
    <style lang="scss" scoped>
    .head {
      display: flex;
      dd {
        padding: 0px;
        margin: 0px;
        width: 100px;
        &.name {
          width: 150px;
        }
      }
    }
    </style>
```

App.vue是所有组件的根组件，我们在App.vue中添加say方法：

```
methods: {
  say() {
    console.log("我是一代目");
  },
},
```

3.18 this.$nextTick

this.$nextTick()将回调延迟到下次DOM更新循环之后执行。在修改数据之后立即使用它，然后等待DOM更新。它跟全局方法Vue.nextTick一样，不同的是回调的this自动绑定到调用它的实例上。

在Vue中，当修改了data的某一个值，并不会立即反映到DOM页面中。Vue将对data的更改放到watcher的一个队列中（异步），只有在当前任务空闲时才会执行watcher队列任务，这样就会出现一个延迟。

当执行到 $ nextTick 的时候，这也是一个异步事件，它也会把这个事件放到一个队列当中，异步事件是不会立即执行代码的，会被 js 处理器放到一个队列里，按照队列顺序的优先级一个个依次执行，新添加的事件都会放在队列末尾。所以，当第一个也就是 data 的数据修改被渲染在页面之后，这个时候执行 $ nextTick，就肯定能获取 DOM 的东西。

新建示例 NextTickDemo. vue，代码如下：

```
<template>
  <div ref="msg">
    {{message}}
  </div>
  <button @click="handleClick">测试</button>
</template>
<script>
export default {
  data() {
    return {
      message: "花如解语应多事",
    };
  },
  created() {
    console.log("created");
    this.handleClick();
  },
  mounted() {
    console.log("mounted");
    // this.handleClick();
  },
  methods: {
    handleClick() {
      this.message = "石不能言最可人";
      if (this.$refs.msg) {
        console.log(this.$refs.msg.innerText); //花如解语应多事
      }
      this.$nextTick(() => {
        if (this.$refs.msg) {
          console.log(this.$refs.msg.innerText); //石不能言最可人
        }
      });
    },
  },
};
</script>
```

当页面第一次加载时，浏览器控制台运行结果如下：

```
created
mounted
石不能言最可人
```

在created钩子函数中，DOM还没有完成加载，此时this.$refs.msg为undefined，然后通过this.$nextTick开启一个异步事件，在mounted钩子函数执行完之后，再执行this.$nextTick中的代码。接下来，我们注释掉created中的this.handleClick()，开启mounted中的this.handleClick()，控制台运行结果如下：

```
created
mounted
花如解语应多事
石不能言最可人
```

在mounted钩子函数中，所有的DOM节点已经加载完毕，所以可以直接获取this.$refs.msg对象。而当我们直接单击"测试"按钮，控制台运行结果如下：

```
石不能言最可人
石不能言最可人
```

3.19 axios介绍

Vue官网宣布不再继续维护vue-resource，并推荐大家使用axios。axios是一个基于Promise的HTTP库，可以用在浏览器和Node.js中。

axios有以下几个特性：

① 从浏览器中创建XMLHttpRequests。

② 从Node.js中创建HTTP请求。

③ 支持Promise API。

④ 拦截请求和响应。

⑤ 转换请求数据和响应数据。

⑥ 取消请求。

⑦ 自动转换JSON数据。

⑧ 客户端支持防御XSRF。

浏览器支持情况如图3.41所示。

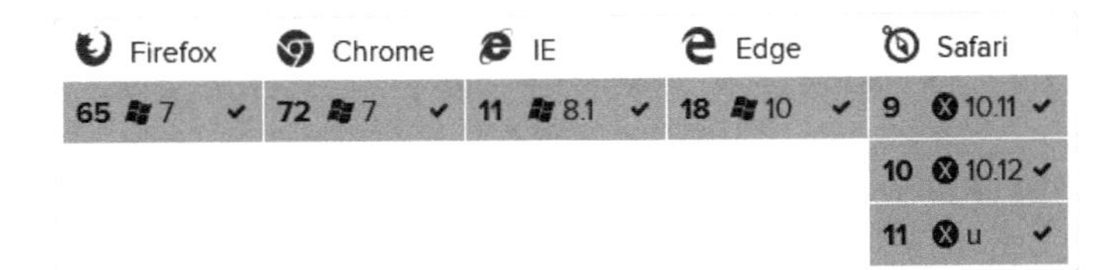

图3.41 浏览器支持情况

axios 安装步骤如下：

① yarn 安装：yarn add axios。

② npm 安装：npm install axios。

如果采用的是 Vue 脚手架创建的项目，可能会自带安装 axios，通过查看项目根目录中的 package.json 文件可以查看安装了哪些库。

这里以最为常见的 get、post 请求为例，来说明一下 axios 的使用。

执行 GET 请求：

```
import axios from "axios";
// 为给定 ID 的 user 创建请求
axios
    .get("/user? ID = 1127")
    .then(function(response) {
      console.log(response);
    })
    .catch(function(error) {
      console.log(error);
    });
  // 可选的，上面的请求可以这样做
  axios
    .get("/user", {
      params: {
        ID: 1127,
      },
    })
    .then(function(response) {
      console.log(response);
    })
    .catch(function(error) {
      console.log(error);
    });
```

执行 POST 请求：

```
axios
      .post("/user", {
        firstName: "邹",
        lastName: "玉杰",
      })
      .then(function(response) {
        console.log(response);
      })
      .catch(function(error) {
        console.log(error);
      });
```

关于 axios 更详细的操作说明，官方文档非常详细，这里就不再赘述，请参考：http://

www. axios-js. com/zh-cn/docs/。

在 Vue3 项目中，如果不想在每一个组件页面当中都引入一遍 axios，可以将 axios 进行全局绑定，修改 main. ts，代码如下：

```
const app = createApp(App);
app.config.globalProperties.$axios = axios; //通过 this.$axios 可以访问
app.mount('#app')
```

在 Vue3 中没有 this，可在 setup 中通过 const {proxy} = getCurrentInstance();proxy. $axios 来访问。

如果是在 Vue3+TS 当中，可以通过自定义 hook，新建文件：src/hooks/useCurrentInstance，代码如下：

```
import { ComponentInternalInstance, getCurrentInstance } from 'vue'
export default function useCurrentInstance() {
    const { appContext } = getCurrentInstance() as ComponentInternalInstance
    const globalProperties = appContext.config.globalProperties
    return {
        globalProperties
    }
}
```

界面引用并使用：

```
import useCurrentInstance from "@/hooks/useCurrentInstance";
const { globalProperties } = useCurrentInstance();
const $axios = globalProperties.$axios
```

然而，在实际工作中，通常把对 axios 的操作进行统一封装，因为我们发送的所有请求可能都需要带上 token，进行权限验证，我们可以统一添加请求过滤器，把 token 带上，还可以添加响应过滤器。当接收到不同的响应码时，统一进行相应的处理。例如，新建一个对 axios 进行全局配置的文件 request. js，代码如下：

```
import axios from 'axios'
//创建 axios 实例
const service = axios.create({
  baseURL: '/api', // api 的 base_url
  timeout: 5000 // 请求超时时间
})
// request 拦截器
service.interceptors.request.use(
  config => {
if (localStorage.getItem("$token")) {
    // 让每个请求携带自定义 token 请根据实际情况自行修改
      config.headers['X-Token'] = localStorage.getItem("$token")
    }
    return config
  },
```

```
    error => {
      // Do something with request error
      Promise.reject(error)
    }
  )
  // response 拦截器
  service.interceptors.response.use(
    response => {
      /**
       * code 为非 200 是抛错 可结合自己业务进行修改
       */
      const res = response.data
      if (res.Status !== '200') {
        this.$message({
          message: res.message,
          type: 'error',
          duration: 5 * 1000
        })
        // 401:非法的 token; 402:其他客户端登录了;  403:Token 过期了;
        if (res.Status === 401 || res.Status === 402 || res.Status === 403) {
          //退出登录操作
        }
        return Promise.reject('error')
      }else {
        return response.data
      }
    },
    error => {
      console.log('err' + error)// for debug
      this.$message({
        message: error.message,
        type: 'error',
        duration: 5 * 1000
      })
      return Promise.reject(error)
    }
  )
  export default service
```

然后在 main.ts 中用：

```
import axios from "./request.js";
```

替换

```
import axios from 'axios';
```

除了 axios，还有一个 fetch 也可以用于 http 请求的封装，但是实际工作当中 fetch 用得比较少，读者了解即可，以后工作中用到再去学也不迟。fecth 参考文档：https://developer.mozilla.org/en-US/docs/Web/API/Fetch_API。

3.20 跨域请求

浏览器具有安全性限制，不允许 AJAX 访问协议不同、域名不同、端口号不同的数据接口，因为浏览器认为这种访问不安全，而在实际工作中，无可避免地会遇到跨域问题。

目前实现跨域最常用的几种方式如下：

① JSONP。

② 代理。

③ 后端接口跨域支持。

1. JSONP 的实现原理

可以通过动态创建 script 标签的形式，把 script 标签的 src 属性指向数据接口的地址，因为 script 标签不存在跨域限制，这种数据获取方式称作 JSONP（注意：根据 JSONP 的实现原理，可以得知 JSONP 只支持 Get 请求，所以实际开发过程中此方法并不常用，读者了解即可）。

具体实现过程如下：

① 先在客户端定义一个回调方法，预定义对数据的操作；

② 再把这个回调方法的名称通过 URL 传参的形式，提交到服务器的数据接口；

③ 服务器数据接口组织好要发送给客户端的数据，再拿着客户端传递过来的回调方法名称，拼接出一个调用这个方法的字符串，发送给客户端去解析执行；

④ 客户端拿到服务器返回的字符串之后当作 Script 脚本去解析执行，这样就能够拿到 JSONP 的数据了。

2. 代　理

axios 支持代理配置，我们可以通过设置代理来防止跨域问题。通常在代码中对 axios 进行全局代理配置，当我们最终把前端代码发布到生产服务器的时候，再通过 Nginx 等代理服务器来进行请求转发，这样我们的前端代码和后端接口就可以部署在不同的服务器上，也不会产生跨域问题。

开发环境的代理配置：

在项目的根目录创建配置文件 vue.config.js，并添加如下配置：

```
module.exports = {
  //开发模式反向代理配置，生产模式请使用 Nginx 部署并配置反向代理
  devServer: {
    port: 8888,
    proxy: {
      "/api": {
        //本地服务接口地址
```

```
          target: "http://10.200.1.200:8888", //开发环境下后端接口地址
          ws: true,
          pathRewrite: {
            "^/api": "/",
          },
        },
      },
    }
};
```

说明：请求接口中匹配到/api的接口，都统一走这个代理，这个是匹配请求接口的上下文路径的，例如，页面发起了一个登陆的接口请求：http://localhost:8080/api/sys/login，则会根据这个路径中/api匹配到这里，在 pathRewrite 中，将/api 替换为空字符串，然后将后面的/sys/login. 拼接到 target 后面，形成最终的请求路径：http://10.200.1.200:8888/sys/login，然后按照这个路径请求后台服务。

这样的话，每一个请求后台的路径前都要添加一个/api。我使用的是 axios 发起请求的，所以配置一个统一的根路径/api：

```
//创建 axios 实例
const service = axios.create({
  baseURL: '/api', // api 的 base_url
  timeout: 5000 // 请求超时时间
})
```

在项目上线部署的时候，有些项目要求把前端页面和后台服务部署在不同的 0.0 服务器，这就要求使用 Nginx 代理，如果把 vue 页面和后台服务放一个包里部署，则不需要使用 Nginx 代理。

生产环境 Nginx 代理配置文件 nginx. conf：

```
events {
    worker_connections 1024;
}
http {
    include        mime.types;
    default_type   application/octet-stream;
    server {
        listen         80; # 监听请求的端口，即浏览器访问的端口
        server_name 10.200.1.199; # 请求的地址，即浏览器请求的地址，这里可以不用直接写 pi，用
域名代替
        root          /home/cys/my-vue/dist; //vue 项目打包后的 dist
        index index.html; //设置默认页
    location / {
        try_files $uri $uri/ @router;
        index   index.html index.htm index.php;
        add_header'Access-Control-Allow-Origin''*';
        add_header'Access-Control-Allow-Credentials''true';
```

```
            add_header'Access-Control-Allow-Methods''GET';
        }
        error_page 404 /404.html;
            location = /40x.html {
        }
        error_page 500 502 503 504 /50x.html;
            location = /50x.html {
        }
        location @router {
            rewrite ^.* $ /index.html last;
        }
        location /api/ {#vue前端所有接口都加上/api/前缀,然后代理到后端接口服务
            rewrite ^/api/(.*)$ /$1 break;
            proxy_pass http://10.200.1.200:8888; #访问后端的地址
        }
    }
}
```

3. 后端接口跨域支持

后端接口支持跨域,就是指后端程序员(写接口的)通过过滤器对接口请求进行配置,从而准许接口能够被跨域访问。这样一来,前端程序员什么也不用管,直接就可以调用。这种方式通常在做 Web App 应用时比较常见。

3.21 extend、mixin 以及 extends

Vue.extend 只是创建一个构造器,它是为了创建可复用的组件,参数是一个包含组件选项的对象。当我们调用 Vue.component('a', {...})时会自动调用 Vue.extend。

Vue.component 是用来注册或获取全局组件的方法,其作用是将通过 Vue.extend 生成的扩展实例构造器注册(命名)为一个组件。

ExtendDemo.vue 代码如下:

```
//创建构造器
var Profile = Vue.extend({
  template: "<p>{{firstName}}-{{lastName}}-{{alias}}</p>",
  data: function() {
    return {
      userName: "文泰来",
      nickName: "奔雷手",
      skill: "奔雷掌",
    };
  },
```

```
});
//创建 Profile 实例,并挂载到一个元素上。
new Profile(). $ mount("#myApp");
//注册一个全局组件
Vue.component('global-component', Profile);
```

extends 允许声明扩展另一个组件(可以是一个简单的选项对象或构造函数),而无须使用 Vue.extend。这主要是为了便于扩展单文件组件。

mixins 选项接受一个混入对象的数组。这些混入实例对象可以像正常的实例对象一样包含选项。

在 utils 目录下分别创建文件 baseOptions.js 和 mixinOptions.js。

baseOptions.js 代码如下:

```
export default {
    data(){
        return {
            title:'',
            content:'十步杀一人,千里不留行'
        }
    },
    methods: {
        initData(){
            this.title='李白-侠客行';
        }
    },
}
```

mixinOptions.js 代码:

```
export default {
    data(){
        return {
            title:'',
            content:'远上寒山石径斜,白云生处有人家'
        }
    },
    methods: {
        initData(){
            this.title='杜甫-山行';
        }
    },
}
```

ExtendsMixins.vue 代码如下:

```
<template>
  <div>{{ title }}</div>
```

```
  <div>{{ content }}</div>
</template>

<script>
import baseOptions from "@/utils/baseOptions.js";
export default {
  extends: baseOptions,
  created(){
      this.initData();
  }
};
</script>
```

运行结果如下：

李白-侠客行
十步杀一人，千里不留行

修改 ExtendsMixins.vue 代码如下：

```
import mixinOptions from "@/utils/mixinOptions.js";
export default {
  mixins: [mixinOptions],
  created() {
    this.initData();
  },
};
```

运行结果如下：

杜甫-山行
远上寒山石径斜,白云生处有人家

修改 ExtendsMixins.vue 代码，同时引用 mixins 和 extends：

```
import baseOptions from "@/utils/baseOptions.js";
import mixinOptions from "@/utils/mixinOptions.js";
export default {
  extends: baseOptions,
  mixins: [mixinOptions],
  created() {
    this.initData();
  },
};
```

运行结果如下：

杜甫-山行
远上寒山石径斜,白云生处有人家

说明 mixins 中代码的优先级更低，也就是后执行，覆盖了 extends 中的代码。

再次修改 ExtendsMixins. vue 代码，将 baseOptions. js 和 mixinOptions. js 都通过 mixins 的方式引入：

```
mixins: [mixinOptions,baseOptions],
```

运行结果如下：

李白-侠客行
十步杀一人，千里不留行

说明在 mixins 中，代码的执行顺序是按照数组中引用顺序来的，baseOptions 后引入，会覆盖前面 baseOptions 的代码。

在 Vue 对象中，可以把 extends 当成是单继承，mixins 当成是多继承或者组成或面向切面的编程(AOP)。extends 和 mixins 可以同时出现在 Vue 对象中。

mixins 选项接收一个混合对象的数组。这些混合实例对象可以像正常的实例对象一样包含选项，它们最终会和 Vue. extend 构造器中的选项进行合并。

extends 和 mixins 类似，区别在于组件自身的选项会比要扩展的源组件具有更高的优先级。

代码执行优先级 extend > extends > mixins。mixins 和 extends 的合并策略如表 3-1 所示。

表 3-1　mixins 和 extends 的合并策略

属性名称	合并策略
data、provide	mixins/extends 只会将自己有但是组件上没有的内容混合到组件上，如果有重复定义，则默认使用组件上的。如果 data 里的值是对象，将递归内部对象并继续按照该策略合并
methods、inject、computed、组件，过滤器，指令属、el、props	mixins/extends 只会将自己有而组件上没有的内容混合到组件上
watch	合并 watch 监控的回调方法。执行顺序是先 mixins/extends 里 watch 定义的回调，然后是组件的回调
HOOKS 生命周期钩子	同一种钩子的回调函数会被合并成数组。执行顺序是先 mixins/extends 里定义的钩子函数，然后才是组件里定义的

第 4 章

Composition API

本章学习目标

- 掌握在 Vue3 中集成 TypeScript
- 掌握 Vue3 中新增的 Composition API

Vue3 与 Vue2 之间最大的不同之处在于新增了 Composition API，Composition API 官方文档地址为 https://composition-api.vuejs.org/zh/api.html。

4.1 Vue3 集成 TypeScript

在前面章节的示例当中，我们并没有使用 TypeScript 来编写代码，如果在使用脚手架创建 Vue3 项目的时候，忘记选择 TypeScript 了，还可以通过执行 vue add typescript 来补充安装 TypeScript。

需要注意的是，在所有.vue 文件中，script 标签中添加 lang="ts"属性，就可以在<script>中使用 TypeScript 语法的代码了。例如：<script lang="ts">。

若要使用 scss，则需要安装相应的 loader，控制台执行安装命令：yarn sass-loader node-sass-D。在使用 TypeScript 后，语法上会更加规范。

我们重新通过 vue-cli 脚手架来创建 Vue3 项目，控制台执行命令：vue create Composition-API。需要注意的是，项目名称不能包含大写字母。这里选择"Manually select features"选项，然后按 Enter 键，选择如下选项：

```
? Please pick a preset: Manually select features
? Check the features needed for your project:
 (*) Choose Vue version
 (*) Babel
 (*) TypeScript
 ( ) Progressive Web App (PWA) Support
 (*) Router
 (*) Vuex
>(*) CSS Pre-processors
```

```
  (   ) Linter / Formatter
  (   ) Unit Testing
  (   ) E2E Testing
```

再按 Enter 键，最终所有选择项如下所示：

```
? Please pick a preset: Manually select features
? Check the features needed for your project: Choose Vue version, Babel, TS, Router, Vuex, CSS Pre-processors, Linter
? Choose a version of Vue.js that you want to start the project with 3.x
? Use class-style component syntax? No
? Use Babel alongside TypeScript (required for modern mode, auto-detected polyfills, transpiling JSX)? Yes
? Use history mode for router? (Requires proper server setup for index fallback in production) Yes
? Pick a CSS pre-processor (PostCSS, Autoprefixer and CSS Modules are supported by default): Sass/SCSS (with dart-sass)
```

4.2 setup

setup 函数是处于生命周期函数 beforeCreate 之前的函数，新的 option、所有的组合 API 函数都在此使用，并且只在初始化时执行一次。函数如果返回对象，对象中的属性或方法，模板中可以直接使用。

新建文件“SetupDemo.vue”，代码如下：

```
<template>
  {{name}}是谁
</template>
<script lang="ts">
import { defineComponent } from "vue";
export default defineComponent({
  //组合 API 入口函数
  setup() {
    return {
      name: "孙悟空",
    };
  },
});
</script>
<style scoped></style>
```

在 App.vue 当中引入：

```
<template>
<SetupDemo></SetupDemo>
</template>
<script lang="ts">
import { defineComponent } from "vue";
```

```
import SetupDemo from './components/SetupDemo.vue';
export default defineComponent({
  name: "App",
  components:{
    SetupDemo
  }
});
</script>
```

运行结果如图 4.1 所示

← → C ⓘ localhost:8080
应用 微商城优化 美妆商城
孙悟空是谁

图 4.1 运行结果

4.2.1 setup 细节

setup 执行的时机：

① 在 beforeCreate 之前执行(一次)，此时组件对象还没有创建。

② 在 setup 中，this 是 undefined，不能通过 this 来访问 data/computed/methods/props。

③ 在所有的 composition API 相关回调函数中都不可以访问。

beforeCreate 表示组件刚刚被创建出来，组件的 data 和 methods 还没有初始化好。Created 表示组件刚刚被创建出来，并且组件的 data 和 methods 已经初始化完成。

setup 函数是 Composition API(组合 API)的入口，在 setup 函数中定义的变量和方法最后都是需要 return 出去的，不然无法在模板中使用。

Vue2.x 中的 data()被 setup()替代了，生命周期的函数只能写在 setup 中，provide/inject 也只能写在 setup 中。

示例代码如下：

```
export default defineComponent({
  setup() {
    console.log("setup 执行",this);//this:undefined
    return {};
  },
  //初始化事件、生命周期
  beforeCreate() {
    console.log("beforeCreate 执行",this); //this:Proxy {…}
  },
});
```

setup 的返回值：

① 一般都返回一个对象，为模板提供数据，也就是模板中可以直接使用此对象中的所有属性/方法。

② 返回对象中的属性会与 data 函数返回对象的属性合并成为组件对象的属性。

③ 返回对象中的方法会与 methods 中的方法合并成为组件对象的方法。

④ 如果有重名，setup 优先。

注意：一般不要混合使用 setup、methods、data，因为 methods 中可以访问 setup 提供的属性和方法，但在 setup 方法中不能访问 data 和 methods。

setup 不能是一个 async 函数，因为返回值不再是 return 的对象，而是 promise，模板看不到 return 对象中的属性数据。

```
<template>
    <p>{{msg}}</p>
  <button @click="changeMsg">更新信息</button>
</template>
export default defineComponent({
  setup() {
    const msg = ref("武媚娘");
    function changeMsg(){
      msg.value='武则天';
    }
    return {msg,changeMsg};
  },
});
```

setup 的参数：

① setup(props, context) / setup(props, {attrs, slots, emit})。

② props：包含 props 配置声明且传入了的所有属性的对象。

③ attrs：包含没有在 props 配置中声明的属性的对象，相当于 this.$attrs。

④ slots：包含所有传入的插槽内容的对象，相当于 this.$slots。

⑤ emit：用来分发自定义事件的函数，相当于 this.$emit。

说明：context 包含 attrs 对象、slots 对象、emit 方法等。

示例：新建子组件“SetupChild.vue”，代码如下：

```
<template>
  <div>
    <p>{{msg}}--{{ info }}</p>
    <button @click="changeMsg">更新信息</button>
  </div>
</template>
<script lang="ts">
import { ref, defineComponent } from "vue";

export default defineComponent({
  name: "SetupChild",
  emits: ["onChange"], // 可选的，声明了更利于程序员阅读，且可以对分发的事件数据进行校验
  props:['msg'],
  // setup (props, context) { context 可以直接解构为实际对象
```

```
  setup(props: any, { attrs, emit, slots }) {
    const info = ref(attrs.info);
    console.log('setup',props,attrs, emit, slots);
    function changeMsg() {
      // 分发自定义事件
      emit("onChange", "朱元璋");
    }
    return {
      info,
      changeMsg,
    };
  },
});
</script>
```

注意:info 没有在 props 配置项中,所以只能通过 attrs.info 来访问,不能通过 props.info 来访问。

修改“SetupDetail.vue”,代码如下:

```
<template>
<SetupChild :msg="msg" info="大明开国皇帝" @onChange="onChange"></SetupChild>
  <p>{{msg}}</p>
</template>
<script lang="ts">
import { defineComponent, ref } from "vue";
import SetupChild from "./SetupChild.vue";

//3.setup 的参数
export default defineComponent({
  components: {
    SetupChild,
  },
  setup() {
    const msg = ref("朱重八");
    function onChange(val:any){
      msg.value = val;
    }
    return {
      msg,
      onChange
    };
  },
});
</script>
```

运行结果如图 4.2 所示。

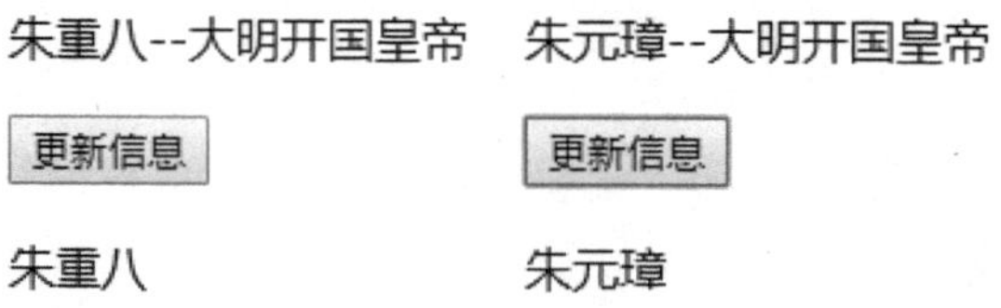

朱重八--大明开国皇帝　　朱元璋--大明开国皇帝

更新信息　　更新信息

朱重八　　朱元璋

图 4.2　运行结果

浏览器控制台输出：

```
setup ▶Proxy {msg: "朱重八"} ▶Proxy {info: "大明开国皇帝", __vInternal: 1}
```

4.2.2 props 和 attrs 的区别

props 和 attrs 的区别如下：

① props 要先声明才能取值，attrs 不用先声明。

② props 声明过的属性，attrs 里不会再出现。

③ props 不包含事件，attrs 包含事件。

④ props 支持 string 以外的类型，attrs 只有 string 类型。

4.3 ref

作用：定义一个数据的响应式。

语法：const　xx = ref(initValue)

说明：创建一个包含响应式数据的引用(reference)对象，js 中操作数据：xx.value，模板中操作数据：不需要.value，一般用来定义一个基本类型的响应式数据。

响应式数据：数据变化页面跟着渲染变化。

我们通过一个示例来演示 ref 的用法。

需求：页面打开后可以看到一个初始数字 0，单击"自增"按钮后数据会自动加 1。

Vue3 是向后兼容的，也就是说在 Vue3 当中是可以使用所有的 Vue2 代码的。本示例先来看一下在 Vue2 当中是如何实现的。

新建文件"RefDemo.vue"，代码如下：

```
<template>
当前数字：{{number}} <button @click = "autoAdd">自增</button>
</template>
<script lang = "ts">
import { defineComponent } from 'vue'
export default defineComponent({
  //  vue2 的方式
  data(){
```

```
        return {
            number:0
        }
    },
    methods:{
        autoAdd(){
            this.number++;
        }
    }
})
</script>
<style scoped>
</style>
```

再看下 Vue3 的实现方法：

```
setup() {
    const number = ref(0);
    console.log(number);
    function autoAdd(){
      number.value++;
    }
    return{number,autoAdd}
}
```

注意：不能直接操作通过 ref 构造的对象，而是操作它的 value 属性，也就是说，number++是错误的，只能 number.value++。

通过 console.log(number);代码，可以在控制台看到输入如下结果：

```
▼RefImpl
    __v_isRef: true
    _rawValue: 0
    _shallow: false
    _value: 0
    value: 0
  ▶__proto__: Object
```

最终浏览器运行结果如图 4.3 所示。

图 4.3　运行结果

尽管在 Vue3 中依然可以使用 data 和 methods 配置，但建议使用其新语法实现。

4.4 reactive

作用：定义多个数据的响应式。言外之意就是定义对象的响应式。

示例：const proxy=reactive(obj)。接收一个普通对象，然后返回该普通对象的响应式代理器对象。

响应式转换是“深层的”，它会影响对象内部所有嵌套的属性。内部基于ES6的Proxy实现，通过代理对象操作源对象内部数据都是响应式的。

需求：显示用户的相关信息，单击按钮，可以更新用户的相关数据信息。

新建文件“ReactiveDemo.vue”，代码如下：

```
<template>
<div>姓名：{{state.name}}，年龄：{{state.age}}，绰号：{{state.nickName}}</div>
<div>儿子：{{state.son.name}}，年龄：{{state.son.age}}，绰号：{{state.son.nickName}}</div>
<div><button @click="onModify">修改儿子信息</button></div>
</template>

<script lang="ts">
import { defineComponent } from "vue";
import { reactive } from "vue";
export default defineComponent({
  setup() {
    //被代理的目标对象
    let user = {
      name: "杨康",
      age: 30,
      nickName: "小王爷",
      son: {
        name: "杨过",
        age: 7,
        nickName: "臭小子",
      },
    };
    // 定义响应式数据对象，返回的是一个 Proxy 代理对象
    let state = reactive(user);
    console.log(state);
    const onModify = () => {
      state.son.age = 30;
      state.son.nickName='神雕大侠';
    };
    return { state, onModify };
  },
});
</script>
<style scoped></style>
```

运行结果如图 4.4 所示。

姓名：杨康，年龄：30，绰号：小王爷
儿子：杨过，年龄：7，绰号：臭小子
修改儿子信息

姓名：杨康，年龄：30，绰号：小王爷
儿子：杨过，年龄：30，绰号：神雕大侠
修改儿子信息

图 4.4　运行结果

state 对象在浏览器控制台中的输入结果如下：

```
▼Proxy {name: "杨康", age: 30, nickName: "小王爷", son: {…}}
  ▼[[Handler]]: Object
    ▶deleteProperty: ƒ deleteProperty(target, key)
    ▶get: ƒ (target, key, receiver)
    ▶has: ƒ has(target, key)
    ▶ownKeys: ƒ ownKeys(target)
    ▶set: ƒ (target, key, value, receiver)
    ▶__proto__: Object
  ▼[[Target]]: Object
     age: 30
     name: "杨康"
     nickName: "小王爷"
    ▶son: {name: "杨过", age: 7, nickName: "臭小子"}
    ▶__proto__: Object
   [[IsRevoked]]: false
```

这个代理对象当中包含了一些内置的方法和数据。

4.5 reactive 与 ref 的区别

reactive 与 ref 是 Vue3 的 Composition API 中两个最重要的响应式 API。ref 用来处理基本类型数据，reactive 用来处理对象(递归深度响应式)。如果用 ref 对象/数组，内部会自动将对象/数组转换为 reactive 的代理对象。ref 内部通过给 value 属性添加 getter/setter 来实现对数据的劫持。reactive 内部通过使用 Proxy 来实现对对象内部所有数据的劫持，并通过 Reflect 操作对象内部数据。ref 的数据操作：在 js 中要. value，在模板中不需要(内部解析模板时会自动添加. value)。

新建组件“ReactiveRef. vue”，代码如下：

```
<template>
    <button @click="update">更新</button>
    <p>{{name}}</p>
    <p>{{user}}</p>
    <p>{{skill}}</p>
</template>
<script lang="ts">
import { defineComponent, reactive, ref } from "vue";
export default defineComponent({
```

```
  setup() {
    const name = ref("风清扬");
    const user = reactive({ name: '风清扬', student: { name: "令狐冲" } });
    // 使用 ref 处理对象,对象会被自动转换为 reactive 的 proxy 对象
    const skill = ref({ name: '独孤九剑', owner: { name: "风清扬" } });
    console.log(name, user, skill); //RefImpl Proxy RefImpl
    console.log(skill.value.owner); //Proxy,也是一个 proxy 对象

    function update() {
      name.value += "的剑法";
      user.name += "的剑法";
      user.student.name += "的冲灵剑法";
      skill.value = { name: '华山剑法', owner: { name: "风清扬-剑宗传人" } };
      skill.value.owner.name = "令狐冲"; // reactive 对对象进行了深度数据劫持
      console.log(name, user, skill);
      console.log(skill.value.owner); //Proxy {name: "令狐冲"}
    }
    return {
      name,
      user,
      skill,
      update,
    };
  },
});
</script>
<style scoped></style>
```

界面运行结果如图 4.5 所示。

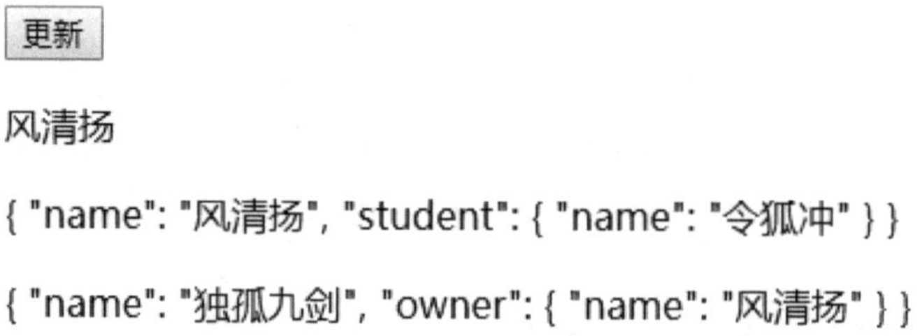

更新

风清扬

{ "name": "风清扬", "student": { "name": "令狐冲" } }

{ "name": "独孤九剑", "owner": { "name": "风清扬" } }

图 4.5 运行结果

浏览器控制台输出如下：

```
▼RefImpl
   __v_isRef: true
   _rawValue: "风清扬"
   _shallow: false
   _value: "风清扬"
   value: (...)
 ▶__proto__: Object

▼Proxy
 ▶[[Handler]]: Object
 ▶[[Target]]: Object
   [[IsRevoked]]: false

▼RefImpl
   __v_isRef: true
 ▶_rawValue: {name: "独孤九剑", owner: {…}}
   _shallow: false
 ▶_value: Proxy {name: "独孤九剑", owner: {…}}
   value: (...)
 ▶__proto__: Object
```

单击“更新”按钮之后，界面运行结果如图4.6所示。

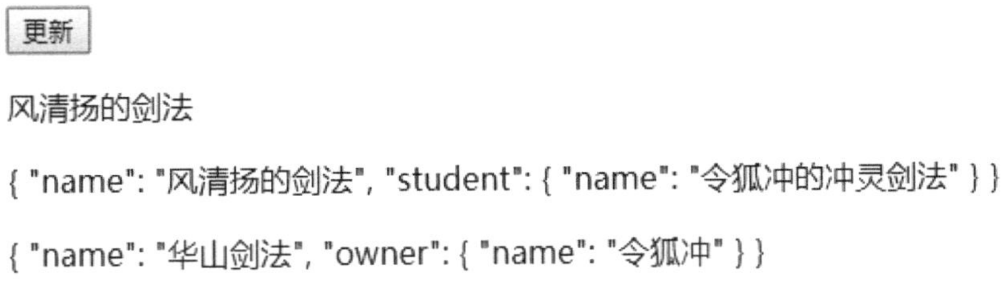

更新

风清扬的剑法

{ "name": "风清扬的剑法", "student": { "name": "令狐冲的冲灵剑法" } }

{ "name": "华山剑法", "owner": { "name": "令狐冲" } }

图4.6 运行结果

4.6 Vue2与Vue3响应式比较

4.6.1 Vue2的响应式

对象：通过defineProperty对对象的已有属性值的读取和修改进行劫持（监视/拦截）。

数组：通过重写数组、更新数组等一系列更新元素的方法来实现元素修改的劫持。

实现示例：

```
Object.defineProperty(data,'num', {
    get () {},
    set () {}
})
```

存在的问题如下：

① 对象直接新添加属性或删除已有属性，界面不会自动更新。

② 数组直接通过下标替换元素或更新length，界面不会自动更新arr[0] = xx。

4.6.2 Vue3的响应式

通过Proxy（代理）：拦截对data任意属性的任意（13种）操作，包括属性值的读写、属性的添加、属性的删除等。

通过Reflect（反射）：动态地对被代理对象的相应属性进行特定的操作。

Proxy官方文档：

https://developer.mozilla.org/zh-CN/docs/Web/JavaScript/Reference/Global_Objects/Proxy

Reflect官方文档：

https://developer.mozilla.org/zh-CN/docs/Web/JavaScript/Reference/Global_Objects/Reflect

实现示例：

```
new Proxy(data, {
    // 拦截读取属性值
```

```
    get (target, prop) {
        return Reflect.get(target, prop)
    },
    // 拦截设置属性值或添加新属性
    set (target, prop, value) {
        return Reflect.set(target, prop, value)
    },
    // 拦截删除属性
    deleteProperty (target, prop) {
        return Reflect.deleteProperty(target, prop)
    }
})
proxy.name = 'jiekzou';
```

在“Vue2Vue3.vue”中添加如下代码：

```
setup() {
  const user: any = {
    name: "曾阿牛",
    age: 18,
  };
  /*
  proxyUser 是代理对象，user 是被代理对象
  通过代理对象中的 Reflect 来操作被代理对象内部属性
  */
  const proxyUser = new Proxy(user, {
    get(target, prop) {
      console.log("劫持 get", prop);
      return Reflect.get(target, prop);
    },
    set(target, prop, val) {
      console.log("劫持 set", prop, val);
      return Reflect.set(target, prop, val); // (2)
    },
    deleteProperty(target, prop) {
      console.log("劫持 delete", prop);
      return Reflect.deleteProperty(target, prop);
    },
  });
  // 读取属性值
  console.log(proxyUser === user);//false
  console.log(proxyUser.name, proxyUser.age);//曾阿牛 18
  // 设置属性值
  proxyUser.name = "张无忌";
  proxyUser.age = 21;
  console.log(user);//{name: "张无忌", age: 21}
```

```
    // 添加属性
    proxyUser.sex = "男";
    console.log(user);//{name: "张无忌", age: 21, sex: "男"}
    // 删除属性
    delete proxyUser.sex;
    console.log(user);//{name: "张无忌", age: 21}
    return {};
  },
```

控制台输入结果如下：

```
false
劫持get name
劫持get age
曾阿牛 18
劫持set name 张无忌
劫持set age 21
▶ {name: "张无忌", age: 21}
劫持set sex 男
▶ {name: "张无忌", age: 21, sex: "男"}
劫持delete sex
▶ {name: "张无忌", age: 21}
```

4.7 计算属性与监视

computed 函数：与 computed 配置功能一致，可以只有 getter，也可以同时有 getter 和 setter。

watch 函数：与 watch 配置功能一致，监视指定的一个或多个响应式数据，一旦数据变化，就自动执行监视回调。默认初始时不执行回调，但可以通过配置 immediate 为 true，来指定初始时立即执行第一次，通过配置 deep 为 true，可以指定深度监视。

watchEffect 函数：不用直接指定要监视的数据，回调函数中使用了哪些响应式数据就监视哪些响应式数据。默认初始时就会执行第一次，从而可以收集需要监视的数据，主要用于监视数据发生变化时回调。

watchEffect 与 watch 的区别主要有以下几点：

① watchEffect 不需要手动传入依赖。

② watchEffect 每次初始化时会执行一次回调函数来自动获取依赖。

③ watchEffect 无法获取到原值，只能得到变化后的值。

新建文件“ComputedWatch”，代码如下：

```
<template>
  <div>
```

```
      <div>fullName:{{ fullName }}</div>
      称号:<input v-model="user.nickName" /> 名:<input
        v-model="user.firstName"
      />
      字:<input v-model="user.lastName" />
      <div>fullName1:{{ fullName1 }}</div>
      <div>fullName2:{{ fullName2 }}</div>
    </div>
  </template>

  <script lang="ts">
  import {
    defineComponent,
    computed,
    reactive,
    watchEffect,
    ref,
    watch,
  }from "vue";

  export default defineComponent({
    setup() {
      const user = reactive({
        nickName: "剑魔",
        firstName: "独孤",
        lastName: "求败",
      });
      // 只有 getter 的计算属性
      const fullName = computed(() => {
        return `${user.nickName}-${user.firstName}-${user.lastName}`;
      });
      // 有 getter 与 setter 的计算属性
      const fullName1 = computed({
        get() {
          console.log("fullName1 get");
          return `${user.nickName}-${user.firstName}-${user.lastName}`;
        },
        set(value: string) {
          console.log("fullName1 set");
          const names = value.split("-");
          user.nickName = names[0];
          user.firstName = names[1];
          user.lastName = names[2];
        },
```

```
});
const fullName2 = ref("");
watchEffect(() => {
  console.log("watchEffect");
  fullName2.value = `${user.nickName}-${user.firstName}-${user.lastName}`;
});

//watch 一个对象
watch(
  user,
  () => {
    fullName2.value = `${user.nickName}-${user.firstName}-${user.lastName}`;
  },
  {
    immediate: true, // 是否初始化立即执行一次，默认是 false
    deep: true, // 是否是深度监视，默认是 false
  }
);
//watch 对象指定的属性
watch(
  user,
  ({nickName}) => {
    console.log('nickName',nickName);
    fullName2.value = `${user.nickName}-${user.firstName}-${user.lastName}`;
  },
  {
    immediate: true, // 是否初始化立即执行一次，默认是 false
    deep: true, // 是否是深度监视，默认是 false
  }
);
// watch 一个数据,默认在数据发生改变时执行回调
watch(fullName2, (value) => {
  console.log("watch");
  const names = value.split("-");
  user.nickName = names[0];
  user.firstName = names[1];
  user.lastName = names[2];
});
return {
  fullName,
  fullName1,
  fullName2,
  user,
};
```

```
  },
});
</script>

<style scoped>
input {
  width: 80px;
}
</style>
```

运行结果如图 4.7 所示。

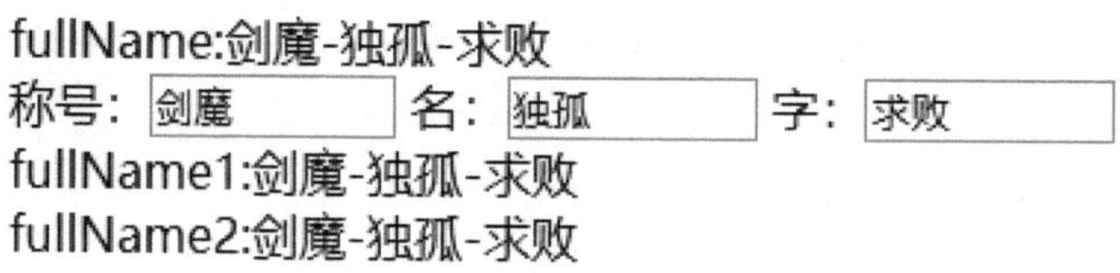

fullName:剑魔-独孤-求败
称号：剑魔 名：独孤 字：求败
fullName1:剑魔-独孤-求败
fullName2:剑魔-独孤-求败

图 4.7 运行结果

尝试修改文本框中的内容，然后观察浏览器界面及浏览器控制台中的输出内容。

4.8 组件生命周期

3.x 的生命周期与 2.x 的生命周期大体相同，只是新增了两个钩子函数，并修改了两个钩子函数的名称。

2.x 与 3.x 版本生命周期相对应的组合式 API 如下：

① beforeCreate→使用 setup()；

② created→使用 setup()；

③ beforeMount→onBeforeMount；

④ mounted→onMounted；

⑤ beforeUpdate→onBeforeUpdate；

⑥ updated→onUpdated；

⑦ beforeDestroy→onBeforeUnmount；

⑧ destroyed→onUnmounted；

⑨ errorCaptured→onErrorCaptured。

组合式 API 还提供了以下调试钩子函数：

① onRenderTracked；

② onRenderTriggered。

Vue3 组件生命周期如图 4.8 所示。

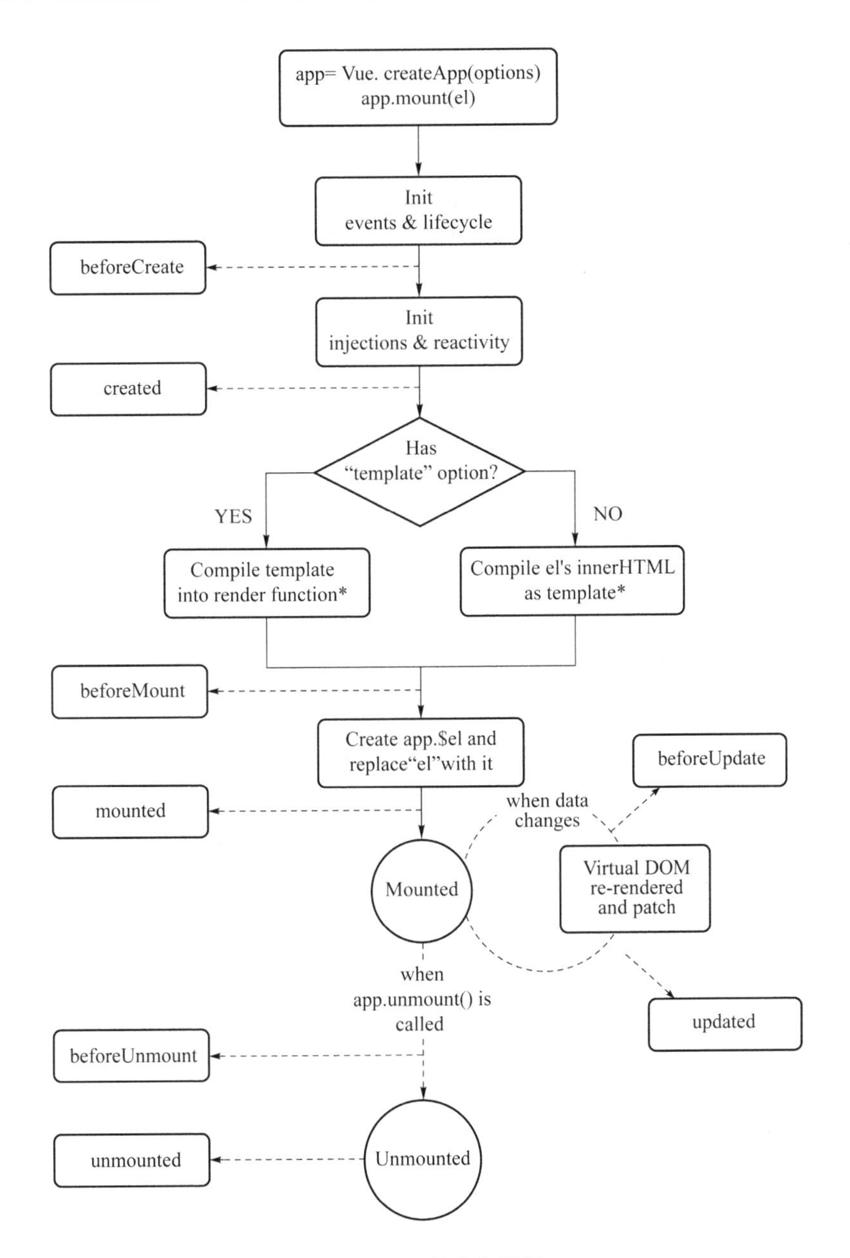

图 4.8 组件生命周期

在 life-cycle 目录下，新建 Child. vue 子组件，代码如下：

```
<template>
  <div class="about">
    <h4>他说：{{ msg }}</h4>
    <hr />
    <button @click="onSay">更新</button>
  </div>
</template>
<script lang="ts">
```

```
import {
  ref,
  onMounted,
  onUpdated,
  onUnmounted,
  onBeforeMount,
  onBeforeUpdate,
  onBcforcUnmount,
}from "vue";
export default {
  beforeCreate() {
    console.log("beforeCreate");
  },
  created() {
    console.log("created");
  },
  beforeMount() {
    console.log("beforeMount");
  },
  mounted() {
    console.log("mounted");
  },
  beforeUpdate() {
    console.log("beforeUpdate");
  },
  updated() {
    console.log("updated");
  },
  beforeUnmount() {
    console.log("beforeUnmount");
  },
  unmounted() {
    console.log("unmounted");
  },
  setup() {
    const msg = ref("纵横江湖三十余载,杀尽仇寇,败尽英雄,天下更无敌手");
    const onSay = () => {
      msg.value = "余生平" + msg.value;
    };
    onBeforeMount(() => {
      console.log("onBeforeMount");
    });
    onMounted(() => {
      console.log("onMounted");
    });
    onBeforeUpdate(() => {
```

```
      console.log("onBeforeUpdate");
    });
    onUpdated(() => {
      console.log("onUpdated");
    });
    onBeforeUnmount(() => {
      console.log("onBeforeUnmount");
    });
    onUnmounted(() => {
      console.log("onUnmounted");
    });
    return {
      msg,
      onSay,
    };
  },
};
</script>
```

在 index.vue 组件中引入 Child.vue 子组件。

```
<template>
  <div>
    <button @click="show = ! show">切换</button>
    <Child v-if="show"></Child>
  </div>
</template>

<script lang="ts">
import { defineComponent, ref } from "vue";
import Child from "./Child.vue";

export default defineComponent({
  components: {
    Child,
  },
  setup() {
    const show = ref(false);
    return { show };
  },
});
</script>
<style scoped></style>
```

在浏览器当中运行，然后单击“切换”按钮，运行结果如图 4.9 所示。

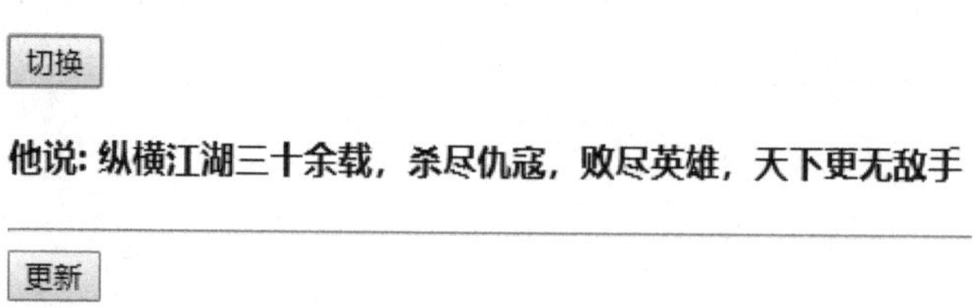

切换

他说：纵横江湖三十余载，杀尽仇寇，败尽英雄，天下更无敌手

更新

图 4.9　运行结果

控制台输出：

```
beforeCreate
created
onBeforeMount
beforeMount
onMounted
mounted
```

单击“更新”按钮，控制台输出：

```
onBeforeUpdate
beforeUpdate
onUpdated
updated
```

4.9　自定义 hook 函数

使用 Vue3 组合 API 封装的可复用的功能函数，自定义 hook 的作用类似于 Vue2 中的 mixin 技术。自定义 hook 的优势是复用功能代码的来源清楚，更清晰易懂。

需求 1：收集用户鼠标点击的页面坐标。

新建“hooks/useMousePosition.ts”，代码如下：

```
import { ref, onMounted, onUnmounted } from 'vue';
/*
收集用户鼠标点击的页面坐标
*/
export default function useMousePosition () {
  // 初始化坐标数据
  const x = ref(-1)
  const y = ref(-1)
  // 用于收集点击事件坐标的函数
  const updatePosition = (e: MouseEvent) => {
    x.value = e.pageX
    y.value = e.pageY
  }
  // 挂载后绑定点击监听
```

```
  onMounted(() => {
    document.addEventListener('click', updatePosition)
  })
  // 卸载前解绑点击监听
  onUnmounted(() => {
    document.removeEventListener('click', updatePosition)
  })
  return {x, y}
}
```

模板页面 views/MousePosition.vue，代码如下：

```
<template>
<h3>x: {{x}}, y: {{y}}</h3>
</template>
<script lang="ts">
import { defineComponent } from "vue";
import useMousePosition from "../hooks/useMousePosition";
export default defineComponent({
  setup() {
    const { x, y } = useMousePosition();
    return {
      x,
      y,
    };
  },
});
</script>

<style scoped>
</style>
```

在 App.vue 中引入组件 MousePosition.vue，界面运行效果如图 4.10 所示。

localhost:8080

x: 101, y: 66

图 4.10　运行效果

我们可以利用 TS 泛型强化类型检查，接下来再看一个例子。

需求 2：封装发 ajax 请求的 hook 函数。

① 安装 axios：yarn add axios。

② 新建文件“hooks/useRequest.ts”，代码如下：

```
import {ref} from 'vue'
import axios from 'axios'
```

```
/*
使用 axios 发送异步 ajax 请求
*/
export default function useUrlLoader<T>(url:string){
    const result = ref<T|null>(null);
    const loading = ref(true);
    const errorMsg = ref(null);
    axios.get(url).then(res =>{
        loading.value = false;
        result.value = res.data;
    }).catch(e =>{
        loading.value = false;
        errorMsg.value = e.message || '未知错误';
    })
    return {
        loading,
        result,
        errorMsg,
      }
}
```

4.10 toRefs

把一个响应式对象转换成普通对象,该普通对象的每个 property 都是一个 ref。

应用:当从合成函数返回响应式对象时,toRefs 非常有用,这样消费组件就可以在不丢失响应式的情况下对返回的对象进行分解使用。

问题:reactive 对象取出的所有属性值都是非响应式的。

解决:利用 toRefs 可以将一个响应式 reactive 对象的所有原始属性转换为响应式的 ref 属性。

新建文件“views/ToRefsDemo.vue”,代码如下:

```
<template>
  <dd>名字:{{name}}</dd>
  <dd>绰号:{{title}}</dd>
  <dd>武功:{{skill}}</dd>
  <dd>年龄:{{age}}</dd>
  <hr>
  在使用 toRefs 之前
  <dd>年龄:{{user.age}}</dd>
  ......
</template>
<script lang="ts">
```

```
import { defineComponent, reactive, toRefs } from "vue";
export default defineComponent({
  setup() {
    const user = reactive({
      name: "叶白衣",
      title: "长明山剑仙",
      skill: "六合心法",
      age: 100,
    });
    //模拟数据更新
    setTimeout(() =>{
      user.age++;
    },1000);
    console.log('对象', toRefs(user),user);
    return { ...toRefs(user),user };
  },
});
</script>
<style scoped>
</style>
```

在控制台输出如下：

```
▼Object                                                          ▼Proxy
  ▶age: ObjectRefImpl {_object: Proxy, _key: "age", __v_isRef: true}      ▶[[Handler]]: Object
  ▶name: ObjectRefImpl {_object: Proxy, _key: "name", __v_isRef: true}    ▼[[Target]]: Object
  ▶skill: ObjectRefImpl {_object: Proxy, _key: "skill", __v_isRef: true}     age: 101
  ▶title: ObjectRefImpl {_object: Proxy, _key: "title", __v_isRef: true}     name: "叶白衣"
  ▶__proto__: Object                                                          skill: "六合心法"
                                                                              title: "长明山剑仙"
                                                                            ▶__proto__: Object
                                                                           [[IsRevoked]]: false
```

4.11 ref 获取元素

利用 ref 函数可以获取组件中的标签元素。

在 Vue3 中，我们声明一个 ref 的同名响应式属性并在 setup 中返回，这样这个响应式属性就是实际的 DOM 或者组件，注意要取值时是 inputRef. value。

功能需求：当页面加载完毕后让输入框自动获取焦点。

新建文件“views/InputRefDemo. vue”，代码如下：

```
<template>
  <input type="text" ref="inputRef" />
</template>
<script lang="ts">
```

```
import { defineComponent, onMounted, ref } from "vue";
export default defineComponent({
  setup() {
    // 默认是 null,只有当页面加载完毕后,组件已经存在了,才能获取文本框元素
    const inputRef = ref<HTMLElement | null>(null);
    // 页面加载后的生命周期组合 API
    onMounted(() => {
      inputRef.value && inputRef.value.focus();
    });
    return { inputRef };
  },
});
</script>
```

4.12 shallowReactive 与 shallowRef

shallowReactive:只处理了对象内最外层属性的响应式(也就是浅响应式)。

shallowRef:只处理 value 的响应式,不进行对象的 reactive 处理。

什么时候用浅响应式呢?

① 一般情况下使用 ref 和 reactive 即可。

② 如果一个对象数据,结构比较深,但变化时只是外层属性变化,则可以使用 shallowReactive。

③ 如果一个对象数据后面会被新产生的对象替换,则可以使用 shallowRef。

新建文件“views/ShallowReactiveDemo.vue”,代码如下:

```
<template>
    <h3>
     {{user1.name}},{{user1.age}},{{user1.skill.name}}
    </h3>
      <h3>
     {{user2.name}},{{user2.age}},{{user2.skill.name}}
    </h3>
      <h3>
     {{user3.name}},{{user3.age}},{{user3.skill.name}}
    </h3>
      <h3>
     {{user4.name}},{{user4.age}},{{user4.skill.name}}
  </h3>
    <button @click="updateData">更新数据</button>
</template>

<script lang="ts">
```

```
import {
  defineComponent,
  reactive,
  ref,
  shallowReactive,
  shallowRef,
}from "vue";

export default defineComponent({
  setup() {
    // 深度劫持(深监视)----深度响应式
    const user1 = reactive({
      name: "断浪",
      age: 21,
      skill: {
        name: "蚀日剑法",
      },
    });
    // 浅劫持(浅监视)----浅响应式
    const user2 = shallowReactive({
      name: "聂风",
      age: 22,
      skill: {
        name: "风神腿"
      },
    });
    // 深度劫持(深监视)----深度响应式----做了 reactive 的处理
    const user3 = ref({
      name: "步惊云",
      age: 23,
      skill: {
        name: "排云掌",
      },
    });
    // 浅劫持(浅监视)----浅响应式
    const user4 = shallowRef({
      name: "秦霜",
      age: 24,
      skill: {
        name: "天霜拳",
      },
    });
    const updateData = () => {
      // 更改 user1 的数据---reactive 方式
      // user1.name += '—天下会副帮主'
      // user1.skill.name += '—火麟剑'
```

```
      // // 更改 user2 的数据---shallowReactive
      // user2.name += '—神风堂主';
      user2.skill.name += '—血饮狂刀';
      // 更改 user3 的数据---ref 方式
      // user3.value.name += '—飞云堂主';
      // user3.value.skill.name += '—绝世好剑';
      // 更改 user4 的数据---shallowRef 方式
      // user4.value.name += '—天霜堂主'; //不变
      // user4.value.skill.name += '—断臂';//不变
      console.log(user1,user2,user3, user4)
    }
    return {
      user1,
      user2,
      user3,
      user4,
      updateData,
    }
  },
});
</script>

<style scoped>
</style>
```

注意：updateData 方法中注释的代码一次只放开一行，然后分别查看浏览器执行结果。

4.13 readonly 与 shallowReadonly

readonly：

① 深度只读数据。

② 获取一个对象（响应式或纯对象）或 ref 并返回原始代理的只读代理。

③ 只读代理是深层的，访问的任何嵌套 property 也是只读的。

shallowReadonly：

① 浅只读数据。

② 创建一个代理，使其自身的 property 为只读，但不执行嵌套对象的深度只读转换。

应用场景：

在某些特定情况下，我们不希望对数据进行更新操作，那就可以包装生成一个只读代理对象来读取数据，包装之后就不能对数据进行修改或删除。

新建文件“views/ReadonlyDemo.vue”，代码如下：

```
<template>
  <h3>用户信息:{{ user2 }}</h3>
  <button @click="updateData">更新数据</button>
</template>
<script lang="ts">
import { defineComponent, reactive, readonly, shallowReadonly } from 'vue'
export default defineComponent({
  name: 'App',
  setup() {
    const user = reactive({
      name: "断浪",
      age: 21,
      skill: {
        name: "蚀日剑法",
      },
    });
    // 只读的数据---深度的只读
    const user2 = readonly(user);
    // 只读的数据---浅只读的
    // const user2 = shallowReadonly(user);
    const updateData = () => {
      user2.name += '—天下会副帮主'
      user2.skill.name += '—火麟剑'
      user2.name += '—神风堂主';
    }
    return {
      user2,
      updateData,
    }
  },
})
</script>
```

当使用 readonly 深度只读数据时，如果我们尝试去修改数据，在编译时就会报错，如图 4.11 所示。而当使用 shallowReadonly 进行浅只读时，只是无法修改对象第一层的属性，如图 4.12 所示。

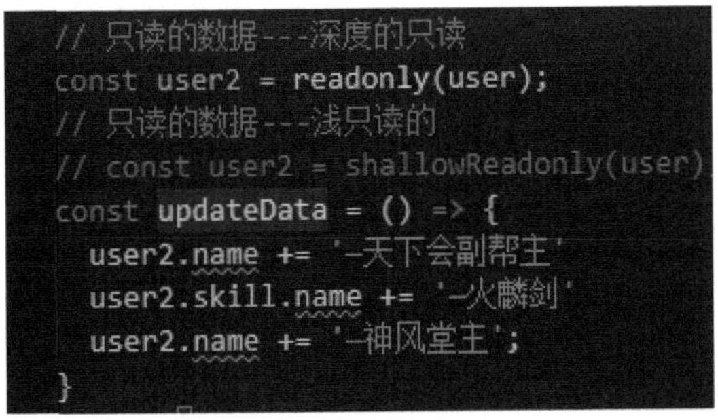

```
// 只读的数据---深度的只读
const user2 = readonly(user);
// 只读的数据---浅只读的
// const user2 = shallowReadonly(user);
const updateData = () => {
  user2.name += '—天下会副帮主'
  user2.skill.name += '—火麟剑'
  user2.name += '—神风堂主';
}
```

图 4.11　运行结果 1

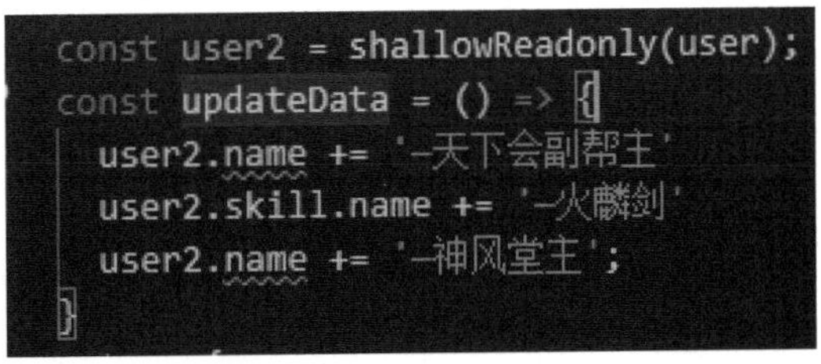

```
const user2 = shallowReadonly(user);
const updateData = () => {
  user2.name += '—天下会副帮主'
  user2.skill.name += '—火麟剑'
  user2.name += '—神风堂主';
}
```

图 4.12　运行结果 2

4.14 toRaw 与 markRaw

toRaw：

① 返回由 reactive 或 readonly 方法转换成响应式代理的普通对象。

② 这是一个还原方法，可用于临时读取，访问不会被代理/跟踪，写入时也不会触发界面更新。

markRaw：标记一个对象，使其永远不会转换为代理，而是返回对象本身。

应用场景：

① 有些值不应被设置为响应式的，例如复杂的第三方类实例或 Vue 组件对象。

② 当渲染具有不可变数据源的大列表时，跳过代理转换可以提高性能。

新建文件“views/ ToRawDemo. vue”，代码如下：

```
<template>
  <h3>用户：{{ user }}</h3>
  <button @click="testToRaw">测试 toRaw</button>
  <button @click="testMarkRaw">测试 markRaw</button>
</template>
<script lang="ts">
import { defineComponent, markRaw, reactive, toRaw } from 'vue'
interface UserInfo {
  name: string;
  age: number;
  skills?: string[];
}
export default defineComponent({
  name: 'App',
  setup() {
    const user = reactive<UserInfo>({
      name: '万里云',
      age: 30,
    });
    const testToRaw = () => {
      // 把代理对象变成了普通对象了，数据变化，界面不变化
      const newUser = toRaw(user)
      newUser.name = '云飞扬';
    }
    const testMarkRaw = () => {
      user.skills = ['天蚕功', '天蚕再变'];
      console.log(user);
      const skills = ['天蚕功', '天蚕再变']
      // markRaw 标记的对象数据，从此以后都不能再成为代理对象了
```

```
        user.skills = markRaw(skills)
        setTimeout(() => {
          if (user.skills) {
            user.skills[0] = '武当梯云纵';
            console.log('延时执行');
          }
        },1000)
      }
      return {
        user,
        testToRaw,
        testMarkRaw,
      }
    },
})
</script>
```

运行结果如图 4.13 所示。

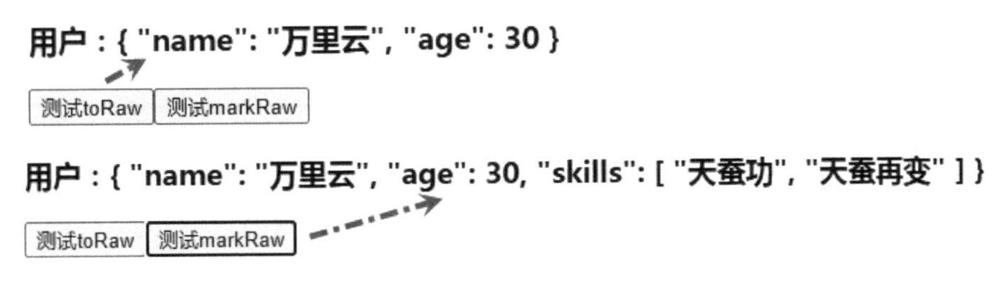

图 4.13　运行结果

4.15 toRef

为原响应式对象上的某个属性创建一个 ref 对象，二者内部操作的是同一个数据值，更新时二者是同步的。

ref：拷贝了一份新的数据值单独操作，更新时相互不影响。

应用：当要将某个 prop 的 ref 传递给复合函数时，toRef 很有用。

新建子组件“views/ to-ref-demo/Child. vue”，代码如下：

```
<template>
  <h2>Child 子组件</h2>
  <h3>名字：{{ name }}，名字长度：{{ length }}</h3>
</template>
<script lang="ts">
import { defineComponent, computed, Ref, toRef } from 'vue'
```

```
function useGetLength(name: Ref) {
  return computed(() => {
    return name.value.length
  })
}
export default defineComponent({
  name: 'Child',
  props: {
    name: {
      type: String,
      required: true, // 必须的
    },
  },
  setup(props) {
    const length = useGetLength(toRef(props, 'name'))
    return {
      length,
    }
  },
})
</script>
```

新建文件“views/ to-ref-demo/index. vue”,代码如下：

```
<template>
  <h3>user:{{ user }}</h3>
  <h3>name:{{ name }},skill:{{ skill }}</h3>
  <hr />
  <button @click="updateData">更新数据</button>
  <hr />
  <Child :name="name" />
</template>
<script lang="ts">
import { defineComponent, reactive, toRef, ref } from "vue";
import Child from "./Child.vue";
export default defineComponent({
  components: {
    Child,
  },
  setup() {
    const user = reactive({
      name: "温客行",
      skill: "鬼谷武学",
    });
    // 把响应式数据 user 对象中的某个属性 name 变成了 ref 对象了
    const name = toRef(user, "name");
    // 把响应式对象中的某个属性使用 ref 进行包装,变成了一个 ref 对象
    const skill = ref(user.skill);
```

```
      console.log(name, skill);
      // 更新数据
      const updateData = () => {
        // user.name = "甄衍";
        name.value = "甄衍";
        skill.value = "六合心法";
      };
      return {
        user,
        name,
        skill,
        updateData,
      };
    },
  });
  </script>
```

单击“更新数据”按钮前，如图 4.14 所示。单击“更新数据”按钮后，如图 4.15 所示。

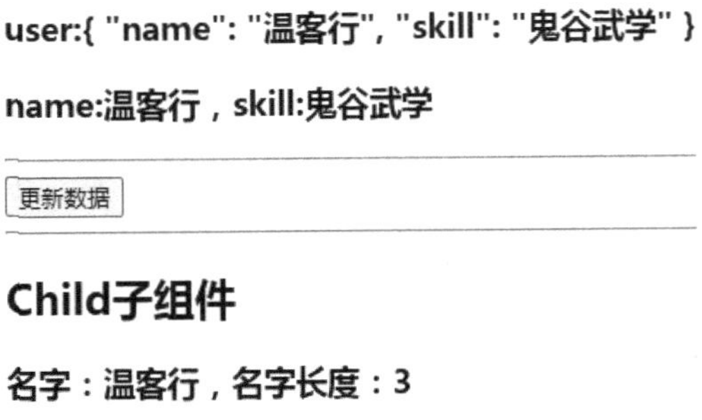

user:{ "name": "温客行", "skill": "鬼谷武学" }

name:温客行，skill:鬼谷武学

更新数据

Child子组件

名字：温客行，名字长度：3

图 4.14　更新前数据

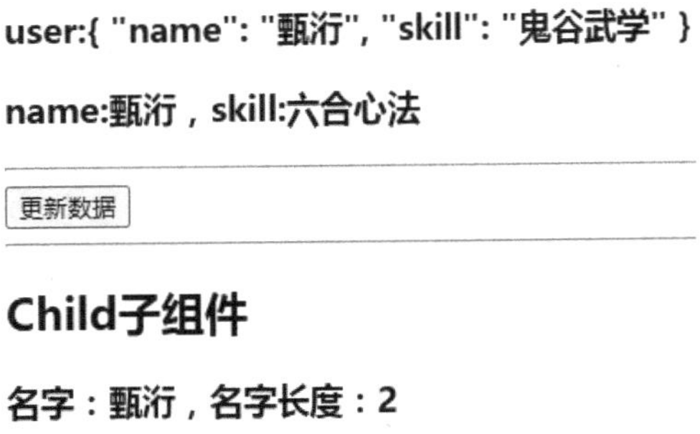

user:{ "name": "甄衍", "skill": "鬼谷武学" }

name:甄衍，skill:六合心法

更新数据

Child子组件

名字：甄衍，名字长度：2

图 4.15　更新后数据

4.16 unRef

如果参数是 ref 属性，则返回它的值，否则返回本身，示例代码如下：

```
const StateValue = ref("打针很疼,你先忍一下");
const resVal = unRef(stateValue);
```

4.17 customRef

customRef 用于创建一个自定义的 ref 对象，可以显式地控制其依赖跟踪和触发响应。

customRef 方法接收两个参数，分别是用于追踪的 track 与用于触发响应的 trigger，并返回一个带有 get 和 set 属性的对象。

需求：使用 customRef 实现防抖(debounce) 的示例。

新建文件“views/CustomRefDemo.vue”，代码如下：

```
<template>
  <p>{{ keyword }}</p>
  <input type="text" v-model="keyword" />
</template>
<script lang="ts">
import { customRef, defineComponent } from 'vue'
//自定义 hook 防抖的函数
// value 传入的数据，将来数据的类型不确定，所以采用泛型；delay 表示防抖的间隔时间，默认设置为
300 毫秒
function useDebouncedRef<T>(value: T, delay = 300) {
  // 准备一个存储定时器的 id 的变量
  let timeOutId: number
  return customRef((track, trigger) => {
    return {
      // 返回数据
      get() {
        // 告诉 Vue 追踪数据
        track()
        return value
      },
      // 设置数据
      set(newValue: T) {
        // 先清理定时器
        clearTimeout(timeOutId)
        // 开启定时器
        timeOutId = setTimeout(() => {
          value = newValue
          // 告诉 Vue 更新界面
          trigger()
        },delay)
      },
    }
  })
}
export default defineComponent({
  setup() {
    const keyword = useDebouncedRef('天涯客', 500)
    return {
      keyword,
    }
```

```
  },
})
</script>
```

注意：通过 customRef 返回的 ref 对象和正常 ref 对象一样，都是通过 xx. value 修改或读取值。

4.18 provide 与 inject

Vue 的 $ parent 属性可以让子组件访问父组件，但孙组件想要访问祖先组件就比较困难。provide 和 inject 提供依赖注入，功能类似 2. x 的 provide/inject。provide 和 inject 是成对出现的，在主组件中通过 provide 提供数据和方法，在子组件或者孙辈等下级组件中通过 inject 调用主组件提供的数据和方法。

主要作用：实现跨层级组件（祖孙）间通信。

新建孙子组件“views/provide-inject/GrandSon. vue”，代码如下：

```
<template>
  <div>
    孙子：{{grandSonName}}<button @click="doSomehing">行侠仗义</button>
  </div>
</template>
<script lang="ts">
import { defineComponent, inject } from "vue";
export default defineComponent({
  setup() {
    const doSomehing = inject("callBack");
    const grandSonName = inject('grandSonName');
    return { doSomehing,grandSonName };
  },
});
</script>
```

新建儿子组件“views/ provide-inject/Son. vue”，代码如下：

```
<template>
  <div>
    儿子：{{name}}
    <hr/>
    <GrandSon></GrandSon>
  </div>
</template>

<script lang="ts">
```

```
import { defineComponent, inject } from "vue";
import GrandSon from "./GrandSon.vue";
export default defineComponent({
  components: { GrandSon },
  setup() {
    // 注入的操作
    const name = inject("name");
    return { name };
  },
});
</script>
```

新建主组件文件“views/ provide-inject/index.vue”,代码如下：

```
<template>
  <div>
    杨铁心{{message}}
    <button @click="doSomehing">动手</button>
    <hr />
    <Son></Son>
  </div>
</template>

<script lang="ts">
import { defineComponent, ref, provide } from "vue";
import Son from "./Son.vue";

export default defineComponent({
  components: { Son },
  setup() {
    const message = ref<string>("");
    const name = ref<string>("");
    const grandSonName = ref<string>("");
    // 提供数据
    provide("name", name);
    provide("grandSonName", grandSonName);
    //提供方法
    provide("callBack", () => {
      message.value = "得以含笑九泉";
      name.value = "杨康已经死了";
    });
    const doSomehing = () => {
      message.value = "杀了几个金人";
      name.value = "杨康被完颜洪烈带走了";
      grandSonName.value = "杨过出场";
    };
    return { doSomehing, message };
  },
});
</script>
```

依次单击“动手”按钮和“行侠仗义”按钮，最终运行结果如图 4.16 所示。

杨铁心杀了几个金人 [动手]	杨铁心得以含笑九泉 [动手]
儿子：杨康被完颜洪烈带走了	儿子：杨康已经死了
孙子：杨过出场 [行侠仗义]	孙子：杨过出场 [行侠仗义]

图 4.16　运行结果

4.19 响应式数据的判断

isRef：检查一个值是否为一个 ref 对象。

isReactive：检查一个对象是否是由 reactive 方法创建的响应式代理。

isReadonly：检查一个对象是否是由 readonly 方法创建的只读代理。

isProxy：检查一个对象是否是由 reactive 或者 readonly 方法创建的代理。

新建文件“views/IsRefDemo.vue”，代码如下：

```
<script lang="ts">
import { defineComponent,ref,reactive,readonly, isRef,isReactive,isReadonly,isProxy } from'vue'

export default defineComponent({
  setup () {
      // isRef：检查一个值是否为一个 ref 对象
      console.log(isRef(ref({})));//true
      // isReactive：检查一个对象是否是由 reactive 方法创建的响应式代理
      console.log(isReactive(reactive({})));//true
      // isReadonly：检查一个对象是否是由 readonly 方法创建的只读代理
      console.log(isReadonly(readonly({})));//true
      // isProxy：检查一个对象是否是由 reactive 或者 readonly 方法创建的代理
      console.log(isProxy(readonly({})));//true
      console.log(isProxy(reactive({})));//true
      return{}
  }
})
</script>
```

4.20 Option API VS Composition API

Vue2 中只支持 Options API 的方式，Vue3.x 中新增了 Composition API 的方式，主要用来解决 Options API 中存在的一些问题。

4.20.1 Option API 的问题

在传统的 Vue Options API 中,新增或者修改一个需求,就需要分别在 data、methods、computed 里修改,共同处理页面逻辑,由于特定的区域写特定的代码,业务复杂度提高会导致后续维护复杂、复用性不高。每次我们修改代码的时候,需要滚动条反复上下移动。Options API 代码结构如图 4.17 所示。

缺点:一个功能往往需要在不同的 Vue 配置项中定义属性和方法,比较分散,项目小还好,清晰明了,但是一旦项目大起来之后,一个 methods 中可能包含几十个甚至上百个方法,你往往分不清哪个方法对应着哪个功能。

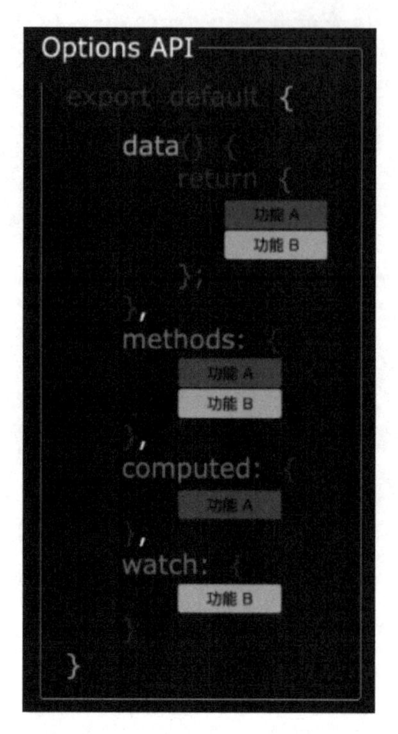

图 4.17 Options API 代码结构

4.20.2 Composition API 的使用

使用 Composition API,我们可以更加优雅地组织我们的代码、函数,让相关功能的代码更加有序地组织在一起,这样一来,即使项目很大,功能很多,我们都能快速地定位到这个功能所用到的所有 API,而不像 Vue2 Options API 中一个功能所用到的 API 都是分散的,需要改动功能时,不得不到处找 API。

Composition API 是根据逻辑相关性组织代码的,可以提高代码的可读性和可维护性。还可以更好地重用逻辑代码(在 Vue2 Options API 中通过 Mixins 的方式重用逻辑代码,容易发生命名冲突且关系不清的问题)。

Composition API 代码结构如图 4.18 所示。

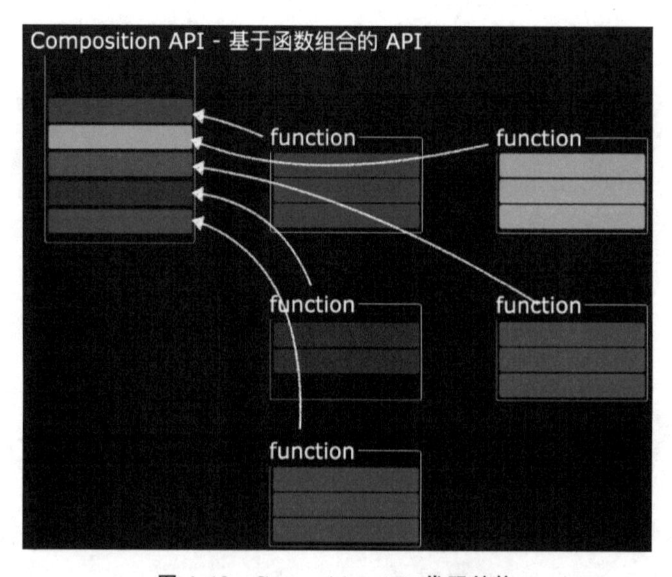

图 4.18 Composition API 代码结构

第5章 Vue3 新组件和新API

本章学习目标

- 掌握 Vue3 新组件 Fragment、Teleport、Suspense 的使用
- 掌握全新的全局 API

5.1 Fragment(片断)

在 Vue2 中，组件必须有一个根标签。在 Vue3 中，组件可以没有根标签，内部会将多个标签包含在一个 Fragment 虚拟元素中，其好处是减少标签层级，减小内存占用。尽管 Fragment 看起来像一个普通的 DOM 元素，但它是虚拟的，根本不会在 DOM 树中呈现。这样我们可以将组件功能绑定到一个单一的元素中，而不需要创建一个多余的 DOM 节点。

代码如下：

```
<template>
  <! --vue2 根标签-->
  <div class = "home">
    <HelloWorld msg = "Welcome to Your Vue.js" />
  </div>
  <! -- vue3 可以不需要根标签-->
  <HelloWorld msg = "Welcome to Your Vue.js" />
</template>
```

5.2 Teleport(瞬移)

Vue3.x 中的组件模板属于该组件自身，有时候我们想把模板的内容移动到当前组件之外的 DOM 中，这个时候就可以使用 Teleport。

以下代码表示 Teleport 包含的内容显示到 body 中：

```
<teleport to = "body">
内容
</teleport>
```

Teleport 提供了一种干净的方法，让组件的 html 在父组件界面外的特定标签(很可能是 body)下插入显示。

需求：利用 Teleport 来开发一个模态框组件。

新建组件文件"components/CModal.vue"，代码如下：

```
<template>
  <! --对话框组件代码-->
  <teleport to = "body">
    <div class = "model-bg"
        v-show = "visible">
      <div class = "modal-content">
        <button class = "close"
                @click = " $ emit('close-model')"> X </button>
        <div class = "model-title">{{title}}</div>
        <div class = "model-body">
          <slot>
            秦皇汉武，略输文采；唐宗宋祖，稍逊风骚。
          </slot>
        </div>
      </div>
    </div>
  </teleport>
</template>
<script lang = "ts">
import { defineComponent } from "vue";
export default defineComponent({
  props: ["title", "visible"],
  setup() {
    return { };
  },
});
</script>
<style lang = "scss" scoped>
.model-bg {
  background: #000;
  opacity: 0.7;
  width: 100 % ;
  height: 100 % ;
  position: absolute;
  top: 0px;
```

```
}
.modal-content {
  width: 600px;
  min-height: 300px;
  border: 1px solid #eee;
  position: absolute;
  top: 50%;
  left: 50%;
  transform: translate(-50%, -50%);
  background: #fff;
  .model-title {
    background: #eee;
    color: #000;
    height: 32px;
    line-height: 32px;
    text-align: center;
  }
  .model-body {
    padding: 40px;
  }
  .close {
    position: absolute;
    right: 10px;
    top: 5px;
    padding: 5px;
    border: none;
    cursor: pointer;
  }
}
</style>
```

页面调用“views/CModalDemo.vue”,代码如下：

```
<template>
  <button @click="isVisible = true">弹出一个模态对话框</button>
  <c-modal :visible="isVisible"
          title="用户详情"
          @close-model="isVisible = false"></c-modal>
</template>
<script lang="ts">
import { defineComponent, ref } from "vue";
import CModal from "../components/CModal.vue";
export default defineComponent({
  components: {
    CModal,
  },
```

```
    setup() {
      const isVisible = ref(false);
      return {
        isVisible,
      };
    },
  });
</script>
```

运行结果如图 5.1 所示。

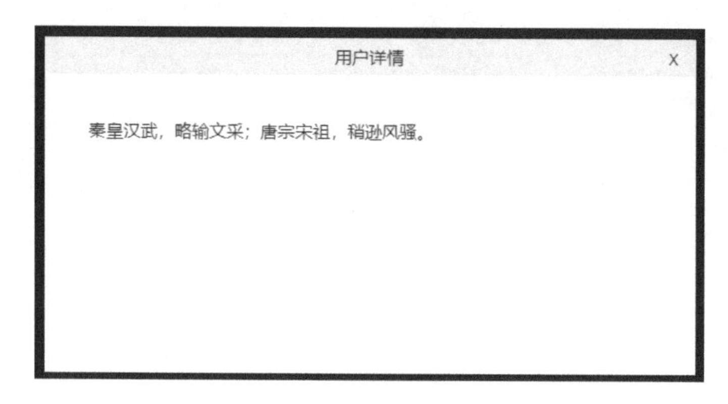

图 5.1 运行结果

5.3 Suspense(不确定的)

Suspense 允许我们的应用程序在等待异步组件时渲染一些后备内容，可以让我们创建一个平滑的用户体验。每当我们希望组件等待数据获取时(通常在异步 API 调用中)，我们都可以使用 Vue3 Composition API 制作异步组件，其主要用于解决异步加载组件问题。

以下是异步组件有用的一些实例：

① 在页面加载之前显示加载动画。

② 显示占位符内容。

③ 处理延迟加载的图像。

以前，在 Vue2 中，必须使用条件(例如 v-if 或 v-else)来检查我们的数据是否已加载并显示后备内容。但是现在，Suspense 随 Vue3 内置了，因此我们不必担心跟踪何时加载数据并呈现相应的内容。

如果我们要在等待组件获取数据并解析时显示“正在拼命加载中…”之类的内容，则只需要三个步骤即可实现 Suspense：

① 将异步组件包装在< template v-slot:default >标记中；

② 在我们的 Async 组件的旁边添加一个兄弟节点，标签为< template v-slot:fallback >；

③ 将两个组件都包装在< suspense >组件中。

新建异步组件“components /AsyncComponent. vue”,代码如下:

```
<template>
  <h2>AsyncComponent 子级组件</h2>
  <h3>{{ msg }}</h3>
</template>
<script lang="ts">
import { defineComponent,ref } from 'vue'
export default defineComponent({
  name: 'AsyncComponent',
  setup() {
    return new Promise((resolve, reject) =>{
      //模拟异步加载数据
      setTimeout(() =>{
        resolve({
          msg:'终于等到你',
        })
      },2000)
    }).then((res:any) =>{
      return {msg:res.msg};
    });
  },
})
</script>
```

界面引入异步组件“views/ SuspenseDemo. vue”,代码如下:

```
<template>
  <Suspense>
    <template v-slot:default>
      <!--异步组件-->
      <AsyncComponent></AsyncComponent>
    </template>
    <template v-slot:fallback>
      <!--loading 的内容-->
      <h2>数据加载中.....</h2>
    </template>
  </Suspense>
</template>
<script lang="ts">
import { defineComponent,defineAsyncComponent } from "vue";
// Vue2 中的动态引入组件的写法(在 Vue3 中这种写法不行)
// const AsyncComponent = () => import("../components/AsyncComponent.vue");
// Vue3 中的动态引入组件的写法
// const AsyncComponent = defineAsyncComponent(
//   () => import('../components/AsyncComponent.vue')
// )
```

```
//静态引入组件
import AsyncComponent from '../components/AsyncComponent.vue';
export default defineComponent({
  components: {
    AsyncComponent,
  },
  setup() {
    return {};
  },
});
</script>
```

说明：组件的引入可以分为静态引入和动态引入。需要注意的是，如果在 Vue3 中采用 Vue2 的动态组件引入方式，浏览器控制台会报如下错误“Uncaught (in promise) TypeError: Failed to execute 'insertBefore' on 'Node': parameter 1 is not of type 'Node'”。

界面初次加载的运行效果如图 5.2 所示。

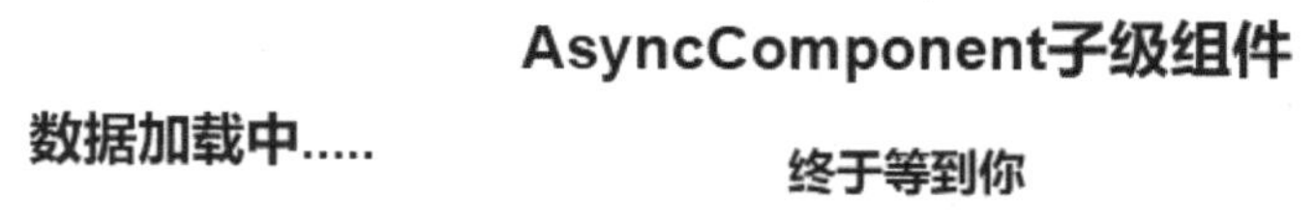

AsyncComponent子级组件

数据加载中.....

终于等到你

图 5.2 运行效果图

当我们开始使用异步组件时，还可以捕获错误并向用户显示一些错误消息。无论调用什么，此钩子函数都会在捕获到任何后代组件的错误时运行。如果出现问题，我们可以将其与 Suspense 一起使用以渲染错误。

继续修改“SuspenseDemo.vue”，代码如下：

```
<div v-if="errMsg">{{ errMsg }}</div>
<Suspense>
......
</Suspense>
import { onErrorCaptured, ref } from "vue";
setup() {
  let errMsg = ref("");
  onErrorCaptured((ex) => {
    errMsg.value = "报错了" + ex;
    return true;
});
  return { errMsg };
},
```

5.4 全新的全局 API

Vue2.x 有许多全局 API 和配置，这些 API 和配置可以全局改变 Vue 的行为。例如，要创建全局组件,可以使用 Vue.component 这样的 API。

虽然这种声明方式很方便,但它也会导致一些问题。从技术上讲,Vue2 没有“app”的概念,我们定义的应用只是通过 new Vue() 创建 Vue 的根实例。从同一个 Vue 构造函数创建的每个根实例共享相同的全局配置,因此存在如下问题:

① 在测试期间,全局配置很容易意外地污染其他测试用例。

② 全局配置使得在同一页面上的多个“app”之间共享同一个 Vue 副本非常困难。

③ 为了避免这些问题,在 Vue3 中我们引入了新的全局 API。

5.4.1 createApp()

Vue3 中调用 createApp 会返回一个应用实例,应用实例会暴露当前全局 API 的子集,经验法则是:把所有全局改变 Vue 行为的 API 都移动到应用实例上。

你可以在 createApp 之后链式调用其他方法(component、config、directive、mixin、mount、provide、unmount、use)。createApp 函数接收一个根组件选项对象作为第一个参数,代码如下:

```
const app = Vue.createApp({
  data() {
    return {
      ...
    }
  },
  methods: {...},
  computed: {...}
  ...
})
```

使用第二个参数,我们可以将根 prop 传递给应用程序,代码如下:

```
const app = Vue.createApp(
  {
    props: ['username']
  },
  {username: '邹哲' }
)
```

Vue3 中 config.productionTip 被移除了,config.ignoredElements 被替换为 config.isCustomElement。引入此配置选项的目的是支持原生自定义元素,因此重命名可以更好地传达它的功能。

```
// before
Vue.config.ignoredElements = ['my-el', /^ion-/]
// after
const app = createApp({});
app.config.isCustomElement = tag => tag.startsWith('ion-')
```

5.4.2 Vue3 优先使用 Proxy

当把一个普通的 JavaScript 对象作为 data 选项传给应用或组件实例的时候，Vue 会使用带有 getter 和 setter 的处理程序遍历其所有 property，并将其转换为 Proxy 。这是 ES6 仅有的特性，但是我们在 Vue3 版本也使用了 Object.defineProperty 来支持 IE 浏览器。虽然两者具有相同的 Surface API，但是 Proxy 版本更精简，同时提升了性能。

Vue3 使用 ES6 的 Proxy 作为其观察者机制，取代之前使用的 Object.defineProperty。在 Vue3 中，Proxy 会被优先使用，只有浏览器不支持 Proxy 时才使用 Object.defineProperty。

1. Object.defineProperty 存在的问题

Object.defineProperty 只能劫持对象的属性，而 Proxy 是直接代理对象。由于 Object.defineProperty 只能对属性进行劫持，故需要遍历对象的每个属性，如果属性值也是对象，则需要深度遍历。而 Proxy 直接代理对象，不需要遍历操作。

Object.defineProperty 无法监控到数组下标的变化，因此直接通过数组的下标给数组设置值时，不能实时响应。为了解决这个问题，经过 Vue 内部处理后可以使用以下几种方法来监听数组：push()、pop()、shift()、unshift()、splice()、sort()、reverse()。

由于只针对了以上 7 种方法进行了处理，故其他数组的属性是检测不到的，这样会存在一定的局限性。

Object.defineProperty 对新增属性需要手动进行 Observe。由于 Object.defineProperty 劫持的是对象的属性，故新增属性时，需要重新遍历对象，对其新增属性再使用 Object.defineProperty 进行劫持。也正因如此，使用 Vue 给 data 中的数组或对象新增属性时，需要使用 vm.$set 才能保证新增的属性也是响应式的。

2. Proxy 的优点

.什么是 Proxy? Proxy 是 ES6 中新增的一个特性，翻译过来的意思是"代理"，即表示由它来“代理”某些操作。Proxy 让我们能够以简洁易懂的方式控制外部对象的访问，其功能非常类似于设计模式中的代理模式。Proxy 可以理解成，在目标对象之前架设一层“拦截”，外界对该对象进行访问，都必须先通过这层拦截，因此提供了一种可以对外界的访问进行过滤和改写的机制。

Proxy 有如下两个优点：

① 可以劫持整个对象，并返回一个新对象。

② Proxy 支持 13 种拦截操作：

get(target, propKey, receiver)：拦截对象属性的读取，比如 proxy.foo 和 proxy['foo']。

set(target, propKey, value, receiver)：拦截对象属性的设置，比如 proxy.foo = v 或 proxy['foo'] = v，返回一个布尔值。

has(target, propKey)：拦截 propKey in proxy 的操作，返回一个布尔值。

deleteProperty(target, propKey)：拦截 delete proxy[propKey] 的操作，返回一个布尔值。

ownKeys(target)：拦截 Object.getOwnPropertyNames(proxy)、Object.getOwnPropertySymbols(proxy)、Object.keys(proxy)、for...in 循环，返回一个数组。该方法返回目标对象所有自身

的属性的属性名，而 Object. keys() 的返回结果仅包括目标对象自身的可遍历属性。

getOwnPropertyDescriptor(target, propKey)：拦截 Object. getOwnPropertyDescriptor(proxy, propKey)，返回属性的描述对象。

defineProperty(target, propKey, propDesc)：拦截 Object. defineProperty(proxy, propKey, propDesc)、Object. defineProperties(proxy, propDescs)，返回一个布尔值。

preventExtensions(target)：拦截 Object. preventExtensions(proxy)，返回一个布尔值。

getPrototypeOf(target)：拦截 Object. getPrototypeOf(proxy)，返回一个对象。

isExtensible(target)：拦截 Object. isExtensible(proxy)，返回一个布尔值。

setPrototypeOf(target, proto)：拦截 Object. setPrototypeOf(proxy, proto)，返回一个布尔值。如果目标对象是函数，那么还有两种额外操作可以拦截。

apply(target, object, args)：拦截 Proxy 实例作为函数调用的操作，比如 proxy(... args)、proxy. call(object, ... args)、proxy. apply(...)。

construct(target, args)：拦截 Proxy 实例作为构造函数调用的操作，比如 new proxy (... args)。

5.4.3 defineComponent 和 defineAsyncComponent

defineComponent 用于定义组件，只返回传递给它的对象，它只是对 setup 函数进行封装，返回 options 的对象。defineComponent 最重要的功能是：在 TypeScript 下，给予了组件正确的参数类型推断。

Vue2. x 中：

```
export default {
  name: "async-components",
};
```

Vue3. x 中：

```
import { defineComponent } from "vue";
export default defineComponent({
  name: "async-components",
});
```

defineAsyncComponent 用于定义异步组件，可以接受一个加载器函数，该函数将承诺解析返回给实际的组件。如果解析后的值是 ES 模块，则模块的默认导出将自动用作组件。

在 Vue3. x 中，异步组件的使用跟 Vue2. x 不同，其变化主要有：

① 异步组件声明方法的改变。Vue3 新增了一个辅助函数 defineAsyncComponent 用来显示声明异步组件。

② 异步组件高级声明方法中的 component 选项更名为 loader。

③ loader 绑定的组件加载函数不再接收 resolve 和 reject 参数，而且必须返回一个 Promise。

components/AsyncComponentDemo. vue 代码如下：

```
<template>
  <div>
    这是异步组件
  </div>
</template>
<script>
export default {};
</script>
```

Views/defineAsyncComponentDemo.vue 代码如下：

```
<template>
  <div>
    我
    <AsyncComponent></AsyncComponent>
  </div>
</template>
<script>
import { defineAsyncComponent } from "vue";
const AsyncComponent = defineAsyncComponent(() =>
  import("@/components/AsyncComponentDemo.vue")
);
export default {
  name: "async-components",
  components: {
    'AsyncComponent': AsyncComponent,
  },
};
</script>
```

运行结果如下：

我
这是异步组件

对于基本用法，defineAsyncComponent 可以接受一个返回 Promise 的工厂函数。Promise 的 resolve 回调应该在服务端返回组件定义后被调用。你也可以调用 reject(reason) 来表示加载失败。

```
//#region 全局注册
import { defineAsyncComponent } from 'vue'
const AsyncComp = defineAsyncComponent(() =>
  import('./components/AsyncComponent.vue')
)
app.component('async-component', AsyncComp)
//#endregion
```

当使用局部注册时，你也可以直接提供一个返回 Promise 的函数：

```
//#region 局部注册
import { createApp, defineAsyncComponent } from 'vue'
createApp({
  // ...
  components: {
    AsyncComponent: defineAsyncComponent(() =>
      import('./components/AsyncComponent.vue')
    )
  }
})
//#endregion
```

对于高阶用法，defineAsyncComponent 可以接受一个对象，defineAsyncComponent 方法还可以返回以下格式的对象：

```
import { defineAsyncComponent } from 'vue'
const AsyncComp = defineAsyncComponent({
  // 工厂函数
  loader: () => import('./Foo.vue'),
  // 加载异步组件时要使用的组件
  loadingComponent: LoadingComponent,
  // 加载失败时要使用的组件
  errorComponent: ErrorComponent,
  // 在显示 loadingComponent 之前的延迟 | 默认值:200(单位 ms)
  delay: 200,
  // 如果提供了 timeout ,并且加载组件的时间超过了设定值,将显示错误组件
  // 默认值:Infinity(即永不超时,单位 ms)
  timeout: 3000,
  // 定义组件是否可挂起 | 默认值:true
  suspensible: false,
  /**
   *
   * @param {*} error 错误信息对象
   * @param {*} retry 一个函数,用于指示当 promise 加载器 reject 时,加载器是否应该重试
   * @param {*} fail  一个函数,指示加载程序结束退出
   * @param {*} attempts 允许的最大重试次数
   */
  onError(error, retry, fail, attempts) {
    if (error.message.match(/fetch/) && attempts <= 3) {
      // 请求发生错误时重试,最多可尝试 3 次
      retry()
    }else {
      // 注意,retry/fail 就像 promise 的 resolve/reject 一样:
      // 必须调用其中一个才能继续错误处理
      fail()
    }
  }
})
```

5.4.4 nextTick()

Vue 实现响应式并不是指在数据发生变化之后 DOM 立即变化，而是指按一定的策略进行 DOM 的更新。

异步执行的运行机制如下：

① 所有同步任务都在主线程上执行，形成一个“执行栈”(execution context stack)。

② 主线程之外还存在一个"任务队列"(task queue)。只要异步任务有了运行结果，就在“任务队列”之中放置一个事件。

③ 一旦"执行栈"中的所有同步任务执行完毕，系统就会读取"任务队列"，看看里面有哪些事件。对应的那些异步任务则结束等待状态，进入“执行栈”开始执行。

④ 主线程不断重复上面的第 3 步。

想要了解 vue. nextTick 的执行机制，得先来了解一下 JavaScript 的事件循环。

JS 事件循环：JS 的任务队列分为同步任务和异步任务，所有的同步任务都是在主线程中执行的。而异步任务可能会在 macrotask(宏任务) 或者 microtask(微任务) 里面，异步任务进入 Event Table (事件表)并注册函数，当指定的事情完成时，Event Table 会将这个函数移入 Event Queue(事件队列)。主线程内的任务执行完毕，会去 Event Queue 读取对应的函数，进入主线程执行。上述过程会不断重复，也就是常说的 Event Loop(事件循环)。

1. macro-task(宏任务)

每次执行栈执行的代码就是一个宏任务(包括每次从事件队列中获取一个事件回调，并放到执行栈中执行)。浏览器为了使得 JS 内部 macro - task 与 DOM 任务能够有序执行，会在一个 macro - task 执行结束后，在下一个 macro - task 执行开始前，对页面进行重新渲染。宏任务主要包含：

① script(整体代码)；

② setTimeout / setInterval；

③ setImmediate(Node. js 环境)；

④ I/O；

⑤ UI render；

⑥ postMessage；

⑦ MessageChannel。

2. micro-task(微任务)

micro-task(微任务)可以理解为在当前 task 执行结束后立即执行的任务。也就是说，在当前 task 任务后，下一个 task 之前，即渲染之前。所以它的响应速度相比 setTimeout (setTimeout 是 task)会更快，因为无须等渲染。也就是说，在某一个 macro - task 执行完后，在它执行期间产生的所有 micro - task 都会执行完毕(在渲染前)。微任务主要包含：

① process. nextTick(Node. js 环境)；

② Promise；

③ Async/Await；

④ MutationObserver(html5 新特性)。

事件执行顺序：

① 先执行主线程。

② 遇到宏队列，将其放到宏队列(macro - task)。

③ 遇到微队列，将其放到微队列(micro - task)。

④ 主线程执行完毕。

⑤ 执行微队列(micro - task)，微队列(micro - task)执行完毕。

⑥ 执行一次宏队列(macro - task)中的一个任务，执行完毕。

⑦ 执行微队列(micro - task)，执行完毕。

⑧ 依次循环。

JS 异步、事件循环和任务队列的关系如图 5.3 所示。

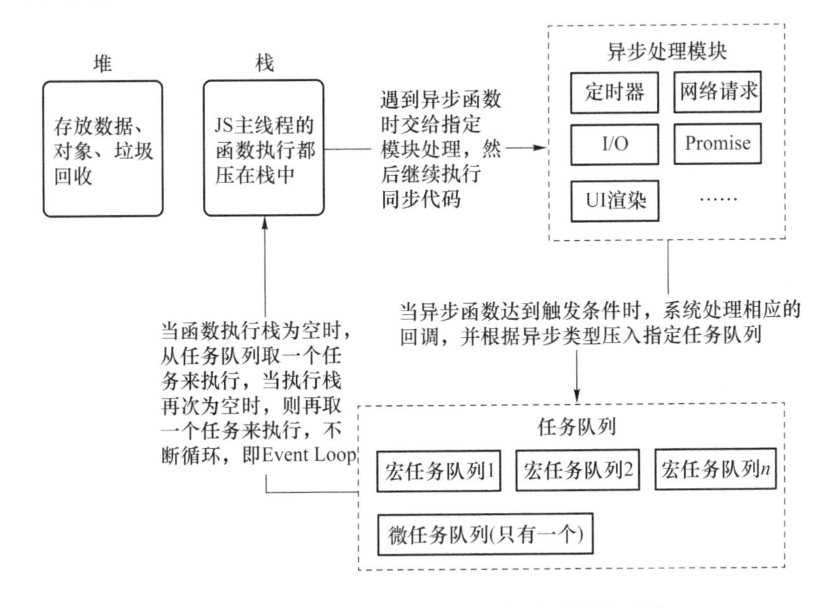

图 5.3 JS 异步、事件循环和任务队列的关系图

nextTick 涉及 Vue 中 DOM 的异步更新，在 Vue2 中的 Vue.nextTick，在 Vue3 中使用时必须显示引入，示例代码如下：

```
import { nextTick } from 'vue'
nextTick(() => {
  // 一些和 DOM 有关的东西
})
```

Vue 异步执行 DOM 更新，只要观察到数据变化，Vue 将开启一个队列，并缓冲同一事件循环中发生的所有数据改变。如果同一个 watcher 被多次触发，只会被推入到队列中一次。在缓冲时去除重复数据对于避免不必要的计算和 DOM 操作非常重要。然后，在下一个事件循环操作中，Vue 刷新队列并执行实际（已去重的）工作。Vue 在内部尝试对异步队列使用原生的 Promise.then 和 MessageChannel，如果执行环境不支持，会采用 setTimeout(fn, 0)代替。

Vue中组件数据更新时，该组件不会立即重新渲染。当刷新队列时，组件会在事件循环队列清空时执行下一次循环操作更新。多数情况我们不需要关心这个过程，但是如果你想在DOM状态更新后做点什么，这就可能会有些棘手。虽然Vue.js通常鼓励开发人员沿着"数据驱动"的方式思考，避免直接接触DOM，但是有时我们确实必须这么做。为了在数据变化之后等待Vue完成更新DOM，可以在数据变化之后立即使用Vue.nextTick(callback)。

应用示例：单击按钮获取元素宽度。

新建文件"views/NextTickDemo.vue"，代码如下：

```
<template>
  <p ref="myWidth" v-if="showMe">{{ offsetWidth }}</p>
  <button @click="getMyWidth">获取 p 元素宽度</button>
</template>

<script lang="ts">
import { defineComponent, ref, nextTick } from "vue";
export default defineComponent({
  setup() {
    let showMe: any = ref(true);
    let offsetWidth:any = ref(0);
    let myWidth = ref();
    const getMyWidth = function() {
      // offsetWidth = myWidth.value.offsetWidth; //报错 TypeError: Cannot read property '
offsetWidth' of undefined
        nextTick(() => {
          //DOM 元素更新后执行，此时能拿到 p 元素的属性
          offsetWidth.value = myWidth.value.offsetWidth;
        });
    };
    return { showMe, getMyWidth, offsetWidth, myWidth };
  },
});
</script>
```

运行结果如图5.4所示。

1904

获取p元素宽度

图5.4 运行结果

5.5 将原来的全局 API 转移到应用对象

在 Vue3 中，将原来的全局 API 转移到了 Vue 对象上。以下对象都由原来的 Vue.[方法名]改为了 createApp(App).[方法名]：

① app. component()。

② app. config()。

③ app. directive()。

④ app. mount()。

⑤ app. unmount()。

⑥ app. use()。

注意：const app= createApp(App)。

5.6 模板语法变化

Vue3 中的 v-model 发生了本质变化，假设属性名为 modelValue。

属性 prop：value -> modelValue；

事件 event：input -> update：modelValue；

. sync 修改符已移除，由 v-model 代替。

1. Vue2 中的 v-model

Vue2 中的 v-model 存在一个问题，那就是传递下去的必须是 value 值，接收的也必须是 input 事件。事实上，并不是所有的元素都适合传递 value，比如< input type="checkbox">，当 type 属性的值为 checkbox 时，实际上是 checked 这个属性的值用来表示是否被选中，而 value 值是另外的含义。而且有些时候，一些组件并不是通过 input 来触发事件。也就是说 value 和 input 事件在大多数情况下能够适用，但是 value 存在另外的含义，不能使用 input 触发事件时，就不能使用 v-model 进行简写了。为了解决这个问题，Vue2.2 中引入了 model 组件选项。

示例 diam：

```
<Child v-model = "title" value = "例无虚发" />
<! -- 相当于 -->
<Child
  :checked = "title"
  @change = "
    (val) => {
      title = val;
    }
  "
```

```
  value = "例无虚发"
>
</Child>
```

子组件代码如下：

```
export default {
  model: {
    prop: "checked", // v-model 绑定的属性名称
    event: "change", // v-model 绑定的事件
  },
  props: {
    value: String, // value 跟 v-model 无关
    // checked 是跟 v-model 绑定的属性
    checked: {
      type: Number,
      default: 0
    }
  },
  methods: {
    onChange (val) {
      this.$emit('change', val);
    }
  }
}
```

2. Vue3 中的 v-model

Vue2.x 中 v-model 的主要问题在于 value 和 input 事件可能另有他用，而 Vue3 中就解决了这个问题，v-model 绑定的不再是 value，而是 modelValue，接收的方法也不再是 input，而是 update:modelValue。代码如下：

```
<!-- vue3 -->
<Vue3Child v-model = "title" />
<!-- 相当于 -->
<Vue3Child:modelValue = "title" @update:modelValue = "title = $event"/>
```

Vue3Child.vue 代码如下：

```
<template>
  <input type = "text" :value = "modelValue" @input = "updateValue" />
</template>
<script lang = "ts">
import { defineComponent } from "vue";
export default defineComponent({
  name: "ValidateInput",
  props: {
    modelValue: String, // v-model 绑定的属性值
```

```
  },
  setup(props, context) {
    const updateValue = (e: KeyboardEvent) => {
      if (e.target) {
        context.emit("update:modelValue", (e.target as HTMLTextAreaElement).value); // 传递的
方法
      }
    };
    return {
      updateValue,
    };
  },
});
</script>
<style scoped>
</style>
```

3. 更换 v-model 的参数

Vue3 中使用了 modelValue 来替代 value，但是 modelValue 不太具备可读性，在子组件的 props 中看到它后也不清楚是什么。因此，我们希望能够更加见名知意。可以通过：xx 传递参数 xx，更改名称。

使用方式如下：

```
<Vue3Child v-model:title="title" />
```

在子组件中，可以使用 title 代替 modelValue，代码如下：

```
  {{title}}
<input type="text" :value="title" @input="updateValue" />
props: {
    title: String, // title 替代了 modelValue
  },
  setup(props, context) {
    const updateValue = (e: KeyboardEvent) => {
      if (e.target) {
        context.emit(
          "update:title",
          (e.target as HTMLTextAreaElement).value
        );// 传递的方法
      }
    };
    return {
      updateValue,
    };
```

5.7 v-if 与 v-for 的优先级对比

Vue.js 中使用最多的两个指令就是 v-if 和 v-for，因此开发者们可能会想要同时使用它们。虽然不建议这样做，但有时确是难以避免的。为了避免 v-if 和 v-for 在同一个 DOM 标签上使用，很多时候我们都通过在最外层添加一个 template 空标签，并在这个标签上使用 v-if，然后在 template 中再包裹 v-for 的内容。

2.x 版本中在一个元素上同时使用 v-if 和 v-for 时，v-for 会优先作用。3.x 版本中 v-if 总是优先于 v-for 生效。

新建文件“views/ VIfVElse.vue”，代码如下：

```
<template>
  <h3>人生三大恨</h3>
  <dd v-if="show" v-for="(item,index) in list" :key="index">{{item}}</dd>
</template>
<script lang="ts">
import { defineComponent,readonly,ref } from 'vue'
export default defineComponent({
    setup () {
        const list = readonly(['一恨鲫鱼多刺','二恨海棠无香','三恨红楼未完 ']);
        const show = ref(false);
        return {list,show}
    }
})
</script>
<style scoped>
</style>
```

当 v-if 和 v-for 使用在同一元素节点上时，Eslint 代码检查会出现如下错误提示：

```
[eslint-plugin-vue]
[vue/no-use-v-if-with-v-for]
This 'v-if' should be moved to the wrapper element
```

为了演示 v-if 和 v-for 的优先级，我们要先关闭这一项的 Eslint 语法检查。

在.eslintrc.js 文件中添加如下配置项：

```
rules: {
  'vue/no-use-v-if-with-v-for':'off'
}
```

然后执行 yarn serve 重新运行项目，界面运行结果如图 5.5 所示。

人生三大恨

图 5.5 运行结果

5.8 示例项目:todoList

本节将通过一个 todoList 示例来演示 Vue3 中的组件化开发的基本操作,其实主要就是实现一个增删改查(CDUR)示例,需要注意的是,这里的查是从 localStorage 中查所有数据,并没有做数据过滤查询。

准备工作:通过 vue create todo-list,创建一个 Vue3 的项目。

5.8.1 示例介绍

todoList 示例项目运行效果如图 5.6 所示。

请输入你的任务名称,按回车键确认

夺取无双城 删除

挑战聂人王

已完成1 / 全部2 清除已完成任务

图 5.6 运行效果

5.8.2 组件拆分

根据组件化设计思想,可以将整个界面拆分为三个模块:Header、List、Footer,然后 List 又可以再细拆分为子组件 Item. vue,如图 5.7 所示。实际上,如果直接把 List 和 Item 合并为一个组件,也是可以的,此处将其进行拆分,只是为了更好地演示多层组件之间的通信而已。

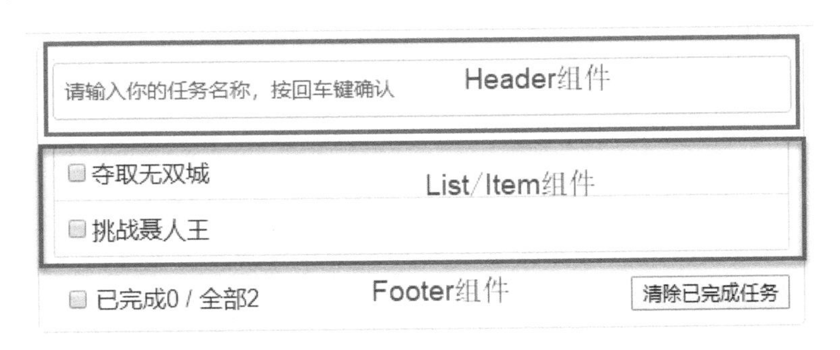

图 5.7 组件拆分

在 components 目录下,依次创建四个 vue 组件:Header. vue、Footer. vue、List. vue、Item. vue。

5.8.3 代码实现

如果你是采用 CMD 命令创建,可以执行如下操作:

```
D:\zouqj\vue3_ts_book\codes\chapter5\todo-list>cd src/components
D:\zouqj\vue3_ts_book\codes\chapter5\todo-list\src\components>cd .>Header.vue
D:\zouqj\vue3_ts_book\codes\chapter5\todo-list\src\components>cd .>Footer.vue
D:\zouqj\vue3_ts_book\codes\chapter5\todo-list\src\components>cd .>List.vue
D:\zouqj\vue3_ts_book\codes\chapter5\todo-list\src\components>cd .>Item.vue
```

注意:cd.>文件名,可以在当前目录下创建空文件。

根据界面分析,我们知道要展示的数据应该至少有两个字段,一个是任务名称 title,一个是标识任务是否完成的 isCompleted,为了方便执行删除操作,我们还可以添加一个唯一标识字段 id。当然,如果在不允许任务名重名的情况下,你也可以把 title 作为唯一标识来用。

新建 src/types/todo.ts,用于存放对象约束相关信息,代码如下:

```
//定义一个接口,约束 state 的数据类型
export interface ITodo {
  id: number, //主键,唯一标识
  title: string, //任务标题
  isCompleted: boolean //是否已完成
}
```

5.8.4 Home.vue 主组件

我们把所有对数据的最终操作都统一放到了 Home.vue 这个主组件当中,代码如下:

```
<template>
  <div class="todo-container">
    <div class="todo-block">
      <Header :addTodo="addTodo" />
      <List :todos="todos"
            :deleteTodo="deleteTodo"
            :updateTodo="updateTodo" />
      <Footer :todos="todos"
              :checkAll="checkAll"
              :clearAllCompletedTodos="clearAllCompletedTodos" />
    </div>
  </div>
</template>
<script lang="ts">
import { defineComponent, reactive, toRefs, watch } from "vue";
//引入相关的子级组件
import Header from "../components/Header.vue";
import List from "../components/List.vue";
import Footer from "../components/Footer.vue";
//引入接口
import { ITodo } from "../types/todo";
import { saveTodos, readTodos } from "../utils/local-storage-utils";
```

```
export default defineComponent({
  name: "Home",
  // 注册组件
  components: {
    Header,
    List,
    Footer,
  },
  // 数据应该用对象数组来存储,数组中的每个数据都是一个对象,对象中应该有三个属性(id,title,
isCompleted)
  setup() {
    // 定义一个数组数据
    const state = reactive<{ todos: ITodo[] }>({
      todos: [],
    });
    //界面一加载马上读取数据
    state.todos = readTodos();
    // 添加数据的方法
    const addTodo = (todo: ITodo) => {
      state.todos.unshift(todo); //添加到顶部
    };
    // 删除数据的方法
    const deleteTodo = (index: number) => {
      state.todos.splice(index, 1);
    };
    // 修改 todo 的 isCompleted 属性的状态
    const updateTodo = (todo: ITodo, isCompleted: boolean) => {
      todo.isCompleted = isCompleted;
    };
    //全选或者全不选
    const checkAll = (isCompleted: boolean) => {
      //遍历数组进行更新
      state.todos.forEach((todo) => {
        todo.isCompleted = isCompleted;
      });
    };
    // 清理所有选中的数据
    const clearAllCompletedTodos = () => {
      state.todos = state.todos.filter((todo) => ! todo.isCompleted);
    };
    // 监视数据变化:如果 todos 数组的数据变化了,直接存储到浏览器的缓存中,删除、添加、更新数
据时都将自动执行这个钩子函数
    watch(() => state.todos, saveTodos, { deep: true });
    return {
      ...toRefs(state),
      addTodo,
```

```
      deleteTodo,
      updateTodo,
      checkAll,
      clearAllCompletedTodos
    };
  },
});
</script>
<style lang="scss" scoped>
.todo-container {
  width: 500px;
  margin: 0 auto; //水平居中
  padding: 10px;
  border: 1px solid #ddd;
  border-radius: 5px;
  .todo-block {
    display: flex;
    flex-wrap: wrap;
  }
}
</style>
```

5.8.5 Header.vue 代码

Header 组件主要用于添加数据,代码如下:

```
<template>
  <div class="todo-header">
    <input type="text"
           placeholder="请输入你的任务名称,按 Enter 键确认"
           v-model="title"
           @keyup.enter="onAdd" />
  </div>
</template>
<script lang="ts">
import { defineComponent, ref } from "vue";
//引入接口
import { ITodo } from "../types/todo";
export default defineComponent({
  name: "Header",
  props: {
    //父组件传递过来的方法
    addTodo: {
      type: Function,
      required: true, //必须
```

```
    },
  },
  setup(props) {
    // 定义一个 ref 类型的数据
    const title = ref("");
    // 回车的事件的回调函数,用来添加数据
    const onAdd = () => {
      // 获取文本框中输入的数据,判断不为空
      const text = title.value;
      if (!text.trim()) return;
      // 此时有数据,则创建一个 todo 对象
      const todo:ITodo = {
        id: Date.now(),
        title: text,
        isCompleted: false,
      };
      // 调用父组件的 addTodo 方法
      props.addTodo(todo);
      // 清空文本框
      title.value = "";
    };
    return {
      title,
      onAdd,
    };
  },
});
</script>
<style lang="scss" scoped>
.todo-header {
  width: 100%;
  input {
    width: calc(100% - 14px);
    height: 28px;
    font-size: 14px;
    border: 1px solid #ccc;
    border-radius: 4px;
    padding: 4px 7px;
    &:focus {
      outline: none;
      border-color: rgba(82, 168, 236, 0.8);
      box-shadow: inset 0 1px 1px rgba(0, 0, 0, 0.075),
        0 0 8px rgba(82, 168, 236, 0.6);
    }
  }
}
</style>
```

5.8.6 Footer.vue代码

Footer组件当中有使用到计算属性来进行数据统计，下面演示一下计算属性的双向绑定使用，代码如下：

```
<template>
  <div class="todo-footer">
    <label>
      <input type="checkbox"
             v-model="isCheckAll" />
    </label>
    <span>
      <span>已完成{{ count }}</span> / 全部{{ todos.length }}
    </span>
    <button class="btn btn-danger"
            @click="clearAllCompletedTodos">
      清除已完成任务
    </button>
  </div>
</template>
<script lang="ts">
import { defineComponent, computed } from "vue";
import { ITodo } from "../types/todo";
export default defineComponent({
  name: "Footer",
  props: {
    todos: {
      type: Array as () => ITodo[],
      required: true,
    },
    checkAll: {
      type: Function,
      required: true,
    },
    clearAllCompletedTodos: {
      type: Function,
      required: true,
    },
  },
  setup(props) {
    // 已完成的计算属性操作
    const count = computed(() => {
      return props.todos.reduce(
        (pre, todo, index) => pre + (todo.isCompleted ? 1 : 0),
        0
```

```
      );
    });
    // 全选/全不选的计算属性操作
    const isCheckAll = computed({
      get() {
        return count.value > 0 && props.todos.length === count.value;
      },
      set(val) {
        props.checkAll(val);
      },
    });
    return {
      count,
      isCheckAll,
    };
  },
});
</script>
<style lang="scss" scoped>
.todo-footer {
  padding-left: 6px;
  display: flex;
  align-items: center;
  width: 100%;
  label {
    display: inline-block;
    cursor: pointer;
    height: 23px;
    line-height: 25px;
    input {
      position: relative;
      top: -1px;
      vertical-align: middle;
      margin-right: 5px;
    }
  }
  button {
    margin-left: auto;
    cursor: pointer;
    &:hover {
      color: lightcoral;
    }
  }
}
</style>
```

5.8.7 List.vue 列表代码

在以下示例当中，List.vue组件基本上是一个打酱油的存在，它仅仅做了一层数据中转而已。

```
<template>
  <ul class="todo-list">
    <Item
      v-for="(todo, index) in todos"
      :key="todo.id"
      :todo="todo"
      :deleteTodo="deleteTodo"
      :updateTodo="updateTodo"
      :index="index"
    />
  </ul>
</template>
<script lang="ts">
import { defineComponent } from 'vue'
//引入子级组件
import Item from './Item.vue'
export default defineComponent({
  name: 'List',
  components: {
    Item,
  },
  props: ['todos', 'deleteTodo', 'updateTodo'],
})
</script>
<style scoped>
.todo-list {
  margin-left: 0px;
  border: 1px solid #ddd;
  border-radius: 2px;
  padding: 0px;
  width: 100%;
}
</style>
```

5.8.8 Item.vue 子组件代码

相对于主组件Home.vue而言，Item.vue相当于是他的孙子组件，在这里，孙子组件是通过props.父组件方法名的方式来调用主组件中的方法的，通过props可以层层向上一级传递。当然，其实我们这里还可以使用provide和inject依赖注入的方式来进行组件通信。

```
<template>
  <li @mouseenter="mouseHandler(true)"
      @mouseleave="mouseHandler(false)"
    >
    <label>
      <input type="checkbox"
             v-model="isComptete" />
      <span>{{ todo.title }}</span>
    </label>
    <button class="btn btn-danger"
            v-show="isShow"
            @click="delTodo">
      删除
    </button>
  </li>
</template>
<script lang="ts">
import { defineComponent, ref, computed } from "vue";
//引入接口
import { ITodo } from "../types/todo";
export default defineComponent({
  name: "Item",
  props: {
    todo: {
      type: Object as () => ITodo, // 函数返回的是 ITodo 类型
      required: true,
    },
    deleteTodo: {
      type: Function,
      required: true,
    },
    index: {
      type: Number,
      required: true,
    },
    updateTodo: {
      type: Function,
      required: true,
    },
  },
  setup(props) {
    // 设置按钮默认不显示
    const isShow = ref(false);
    // 鼠标进入和离开事件的回调函数
    const mouseHandler = (flag: boolean) => {
      if (flag) {
```

```
        // 鼠标进入
        isShow.value = true;
      }else {
        // 鼠标离开
        isShow.value = false;
      }
    };
    // 删除数据的方法
    const delTodo = () => {
      // 提示
      if (window.confirm("确定要删除吗?")) {
        props.deleteTodo(props.index);
      }
    };
    // 计算属性的方式---来让当前的复选框选中/不选中
    const isComptete = computed({
      get() {
        return props.todo.isCompleted;
      },
      set(val) {
        props.updateTodo(props.todo, val);
      },
    });
    return {
      mouseHandler,
      isShow,
      delTodo,
      isComptete,
    };
  },
});
</script>
<style lang="scss" scoped>
li {
  list-style: none;
  height: 36px;
  display: flex;
  align-items: center;
  padding: 0 5px;
  border-bottom: 1px solid #ddd;
  &:hover{
    color:green;
    background-color:lightskyblue;
  }
  label {
    cursor: pointer;
```

```
    display: flex;
    align-items: center;
    li {
      input {
        vertical-align: middle;
        margin-right: 6px;
        position: relative;
        top: -1px;
      }
    }
  }
  button {
    margin-left: auto;//定位到右边
    cursor: pointer;
    &:hover{
      color:lightcoral;
    }
  }
  &:before {
    content: initial;
  }
  &:last-child {
    border-bottom: none;
  }
}
</style>
```

第6章

vue-router 和vuex

本章学习目标

- 掌握 vue-router 的使用
- 掌握 vuex 基础知识
- 掌握在 Composition API 中使用 vuex 的方法

6.1 什么是路由?

如果我们了解 MVC 框架,我们就知道路由属于 Controller(控制器)中的一部分,而 MVC 框架就是通过 URL 地址来对应到不同路由的,这便是我们所指的后端路由。

后端路由:对于普通的网站,所有的超链接都是 URL 地址,所有的 URL 地址都对应服务器上对应的资源。

前端路由:对于单页面应用程序来说,主要通过 URL 中的 hash(#号)来实现不同页面之间的切换,同时,hash 有一个特点:HTTP 请求中不会包含 hash 相关的内容,所以单页面程序中的页面跳转主要用 hash 实现;URL 的改变不会发送新的页面请求,它只在一个页面中跳来跳去,就跟超级链接中的锚点一样。在单页面应用程序中,这种通过改变 hash 来切换页面的方式,称作前端路由(区别于后端路由)。

路由可以让应用程序根据用户输入的不同地址动态挂载不同的组件。

Vue Router 是 Vue.js 官方的路由管理器,它和 Vue.js 的核心深度集成让构建单页面应用变得易如反掌。

6.2 安装 vue-router 的两种方式

1. 直接下载/CDN

vue-router 在线 CDN 地址:https://unpkg.com/vue-router@4。

Unpkg. com 提供了基于 npm 的 CDN 链接。上述链接将始终指向 npm 上的最新版本。你也可以通过像 https://unpkg. com/vue-router@3. 0. 0/dist/vue-router. js 这样的 URL 来使用特定的版本或 tag。

2. 使用 NPM

npm 安装 vue-router：

```
npm install vue-router@4
```

如果我们是采用 vue 脚手架创建的应用，在创建应用的时候就可以选择是否安装 vue-router，并不需要单独安装。

6.3 vue-router 的基本使用

当我们使用 vue 脚手架创建应用的时候，如果我们选择了 vue-router，那么在 App. vue 当中就自动给我们引入了 vue-router，App. vue 代码如下：

```
<template>
  <div id="nav">
    <! --使用 router-link 组件进行导航 -->
    <! --通过传递 'to' 来指定链接 -->
    <! --'<router-link>' 将呈现一个带有正确 'href' 属性的 '<a>' 标签-->
    <router-link to="/">Home</router-link> |
    <router-link to="/about">About</router-link>
  </div>
  <! -- 路由出口 -->
  <! -- 路由匹配到的组件将渲染在这里 -->
  <router-view />
</template>
```

6.3.1 router-link

通过使用一个自定义组件 router-link 来创建链接，可以使得 vue-router 在不重新加载页面的情况下更改 URL，并处理 URL 的生成及编码。

<router-link>组件支持用户在具有路由功能的应用中单击导航。通过 to 属性指定目标地址，默认渲染成带有正确链接的 <a> 标签。

<router-link>比起写死的 <a href="..."> 会更好一些，理由如下：

① 无论是 HTML5 history 模式还是 hash 模式，router-link 的表现行为一致，所以，当你要切换路由模式，或者在 IE9 降级使用 hash 模式，无须做任何变动。

② 在 HTML5 history 模式下，router-link 会守卫点击事件，让浏览器不再重新加载页面。

③ 当在 HTML5 history 模式下使用 base 选项之后，所有的 to 属性都不需要写基路径了。

Vue3 中 base 配置移动了位置，base 配置作为 createWebHistory（其他 history 也一样）的第一个参数传递，代码如下：

```
history: createWebHistory(process.env.BASE_URL),
```

Vue3 中删除了 <router-link> 中的 event 和 tag 属性，你可以使用 v-slot API 来完全定制 <router-link>，router-link 通过一个作用域插槽 v-slot 暴露底层的定制能力。这是一个更高阶的 API，主要面向库作者，但也可以为开发者提供便利，多数情况用在一个类似 NavLink 这样的组件里。

在使用 v-slot API 时，需要向 router-link 传入一个单独的子元素。否则 router-link 将会把子元素包裹在一个 span 元素内，代码如下：

```
    <router-link
      to="/about"
        v-slot="{ href, route, navigate, isActive, isExactActive }"
    >
        <NavLink :active="isActive" :href="href" @click="navigate":class="isExactActive
&& 'router-link-exact-active'"
  >{{
        route.fullPath
      }}</NavLink>
    </router-link>
```

href：解析后的 URL。将会作为一个 a 元素的 href attribute。

route：解析后的规范化的地址。

navigate：触发导航的函数。会在必要时自动阻止事件，和 router-link 同理。

isActive：如果需要应用激活的 class 则为 true。允许应用一个任意的 class。

isExactActive：如果需要应用精确激活的 class 则为 true。允许应用一个任意的 class。

示例：将激活的 class 应用在外层元素。

有的时候我们可能想把激活的 class 应用到一个外部元素而不是 <a> 标签本身，这时你可以在一个 router-link 中包裹该元素并使用 v-slot property 来创建链接：

```
  <router-link
      to="/foo"
      v-slot="{ href, route, navigate, isActive, isExactActive }"
    >
      <li
        :class="[
          isActive && 'router-link-active',
          isExactActive && 'router-link-exact-active',
        ]"
      >
        <a :href="href" @click="navigate">{{ route.fullPath }}</a>
      </li>
    </router-link>
```

6.3.2　设置选中路由高亮

当目标路由成功激活时，链接元素会自动设置一个表示激活的 CSS 类名“router-link-active router-link-exact-active”。App. vue 中的代码如下：

```
<router-link to="/login">Login</router-link>|
```

在浏览器中审查界面元素时，如图 6.1 所示。

```
<!--`<router-link>` 将呈现一个带有正确 `href` 属性的 `<a>` 标签-->
<a href="/login" class="router-link-active router-link-exact-active" aria-current="page">Login</a>
```

图 6.1　在浏览器中审查界面元素

我们可以直接设置以下样式来实现选中路由高亮，在 App. vue 中修改 router-link-exact-active 的样式，代码如下：

```
#nav {
  padding: 30px;
  a {
    font-weight: bold;
    color: #2c3e50;
    &.router-link-exact-active {
      // color: #42b983;
      color: skyblue;
    }
  }
}
```

当然，也可以通过定义 router-link-active 样式的方式来修改。

另一种实现选中路由高亮的方式是利用 router-link 中的 active-class 属性或者 exact-active-class。修改 router/index. ts 中代码如下：

```
const router = createRouter({
  history: createWebHistory(process.env.BASE_URL),
  routes, //'routes: routes'的缩写
  linkActiveClass: 'active',
  linkExactActiveClass:'exact-active'
});
```

此时默认选中的登录，html 代码如下：

```
<a href="/login" class="active exact-active" aria-current="page">Login</a>
```

我们只需要自定义 css 样式 active 和 exact-active 接口。在 App. vue 中定义样式 active：

```
#nav {
  a {
    &.active {
      color: orange;
```

```
      }
    }
  }
```

那么，exact-active-class 和 active-class 的区别是什么呢？

exact-active-class：

默认值："router-link-exact-active"（或者全局 linkExactActiveClass）。

详细内容：链接精准激活时，应用于渲染的 <a> 的 class。

active-class：

默认值："router-link-active"（或者全局 linkActiveClass）。

详细内容：链接激活时，应用于渲染的 <a> 的 class。

6.3.3 router-view

router-view 是 vue-router 提供的元素，专门用来当作占位符的，router-view 将显示与 url 对应的组件。你可以把它放在任何地方，以适应你的布局。它相当于一个占位容器，当我们跳转到 router-link 中指定的路由地址时，路由对应的组件内容会被加载到 router-view 中展示出来。

<router-view> 组件是一个 functional 组件，渲染路径匹配到的视图组件。<router-view> 渲染的组件还可以内嵌自己的 <router-view>，并根据嵌套路径，渲染嵌套组件。因为 <router-view>也是个组件，所以可以配合 <transition> 和 <keep-alive> 使用。如果两个结合在一起用，要确保在内层使用 <keep-alive>，代码如下：

```
<transition>
  <keep-alive>
    <router-view></router-view>
  </keep-alive>
</transition>
```

6.3.4 router/index.ts

router/index.ts 是路由配置的 JS 部分，通常被抽取为一个单独的文件，示例代码如下：

```
import { createRouter, createWebHistory, RouteRecordRaw } from 'vue-rout
er';
// 1.定义路由组件，也可以从其他文件导入
import Home from '../views/Home.vue';
// 2.定义一些路由
//每个路由都需要映射到一个组件。
const routes: Array<RouteRecordRaw> = [
  {
    path: '/',
    name: 'Home',
    component: Home,
```

```
  },
  {
    path: '/about',
    name: 'About',
    //组件懒加载
    component: () => import('../views/About.vue'),
  },
];
// 3.创建路由实例并传递'routes'配置,你可以在这里输入更多的配置
const router = createRouter({
  // 4.内部提供了 history 模式的实现
  history: createWebHistory(process.env.BASE_URL),
  routes, // routes: routes 的缩写
});
export default router;
```

routes:路由匹配规则。每个路由规则都是一个对象,这个规则对象身上有以下两个必需的属性:

① path,表示监听哪个路由链接地址。

② component,表示如果路由是前面匹配到的 path,则展示 component 属性对应的那个组件。

注意:component 的属性值必须是一个组件的模板对象,不能是组件的引用名称。

redirect:路由重定向,它和 Node 中的 redirect 完全是两码事,它表示当浏览器访问根路径的时候自动跳转到指定的组件。

举例说明:假如配置了{ path: '/', redirect: '/login' },当浏览器访问"http://localhost:8080/"时,URL 地址将自动变为"http://localhost:8080/login"。

修改 router/index.ts 中的路由对象:

```
{
  path: '/',
  name: 'Home',
  component: Home,
  redirect:'/login' //页面一加载,默认跳转到 login 组件
},
{
  path: '/login',
  name: 'Login',
  component: () => import('../views/Login.vue'),
},
```

增加登录组件 Login.vue:

```
<template>
  <div>
  这是登录页面
  </div>
```

```
</template>
<script lang="ts">
import { defineComponent } from 'vue'
export default defineComponent({
  setup () {
    return {}
  }
})
</script>
```

运行结果如图 6.2 所示。

图 6.2　运行结果

main.ts 中挂载路由：

```
import router from './router'
// 5.创建并挂载根实例
const app = createApp(App);
app.use(router).mount('#app')
```

通过调用 app.use(router)，我们可以在任意组件中以 this.$router 的形式访问它，并且以 this.$route 的形式访问当前路由。而如果要在 setup 函数中访问路由，请调用 useRouter 或 useRoute 函数，因为在 setup 函数当中是无法调用 this 对象的。app.use(router)将路由规则对象注册到 App 实例上，注册之后就可以监听 URL 地址的变化，然后展示对应的组件。

6.4　路由 HTML5 History 模式和 hash 模式

在创建路由器实例时，history 配置允许我们在不同的历史模式中进行选择。

6.4.1　hash 模式

hash 模式是用 createWebHashHistory()创建的，router/index.ts 代码如下：

```
import {createWebHashHistory} from 'vue-router';
const router = createRouter({
  history:createWebHashHistory(process.env.BASE_URL), //hash 模式
  routes, //'routes: routes'的缩写
});
```

URL 地址格式：http://localhost:8080/#/login，它在内部传递的实际 URL 之前使用了一个哈希字符(#)。由于这部分 URL 从未被发送到服务器，所以它不需要在服务器层面上进行任何特殊处理。不过，它在 SEO 中确实有不好的影响，如果你担心这个问题，可以使用 HTML5 模式。HTML5 History 模式 URL 地址格式：http://localhost:8080/login。

6.4.2 HTML5 History 模式

用 createWebHistory()创建 HTML5 模式，推荐使用模式 router/index.ts，代码如下：

```
import { createRouter, createWebHistory} from 'vue-router';
const router = createRouter({
  //history 模式的实现。
  history: createWebHistory(process.env.BASE_URL),
  routes, // 'routes: routes' 的缩写
});
```

当使用这种历史模式时，URL 会看起来很"正常"，例如 http://localhost:8080/login。不过，问题来了。由于我们的应用是一个单页的客户端应用，如果没有适当的服务器配置，用户在浏览器中直接访问 http://localhost:8080/login，就会得到一个 404 错误。

要解决这个问题，你需要做的就是在你的服务器上添加一个简单的回退路由，即配置伪静态。如果 URL 不匹配任何静态资源，它应提供与你的应用程序中的 index.html 相同的页面。

6.4.3 服务器配置示例

以下示例假定你正在从根目录提供服务，如果把 Vue 项目部署到子目录，则应该使用 Vue CLI 的 publicPath 配置和相关的路由器的 base 属性。另外，还需要调整下面的例子，以使用子目录而不是根目录(例如，将 RewriteBase/替换为 RewriteBase/name-of-your-subfolder/)。

1. Apache

示例代码如下：

```
<IfModule mod_rewrite.c>
  RewriteEngine On
  RewriteBase /
  RewriteRule ^index\.html $ - [L]
  RewriteCond %{REQUEST_FILENAME} !-f
  RewriteCond %{REQUEST_FILENAME} !-d
  RewriteRule . /index.html [L]
</IfModule>
```

也可以使用 FallbackResource 代替 mod_rewrite。

2. nginx

示例代码如下：

```
location / {
  try_files $uri $uri/ /index.html;
}
#
```

3. 原生 Node.js

示例代码如下：

```
const http = require('http')
const fs = require('fs')
const httpPort = 80
http
  .createServer((req, res) => {
    fs.readFile('index.htm', 'utf-8', (err, content) => {
      if (err) {
        console.log('We cannot open "index.htm" file.')
      }
      res.writeHead(200, {
        'Content-Type': 'text/html; charset=utf-8',
      })
      res.end(content)
    })
  })
  .listen(httpPort, () => {
    console.log('Server listening on: http://localhost: %s', httpPort)
  })
```

6.5 带参数的动态路由匹配

很多时候，我们需要将给定匹配模式的路由映射到同一个组件。例如，我们可能有一个User组件，它应该对所有用户进行渲染，但用户name不同。在vue-router中，我们可以在路径中使用一个动态段来实现，我们称之为路径参数。

添加vuews/User.vue，代码如下：

```
<template>
  张君宝喜欢{{$route.params.name}}
  <p>{{name}}喜欢杨过</p>
</template>
<script lang="ts">
import { defineComponent, ref } from "vue";
import { useRoute, useRouter } from "vue-router";
export default defineComponent({
```

```
  setup() {
    const route = useRoute();
    const name = ref<string | string[]>("");
    name.value = route.params.name;
    return { name };
  },
});
</script>
```

注意：在模板中仍然可以访问 $router 和 $route，所以不需要在 setup 中返回 router 或 route。

浏览器地址栏输入：http://localhost:8080/user/郭襄，运行结果如图 6.3 所示。

localhost:8080/user/郭襄

Login | Home | About

张君宝喜欢郭襄

郭襄喜欢杨过

图 6.3　运行结果

配置 router/index.ts：

```
{
  path: '/user/:name',  // 动态段以冒号开始
  name: 'User',
  component: () => import('../views/User.vue'),
},
```

你可以在同一个路由中设置多个路径参数，它们会映射到 $route.params 上的相应字段，如表 6.1 所列。

表 6.1　路由匹配对应表

匹配模式	匹配路径	$route.params
/user/:name	/user/郭襄	{ name: "郭襄"}
/user/:name/age/:age	/user/郭襄/age/16	{ name: "郭襄", age: "16" }

除了 $route.params 之外，$route 对象还公开了其他有用的信息，如 $route.query（如果 URL 中存在参数）、$route.hash 等。

6.6 响应路由参数的变化

使用带有参数的路由时需要注意的是，当用户从"/user/郭襄"导航到"/user/雪鹰"时，相

同的组件实例将被重复使用。因为两个路由都渲染同个组件,比起销毁再创建,复用则显得更加高效。不过,这也意味着组件的生命周期钩子函数不会被调用。

要对同一个组件中参数的变化做出响应的话,你可以简单地 watch $route 对象上的任意属性,在这个场景中,就是 $route.params。

继续修改 User.vue 代码:

```
<template>
  张君宝喜欢{{ $route.params.name }}
  <p>{{name}}喜欢杨过</p>
  <p>{{userData}}</p>
</template>
......
  const userData = ref();
    // 当参数更改时获取用户信息
    watch(
      () => route.params,
      (newParams) => {
        console.log('newParams',newParams);
        userData.value = newParams.name;
      }
    );
    return { name, userData };
```

修改 App.vue,代码如下:

```
<router-link to="/user/郭襄">郭襄</router-link> |
<router-link to="/user/雪鹰">雪鹰</router-link>
```

我们通过单击链接来跳转传参,界面运行结果如图 6.4 所示。

图 6.4 界面运行结果

6.7 捕获所有路由和设置 404 界面

Vue3 中删除了 *(星标或通配符)路由,现在必须使用自定义的 regex 参数来定义所有路由(* 、/ *)。

新建文件 views/error/404.vue,代码如下:

```
<template>
  <div class="wrap">
    <div class="banner">
      <img src="./images/banner.png"
           alt />
    </div>
    <div class="page">
      <h2>很抱歉,没有找到这个页面!</h2>
      <a class="btn back"
          @click.prevent="goBack">
        <i class="fa fa-angle-left"></i>返回上一页
      </a>
    </div>
    <div class="footer">
    </div>
  </div>
</template>
<script lang="ts">
import { defineComponent } from 'vue'
export default defineComponent({
  setup () {
    //返回上一页
    const goBack = () =>{
      window.history.go(-1);
    }
    return {goBack}
  }
})
</script>
<style lang="scss" scoped>
@import './404.scss';
</style>
```

回退方法 go 采用一个整数作为参数,表示在历史堆栈中前进或后退多少步,类似于 window.history.go(n)。代码如下:

```
const router = useRouter();
// 向前移动一条记录,与 router.forward() 相同
router.go(1);
// 返回一条记录,与 router.back() 相同
router.go(-1);
// 前进 3 条记录
router.go(3);
// 如果没有那么多记录,静默失败
router.go(-100);
router.go(100);
```

修改路由配置 router/index.ts，路由数组的最后面添加如下代码：

```
//将匹配所有内容并将其放在'$route.params.pathMatch'下
{path: '/:pathMatch(.*)*', name: '404', component: () => import('../views/error/404.vue') },
```

因为路由匹配的顺序是从上至下，一旦找到了匹配的组件页面，就会加载组件，并结束继续匹配。

当展示 404 界面的时候，我们希望隐藏导航菜单，所以可以在 App.vue 中修改代码：

```
<div id="nav" v-if="$route.name! ='404'">
```

说明：实际开发中，我们通常会把登录后跳转到的组件界面当作仪表盘，在仪表盘或者网站首页中统一进行菜单导航，而不会把导航相关的组件直接在入口组件 App.vue 当中引入。

然后，尝试在浏览器地址栏输入一个不存在的路由地址，例如：http://localhost:8080/user1，运行结果如图 6.5 所示。

图 6.5　运行结果

6.8 vue-router 中编程式导航

在网页中，有以下两种界面跳转方式：

① 使用 a 标签的形式，叫作标签跳转。

② 使用 window.location.href 或者 this.$router.push({})的形式，叫作编程式导航。

在前面的示例中我们都是通过使用 <router-link> 创建 a 标签来定义导航链接的，我们还可以借助 router 的实例方法，通过编写代码来实现：

```
const router = useRouter();
// 字符串
```

```
router.push("/book");
// 对象
router.push({ path: "/book" });
// 命名的路由
router.push({ name: "book", params: { bookId: 1 } });
// 带查询参数,变成 /book? id=1
router.push({ path: "book", query: { id: 1 } });
// 带 hash,结果是 /book#vue
router.push({ path: "/book", hash: "#vue" });
```

如果提供了 path,params 但被忽略了(上述例子中的 query 并不属于这种情况),取而代之的是下面例子的做法,你需要提供路由的 name 或手写完整的带有参数的 path:

```
const bookId = 1;
router.push({ name: "book", params: { bookId } }); // -> /book/1
router.push({ path: `/book/${bookId}` }); // -> /book/1
// 这里的 params 不生效
router.push({ path: "/book", params: { bookId } }); // -> /book
```

因为属性 to 与 router.push 接受的对象种类相同,所以两者的规则完全相同。

6.9 路由传参 query¶ms

路由传参通常有 query 和 params 两种方式。不管是哪一种方式,传参都是通过修改 URL 地址来实现的,路由对 URL 参数进行解析即可获取相应的参数。

6.9.1 query

使用查询字符串给路由传递参数,App.vue 中代码如下:

```
<router-link to="/login?name=yujie&pwd=123">登录</router-link>
```

通过 $route.query 来获取路由中的参数,Login.vue 中代码如下:

```
<template>
  这是登录页面
  <h3>登录组件---{{ $route.query.name }} --- {{ $route.query.pwd }}</h3>
</template>
```

运行界面如图 6.6 所示。

我们在控制台把这个 $route 对象打印出来:

```
created(){
    console.log(this.$route);
},
```

localhost:8080/login?name=yujie&pwd=123 ☆

Login | Home | About | 郭襄 | 雪鹰 | 登录

这是登录页面

登录组件---yujie --- 123

图 6.6　运行界面

如图 6.7 所示，我们可以看到，路由自动把 URL 中传递的参数名称和值给解析到了 $ route 对象的 query 属性对象中：

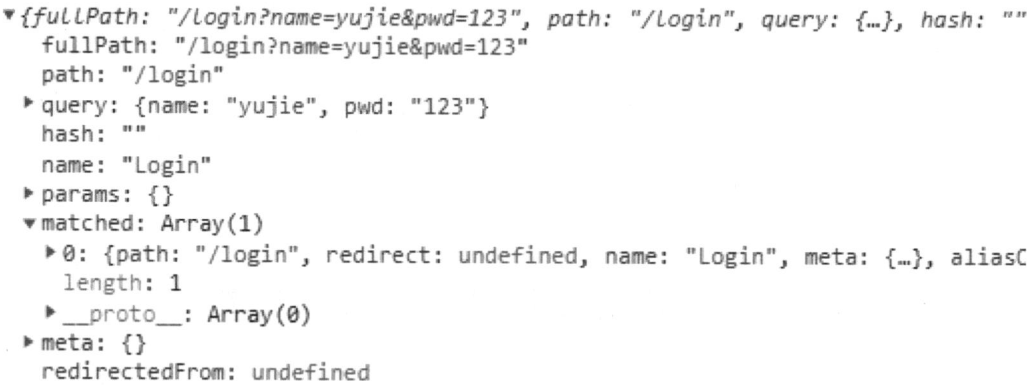

```
▼{fullPath: "/login?name=yujie&pwd=123", path: "/login", query: {…}, hash: ""
   fullPath: "/login?name=yujie&pwd=123"
   path: "/login"
  ▶query: {name: "yujie", pwd: "123"}
   hash: ""
   name: "Login"
  ▶params: {}
  ▼matched: Array(1)
    ▶0: {path: "/login", redirect: undefined, name: "Login", meta: {…}, aliasC
     length: 1
    ▶__proto__: Array(0)
  ▶meta: {}
   redirectedFrom: undefined
```

图 6.7　运行结果

6.9.2　params

在路由规则中定义参数，修改路由规则的 path 属性，相当于定义路由解析模板。router/index.ts 代码如下：

```
{path: '/login/:name/:pwd',  component: () => import('../views/Login.vue') }
```

App.vue 代码如下：

```
<router-link to="/login/yujie/123">登录</router-link>
```

通过 this.$route.params 来获取路由中的参数，Login.vue 代码如下：

```
  <h3>登录组件
---{{ $route.params.name }} --- {{ $route.params.pwd }}</h3>
```

控制台打印 $route 对象，如图 6.8 所示。此时，query 对象为{}，而 params 对象中获取到了请求参数对象。

```
▼{fullPath: "/login/yujie/123", path: "/login/yujie/123",
   fullPath: "/login/yujie/123"
   path: "/login/yujie/123"
  ▶query: {}
   hash: ""
   name: undefined
  ▶params: {name: "yujie", pwd: "123"}
  ▼matched: Array(1)
    ▶0: {path: "/login/:name/:pwd", redirect: undefined, r
     length: 1
    ▶__proto__: Array(0)
  ▶meta: {}
```

图 6.8 控制台打印 $ route 对象

6.10 命名路由

有时候，通过一个名称来标识一个路由会更加方便，特别是在链接一个路由或者是执行一些跳转的时候，在创建 Router 实例时，可以在 routes 配置中通过设置 name 属性给某个路由设置名称。

router/index.ts 中代码如下：

```
{
  path:'/detail',
  name:'detail',
  component:() => import('../views/Detail.vue')
},
```

要链接到一个命名路由，可以给 router-link 的 to 属性传一个对象，App.vue 代码如下：

```
<!-- 命名路由 -->
<router-link :to="{name:'detail',params:{msg:'只叹江湖几人回'}}">详情
</router-link>
```

这跟直接使用代码 router.push()是等价的：

```
const router = useRouter();
router.push({name:'detail',params:{msg:'只叹江湖几人回'}})
```

这两种方式都会把路由导航到/detail 路径。

6.11 嵌套路由

一些应用程序的 UI 由多层嵌套的组件组成。在这种情况下，URL 的片段通常对应于特

定的嵌套组件结构,使用 children 属性可实现路由嵌套。

在我们实际的 web 应用当中,通常根据不同的业务将应用划分为功能模块、菜单、子菜单(页面),而为了更加方便管理,我们会对代码结构和业务功能进行统一。

假如我们项目中的系统设置模块下面有用户管理和角色管理两个菜单,如图 6.9 所示。代码结构如图 6.10 所示。

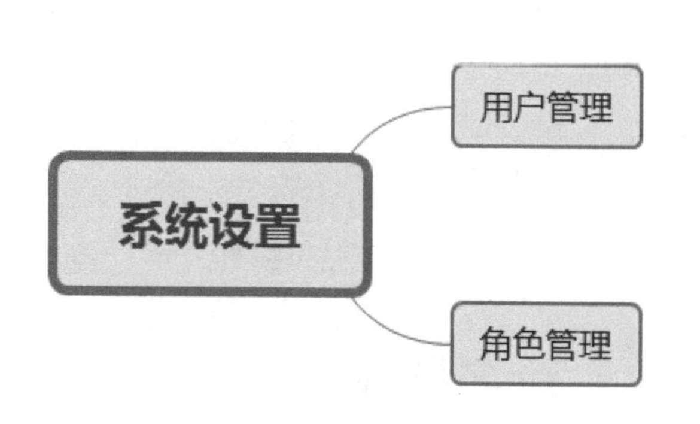

图 6.9　系统设置模块

图 6.10　代码结构

我们需要在路由中配置 children,router/index.ts 代码如下:

```
//系统设置
{
  path: '/sys-set',
  component: () => import('../views/sys-set/index.vue'),
  children: [
    {
      path: 'user-manage',
      component: () => import('../views/sys-set/user-manage/index.vue'),
    },
    {
      path: 'role-manage',
      component: () => import('../views/sys-set/role-manage/index.vue'),
    },
  ],
},
```

注意:以 / 开头的嵌套路径将被视为根路径。这允许你利用组件嵌套,而不必使用嵌套的 URL。这里我没有使用/ 开头,表示是一个相对路径的 path,此时,子组件的 path 将会和父组件的 path 进行合并。

在 App.vue 中增加系统配置的<router-view>:

```
<router-link to="/sys-set">系统设置</router-link> |
```

这里的 <router-view> 是一个顶层的 router-view,它渲染顶层路由匹配的组件。同样地,一个被渲染的组件也可以包含自己嵌套的 <router-view>,例如,如果我们在 views/sys-set/index.vue 组件的模板内添加一个 <router-view>,代码如下:

```
<template>
  <nav>
    <router-link to="/sys-set/user-manage">用户管理</router-link> |
    <router-link to="/sys-set/role-manage">角色管理</router-link>
  </nav>
  <hr />
  <router-view></router-view>
</template>
```

界面运行结果如图 6.11 所示。

localhost:8080/sys-set/user-manage
Login | Home | About | 郭寰 | 雪鹰 | 登录 | 登录 | 系统设置 |
用户管理 | 角色管理
用户管理

localhost:8080/sys-set/role-manage
Login | Home | About | 郭寰 | 雪鹰 | 登录 | 登录 | 系统设置 |
用户管理 | 角色管理
角色管理

图 6.11 界面运行结果

6.12 路由切换过渡动效

<router-view>是基本的动态组件，所以我们可以用 <transition> 组件给它添加一些过渡效果：

```
<transition>
  <router-view></router-view>
</transition>
```

6.12.1 单个路由的过渡

上面的用法会给所有路由设置一样的过渡效果，如果想让每个路由组件有各自的过渡效果，可以在各路由组件内使用<transition>并设置不同的 name：

```
const Foo = {
  template:'
    <transition name="slide">
      <div class="foo">...</div>
    </transition>
  '
}
const Bar = {
  template:'
    <transition name="fade">
      <div class="bar">...</div>
    </transition>
  '
}
```

6.12.2 基于路由的动态过渡

还可以基于当前路由与目标路由的变化关系，动态设置过渡效果：

```
<!-- 使用动态的 transition name -->
<transition :name="transitionName">
  <router-view></router-view>
</transition>
```

接下来需要 watch $route 决定使用哪种过渡。注意，Vue3.0 中的监听路由已经不能使用 watch 的方法，改进方式是使用 onBeforeRouteUpdate：

```
import { defineComponent, ref } from "vue";
import { onBeforeRouteUpdate } from "vue-router";

export default defineComponent({
  setup() {
    let transitionName = ref("");
    onBeforeRouteUpdate((to, from) => {
      const toDepth = to.path.split("/").length;
      const fromDepth = from.path.split("/").length;
      transitionName.value = toDepth < fromDepth ? "slide-right" : "slide-left";
    });
    return { transitionName };
  },
});
```

6.13 路由懒加载

当打包构建应用时，JavaScript 包会变得非常大，影响页面加载。如果我们能把不同路由对应的组件分割成不同的代码块，然后当路由被访问的时候才加载对应组件，这样就会更加高效。

vue-router 支持开箱即用的动态导入，这意味着你可以用动态导入代替静态导入：

```
//将
// import Home from '../views/Home.vue';
// component: Home,
//替换成
component: () => import('../views/Home.vue'),
```

建议对所有的路由都使用动态导入。

6.14 使用命名视图

在前面的内容中，我们发现一个页面只放一个同级别的< router-view >，如果我们想要在一个页面中放多个同级别的< router-view >，而不是嵌套展示，我们就要用到命名视图。

例如，创建一个布局，有 header（顶部导航）、sidebar（侧导航）、main（主内容）三个视图，这个时候命名视图就派上用场了。你可以在界面中拥有多个单独命名的视图，而不是只有一个单独的出口。如果 router-view 没有设置名字，那么默认为 default。我们通过一个“经典后台布局”示例来演示命名视图的应用场景。

定义入口组件 views/name-view/index. vue，代码如下：

```
<template>
  <router-view></router-view>
  <div class="content">
    <router-view name="sidebar"></router-view>
    <router-view name="main"></router-view>
  </div>
</template>
<script lang="ts">
import { defineComponent } from "vue";
export default defineComponent({
  setup() {
    return {};
  },
});
</script>
<style scoped>
body {
  margin: 0px;
  padding: 0px;
}
.header {
  width: 100%;
  height: 70px;
  line-height: 70px;
  background-color: lightyellow;
}
.content {
  width: 100%;
  position: absolute;
  top: 70px;
  height: calc(100% - 70px);
}
.sidebar {
```

```
    width: 180px;
    height: 100%;
    background-color: lightgray;
    float: left;
  }
  .mainbox {
    width: calc(100% - 180px);
    height: 100%;
    background-color: lightgreen;
    float: left;
  }
</style>
```

修改 main. ts，重新挂载入口组件：

```
import nameView from './views/name-view/index.vue'
const app = createApp(nameView);
app.use(store).use(router).mount('#app');
```

一个视图使用一个组件渲染，因此对于同一个路由，多个视图就需要多个组件。在 views/name-view/components 目录下分别创建子组件 Header. vue、MainBox. vue、Sidebar. vue。

Header. vue 代码如下：

```
<template>
<div class="header">顶部导航</div>
</template>
```

MainBox. vue 代码如下：

```
<template>
<div class="mainbox">主内容</div>
</template>
```

Sidebar. vue 代码如下：

```
<template>
<div class="sidebar">左侧菜单导航</div>
</template>
```

界面运行效果如图 6.12 所示。

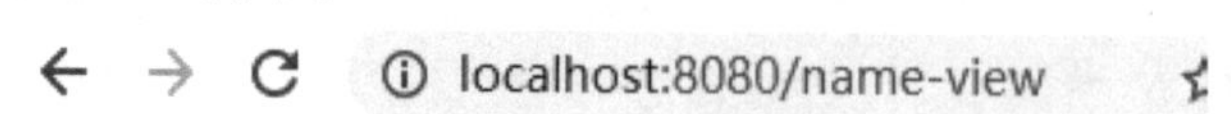

图 6.12　界面运行效果

6.15 keep-alive

keep-alive 是 Vue 提供的一个抽象组件，用来对组件进行缓存，从而提升性能，由于是一个抽象组件，所以 keep-alive 在页面渲染完毕后不会被渲染成一个 DOM 元素。

通常我们可以配置整个页面缓存或只让特定的某个组件保持缓存信息，配置了 keep-alive 的路由或者组件，只会在页面初始化的时候执行 created-> mounted 生命周期，第二次及以后再次进入该页面时将不会再次执行 created-> mounted 生命周期，而是会去读取缓存信息。

6.15.1 router 配置缓存

Vue2.x 与 Vue3.0 的 App.vue 配置有差异，Vue2.x 中 router-view 可整个放入 keep-alive 中，代码如下：

```
  <!-- vue2.x 配置 -->
<keep-alive>
  <router-view v-if="$route.meta.keepAlive" />
</keep-alive>
<router-view v-if="!$route.meta.keepAlive"/>
```

Vue3.0 的 App.vue 配置方法如下：

```
<!-- vue3.0 配置 -->
<router-view v-slot="{ Component }">
  <keep-alive>
    <component :is="Component"  v-if="$route.meta.keepAlive"/>
  </keep-alive>
  <component :is="Component"  v-if="!$route.meta.keepAlive"/>
</router-view>
```

说明：这里 component 是指 Vue 中的特殊组件，:is 是用来绑定指定组件的，这里是与路由对应的页面绑定。

在对应的路由上添加 meta 属性来设置页面是否要使用缓存，代码如下：

```
{
  path: "/login",
  name: "Login",
  component: () => import("../views/Login.vue"),
  meta: {
    keepAlive: true, //设置页面是否需要使用缓存
  },
},
```

到此即可实现页面的简单缓存，但是有些场景需要做复杂处理，例如页面有部分信息不需要读缓存，每次进入都需要进行处理，这个时候我们就可以使用 activated 生命周期来解决页面部分刷新问题。

① 实现页面部分刷新。

被 keep-alive 包裹的组件和页面，页面第一次进入时执行的生命周期为：created→mounted→activated。

其中 created→mounted 是页面第一次进入才会执行，activated 生命周期在页面每次进入都会执行，特属于 keep-alive 的一个生命周期，所以我们把页面每次进入要进行的操作放入该生命周期即可。

```
<template>
  <div>
    <input ref="authCode" />
  </div>
</template>
import { defineComponent, onActivated, ref } from "vue";
export default defineComponent({
  setup() {
    let authCode = ref();
    onActivated(() => {
      authCode.value = ""; // 页面每次进入将验证码置为空
    });
  },
});
```

② 动态设置路由 keep-alive 属性。

有些时候我们用完了 keep-alive 缓存之后，想让页面不再保持缓存，或者设置下一个页面 keep-alive，这个时候我们可以改变 meta 的 keep-alive 值来去除页面缓存，如使用 beforeRouteEnter、beforeRouteUpdate、beforeRouteLeave，使用方式如下：

```
import {onBeforeRouteLeave} from "vue-router";
    // to 为即将跳转的路由，from 为上一个页面路由
    onBeforeRouteLeave((to,from, next) => {
      // 设置下一个路由的 meta
      to.meta.keepAlive = false;
      next();
    });
```

6.15.2 组件配置缓存

(1) 使用场景

通常我们会对 Vue 的一个页面进行缓存，然而有些时候我们仅需要缓存页面的某一个组件，或是在使用动态组件 compnent 进行组件切换时需要对组件进行缓存。

(2) 缓存页面指定组件

当用于 App. vue 时，所有的路由对应的页面为项目所对应的组件，使用方法如下：

在 keep-alive 组件上使用 include 或 exclude 属性，如使用 include 代表将缓存 name 为 testKA 的组件，代码如下：

```
<! --将页面作为组件缓存 -->
<router-view v-slot = "{ Component }">
  <keep-alive include = "KeepAliveDemo">
    <component :is = "Component" />
  </keep-alive>
</router-view>
```

在 router 对应的页面中，需要设置 name 属性，代码如下：

```
export default defineComponent({
  name: "KeepAliveDemo", // keep-alive 中 include 属性匹配组件 name
```

此外，include 用法还有如下：

```
<! -- 逗号分隔字符串 -->
<keep-alive include = "a,b">
  <component :is = "view"></component>
</keep-alive>
<! -- 正则表达式 (使用 'v-bind') -->
<keep-alive :include = "/a|b/">
  <component :is = "view"></component>
</keep-alive>

<! -- 数组 (使用 'v-bind') -->
<keep-alive :include = "['a', 'b']">
  <component :is = "view"></component>
</keep-alive>
```

exclude 用法与 include 用法相同，代表不被缓存的组件。此外，keep-alive 还有一个 max 属性，代表缓存组件最大数量，一旦这个数量达到了，在新实例被创建之前，已缓存组件中最久没有被访问的实例会被销毁掉。

```
<keep-alive :max = "10">
    <component :is = "view"></component>
</keep-alive>
```

当用于某个页面进行组件切换时，用法与缓存路由相同，不过是将页面降级为一个组件，父组件由 App.vue 降级为对应路由页面。

6.16 vuex 是什么？

vuex 是一个专为 Vue.js 应用程序开发的状态管理模式，它采用集中式存储管理应用的所有组件的状态，并以相应的规则保证状态以一种可预测的方式发生变化。vuex 也集成到了 Vue 的官方调试工具 devtools extension，提供了诸如零配置的 time-travel 调试、状态快照导入导出等高级调试功能。

vuex 官网：https://next.vuex.vuejs.org/，当前最新版本为 4.x。

vuex 主要功能如下：

① 可以实现 vue 不同组件之间的状态共享。

② 可以实现组件里面数据的持久化。在 vuex 中，默认有 5 种基本的对象：

a. state：存储状态（变量、数据）；

b. getters：对数据获取之前的再次编译，可以理解为 state 的计算属性。在组件中使用 $sotre.getters.fun()；

c. mutations：修改状态，并且是同步的。在组件中使用 $store.commit('',params)。这个和我们组件中的自定义事件类似；

d. actions：异步操作。在组件中使用 $store.dispath('')；

e. modules：store 的子模块，在开发大型项目时，可以方便状态管理。

vuex 是 Vue 配套的公共数据管理工具，它可以把一些共享的数据保存到 vuex 中，方便整个程序中的任何组件直接获取或修改我们的公共数据。vuex 中的数据是响应式的，也就是说，只要 vuex 中的数据一变化，所有引用了 vuex 中数据的组件都会自动更新。

vuex 是为了保存组件之间共享数据而诞生的，如果组件之间有要共享的数据，可以直接挂载到 vuex 中，而不必通过父子组件之间传值了。如果组件的数据不需要共享，此时，这些不需要共享的私有数据就没有必要放到 vuex 中，只要放到组件的 data 中即可。放到 vuex 中的数据所有组件都可以共享，但这也是会消耗性能的，而且操作起来比较烦琐。

如果你不打算开发大型单页应用，使用 vuex 可能是烦琐冗余的。如果你的应用够简单，则最好不要使用 vuex。

注意：存在 vuex 中的数据，界面一刷新就会丢失。

6.17 安装 vuex

vuex 的安装通常有如下三种安装方式：

① 方式一：CDN 引用。

https://unpkg.com/vuex。

② 方式二：直接下载。

把 vuex.js 文件下载到本地，然后在 Vue 之后引入，vuex 会进行自动安装。

```
<script src="/path/to/vue.js"></script>
<script src="/path/to/vuex.js"></script>
```

③ 方式三：NPM 和 Yarn。

```
npm install vuex@next - save
yarn add vuex@next - save
```

6.18 配置 vuex 的步骤

① 引入 vuex。注意,要在 Vue 引用之后引入 vuex。

```
import { createApp } from 'vue'
import { createStore } from 'vuex';
```

② 通过 createStore 得到一个数据仓储对象,通常我们将数据仓储对象操作封装到一个独立的文件 store/index.ts 中,代码如下:

```
import { createStore } from 'vuex';
export default createStore({
  state: {
    count: 0,
  },
  mutations: {
    //自增
    increment(state) {
      state.count++;
    },
    //自减
    subtract(state, obj) {
      state.count -= obj.val;
    },
  },
  getters: {
    optCount: function(state) {
      return '当前最新的 count 值是:' + state.count;
    },
  },
  actions: {
    incrementAsync ({ commit }) {
      setTimeout(() => {
        commit('increment')
      },1000)
    }
  },
modules: {},
});
```

说明:我们可以把 state 想象成组件中的 data,即专门用来存储数据的,这些数据是响应式的。如果在组件中想要访问 store 中的数据,只能通过 this.$store.state.数据属性来访问。

如果要操作 store 中的 state 值,只能通过调用 mutations 提供的方法,才能操作对应的数据,不推荐直接操作 state 中的数据,因为每个组件都可能有操作数据的方法,所以有可能导致数据的紊乱,不能快速定位到错误的原因。

如果组件想要调用 mutations 中的方法，只能使用 this. $store. commit('方法名')。这种调用 mutations 方法的方式和 this. $emit('父组件中方法名')类似。

actions：执行 mutations 里面的方法，异步操作需要放在 actions 当中。想要调用 actions 中的方法，需要使用 this. $store. dispatch('方法名')。

代码中的 getters 只负责对外提供数据，不负责修改数据，如果想要修改 state 中的数据，需要调用 mutations 中的方法。

getters 中的方法和组件中的过滤器比较类似，因为过滤器和 getters 都没有修改原数据，都是把原数据做了一层包装，提供给了调用者；其次，getters 也和 computed 比较像，只要 state 中的数据发生了变化，如果 getters 正好也引用了这个数据，那么就会立即触发 getters 的重新求值。

③ 将 vuex 创建的 store 挂载到 App 实例上，只要挂载到了 App 上，任何组件都能使用 store 来存取数据。

```
import App from './App.vue'
import store from './store'
const app = createApp(App);
app.use(store).mount('#app');
```

④ 组件调用 views/ vuexDemo. vue，代码如下：

```
<template>
    <div style='background-color: lightblue;'>
      <!--<h3>{{ $store.state.count }}</h3>-->
      <h3>{{ $store.getters.optCount }}</h3>
    </div>
    <div style="background-color: lightcoral;">
      <input type="button"
             value="减少"
             @click="remove">
      <input type="button"
             value="增加"
             @click="add">
      <br>
      <input type="text"
             v-model="$store.state.count">
    </div>
</template>
<script>
import { defineComponent } from "vue";
export default defineComponent({
  methods: {
    add() {
      // 千万不要这么使用，违背了 vuex 的设计理念
      // this.$store.state.count++;
      this.$store.commit("increment");
```

```
    },
    remove() {
      this. $ store.commit("subtract", { val: 1 });
    },
  },
  setup() {
    return {};
  },
});
</script>
```

注意:这里先去掉了 script 标签中的 TS 标记,后面我们再讲 TS 的使用。

运行结果如图 6.13 所示。

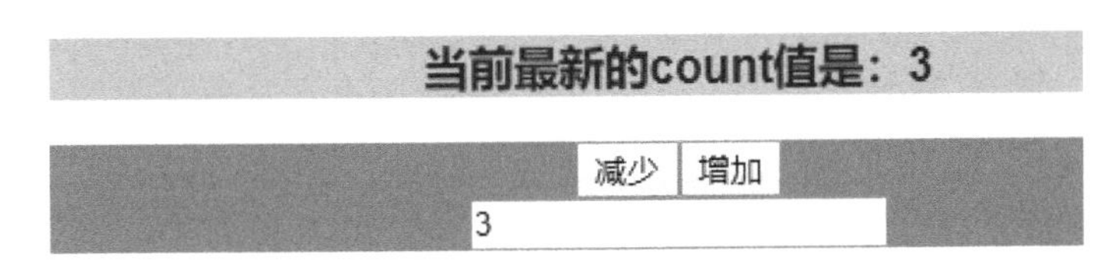

图 6.13 运行结果

6.19 获取 vuex 中的 state

想要获取 vuex 中的 state 有多种方式,接下来将依次介绍。

6.19.1 方法一:按需引入 store. state

在用到的组件里面引入 store,然后计算属性里面获取 state 数据(此种方式不推荐)。

```
<h3>{{count}}</h3>
import store from '../store/index';
computed:{
    count(){
      return store.state.count;
    }
  },
```

6.19.2 方式二:全局配置 this. $ store

通过 app. use(store)全局配置 vuex,代码如下:

```
<h3>{{count2}}</h3>
computed:{
```

```
    count2(){
      return this.$store.state.count;
    }
  },
```

不需要单独引入 store,可直接通过 this.$store 调用。

6.19.3 方式三:mapState 助手

引入 mapState,代码如下:

```
<h3>{{count3}}</h3>
import {mapState} from 'vuex'
computed:{
    ...mapState({
      count3:(state) => state.count
    }),
    //或者
    ...mapState([
     "count"
    ]),
  },
```

6.20 获取 vuex 中的 Getter

vuex 中的 getters 和 vue 对象中 computed 比较相似,都是响应式。

6.20.1 定义 Getter

在 store 中定义 optCount 的 Getter,代码如下:

```
export default createStore({
  state: {
    count: 0,
  },
  getters: {
    optCount: function(state) {
      return '当前最新的 count 值是:' + state.count;
    },
  }
});
```

6.20.2 Getter 访问方式一:store.getter.

Getter 会暴露为 store.getters 对象,可以通过属性的形式访问这些值:

```
store.getter.optCount
```

6.20.3　Getter 访问方式二：this.$store.getters

通过 this.$store 获取：

```
computed:{
      count4(){
      return this.$store.getters.optCount;
    }
  },
```

6.20.4　Getter 访问方式三：mapGetters 辅助函数

通过 vuex 中的 mapGetters 获取：

```
<h3>{{optCount}}</h3>
import {mapGetters} from 'vuex'
  computed:{
    // 使用对象展开运算符将 getter 混入 computed 对象中
    ...mapGetters(["optCount"]),
  },
```

如果想给 getter 属性另取一个名字，可以使用对象形式：

```
...mapGetters({
  optCount1:"optCount"
}),
```

6.21　调用 Mutations 和 Actions

在组件中使用 this.$store.commit('xxx')或者使用 mapMutations 辅助方法，可以将组件的方法映射到 store.commit 来调用。代码如下：

```
methods: {
  ...mapMutations([
    'increment', // 将'this.increment()'映射为'this.$store.commit('increment')'
  ]),
  ...mapMutations({
    add: 'increment' //将'this.add()'映射为'this.$store.commit('increment')'
  })
},
```

6.22 Composition API 方式使用 vuex

在 vuex4 中，新增了 Composition API 的方式来使用 store。在 setup 钩子函数中访问 store，你可以调用 useStore 方法，这等价于通过 Option API 的方式在组件中使用 this. $store。

```
import {useStore} from 'vuex';
export default defineComponent({
  setup () {
    const store = useStore();
    return {}
  }
})
```

6.22.1 访问 State and Getters

为了方便访问 state 和 getters，你可以通过调用 computed 方法实现响应式属性的引用，这其实相当于使用 Option API 的方式创建一个 computed 属性。代码如下：

```
import { defineComponent,computed } from 'vue'
import {useStore} from 'vuex';
export default defineComponent({
  setup () {
    const store = useStore();
    return {
      //通过 computed 反复访问 state
      count: computed(() => store.state.count),
    }
  }
})
```

6.22.2 访问 Mutations and Actions

当访问 Mutations and Actions 时，你可以直接在 setup 钩子函数当中调用 commit 和 dispatch 方法。代码如下：

```
import { defineComponent, computed } from "vue";
import { useStore } from "vuex";
export default defineComponent({
  setup() {
    const store = useStore();
    return {
      //通过 computed 反复访问 state
      count: computed(() => store.state.count),
```

```
        //调用 mutation 方法
        increment: () => store.commit("increment"),
        // 调用 action 方法
        asyncIncrement: () => store.dispatch("asyncIncrement"),
      };
    },
});
```

6.23 Modules 模块

由于使用单一状态树，应用程序的所有状态都包含在一个大对象中。然而，随着应用程序规模的扩大，store 对象可能会变得非常臃肿。为了解决这个问题，Vuex 允许我们将 store 分割成模块(module)，每个模块都可以包含自己的 state，mutation，action，getter，甚至嵌套子模块——从上至下进行同样方式的分割。代码如下：

```
const moduleA = {
  state: () => ({ ... }),
  mutations: { ... },
  actions: { ... },
  getters: { ... }
}
const moduleB = {
  state: () => ({ ... }),
  mutations: { ... },
  actions: { ... }
}
const store = createStore({
  modules: {
    a: moduleA,
    b: moduleB
  }
})
store.state.a // -> 'moduleA' s state
store.state.b // -> 'moduleB' s state
```

6.24 Namespacing 命名空间

默认情况下，模块内部的 action、mutation 和 getter 注册在全局命名空间下，这样使得多个模块能够对同一 action/mutation/getter 做出响应。

必须避免在不同的、没有命名空间的模块中定义两个具有相同名称的 getter，否则会导致错误。

如果想模块之间相互独立、互不影响，可以通过添加 namespaced：true 的方式使其成为带命名空间的模块。当模块被注册后，它的所有 getter、action 及 mutation 都会自动根据模块注册的路径调整命名。

开启命名空间和不开启命名空间的模块中的 state 使用方式不会改变。格式依然是 store. state. 模块名. 状态名。

6.24.1 开启模块的命名空间

store/app-global. ts 代码如下：

```
const appGlobal = {
  state: {
    themeName:'dark'
  },
  getters: {
    getThemeName:(state:any) =>{
      return state.themeName;
    }
  },
  mutations: {
    changeTheme(state:any,val:string){
    state.themeName = val;
    }
  },
  actions: {
    changeThemeAsync ({ commit }:any,val:string) {
      setTimeout(() => {
        commit('changeTheme',val)
      },1000)
    }
  },
  namespaced: true // 开启命名空间
}
export default appGlobal
```

store/index. ts 中引入 store 模块文件 app-global. ts，代码如下：

```
import { createStore } from 'vuex';
import appGlobal from './app-global';
export default createStore({
  ......
  modules: {
    appGlobal
  },
});
```

6.24.2　在组件中使用带命名空间的模块

NameSpace.vue 代码如下：

```
<template>
<h3>当前主题:{{themeName}}</h3>
<h3>当前主题:{{getThemeName}}</h3>
<button @click="changeThemeAsync('light')">更新主题</button>
</template>
<script lang="ts">
import { defineComponent, computed } from "vue";
import { useStore,mapGetters,mapActions } from "vuex";
export default defineComponent({
  computed: {
    // 将模块的空间名称字符串作为第一个参数传递给辅助函数，这样所有绑定都会自动将该模块作为上下文
    ...mapGetters('appGlobal', ['getThemeName']),
  },
  methods:{
      ...mapActions('appGlobal', ['changeThemeAsync']),
  },
  setup() {
    const store = useStore();
    return {
      themeName: computed(() => store.state.appGlobal.themeName),
    };
  },
});
</script>
```

运行结果如图 6.14 所示。

图 6.14　运行结果

第7章

Vue3的常用UI框架

本章学习目标

- 了解基于Vue的常用UI框架
- 掌握ant-design-vue的使用
- 掌握Element Plus的使用

7.1 Vue的常用UI框架介绍

基于Vue的常用UI框架，PC端有ant-design-vue、Element UI、iView等，移动端有Vant、vux等。

面对众多的框架，如何选择一款适合自己业务的框架是一件比较纠结的事情，接下来我将总结一下当前GitHub上面比较受欢迎，星星数最多的几个UI框架：

① Element UI。

GitHub星星数：49.8k。

适用：PC端。

官网地址：http://element-cn.eleme.io/#/zh-CN。

GitHub地址：https://github.com/ElemeFE/element。

介绍：Element UI中规中矩，上手较快，大多数Vue开发都是选择Element，因为社区做得比较完整，不懂的可以在网上找到很多解答。PC端开发选择Element UI的好处是各种组件功能考虑得很周到且便于扩展。最重要的一点是引入方便，可以快速成型，对后端工程师比较友好。

② iView。

GitHub星星数：23.8k。

适用：PC界面的中后台产品。

官网地址：http://v1.iviewui.com/。

GitHub地址：https://github.com/iview/iview。

介绍:iView 是一套基于 Vue.js 的开源 UI 组件库,主要服务于 PC 界面的中后台产品。它的特点是功能丰富,提供友好的 API ,可以自由灵活地使用空间细致、漂亮的 UI,而且文档特别详细。

③ ant-design-vue。

GitHub 星星数:14.1k。

适用:PC 端。

文档地址:https://antdv.com/docs/vue/getting-started-cn/。

GitHub 地址:https://github.com/vueComponent/ant-design-vue。

介绍:由一个网友维护的 ant design vue 版本,致力于给程序员提供愉悦的开发体验。

④ vux。

GitHub 星星数:17.4k。

适用:移动端。

官网地址:https://vux.li/。

GitHub 地址:https://github.com/airyland/vux。

介绍:vux 是基于 WeUI 和 Vue.js 的移动端 UI 组件库,能够提供丰富的组件满足移动端(微信)页面常用业务需求。

⑤ Vant。

GitHub 星星数:17.2k。

适用:移动端。

网站地址:https://youzan.github.io/vant。

GitHub 地址:https://github.com/youzan/vant。

介绍:Vant 是有赞开源的一套基于 Vue 2.0 的 Mobile 组件库。通过 Vant 可以快速搭建出风格统一的页面,提升开发效率。目前已有近 50 个组件,这些组件被广泛应用于有赞的各个移动端业务中。Vant 旨在更快、更简单地开发基于 Vue 的美观易用的移动站点。

⑥ Mint-UI。

GitHub 星星数:16.3k。

适用:移动端。

文档地址:http://mint-ui.github.io/docs/#/。

演示地址:http://elemefe.github.io/mint-ui/#/。

介绍:最接近原生 App 体验的高性能前端框架。

选择 UI 框架应当遵循几个基本原则:一是选择在持续维护和更新的 UI 框架;二是选择 GitHub 上星星数较多的 UI 框架。

个人推荐:PC 端使用 Element UI 或者 ant-design-vue,移动端使用 Vant 或者 Mint-UI。

7.2 ant-design-vue 介绍

ant-design-vue 主要用于开发和服务企业级后台产品,它是 Ant Design 的 Vue 实现,组件的风格与 Ant Design 保持同步,组件的 html 结构、css 样式以及 API 也与 Ant Design 保持一致，真正做到了样式零修改。

官网地址：https://2x.antdv.com/。当前基于 Vue3 的最新版本是 2.1.2，稳定版 1.7.4 是基于 Vue2.x 的。

ant-design-vue 有以下特性：

① 提炼自企业级中后台产品的交互语言和视觉风格。

② 开箱即用的高质量 Vue 组件。

③ 共享 Ant Design of React 设计工具体系。

浏览器支持：支持现代主流浏览器和 IE11 及以上，如果需要支持 IE9，可以选择使用 1.x 版本。

7.2.1 安　装

使用 npm 或 yarn 安装 ant-design-vue，代码如下：

```
npm install ant-design-vue-save
yarn add ant-design-vue
```

7.2.2 在浏览器中使用

在浏览器中引入的方式是通过 script 和 link 标签直接引入文件，并使用全局变量 antd。

npm 发布包内的 ant-design-vue/dist 目录下提供了 antd.js、antd.css、antd.min.js 以及 antd.min.css。你也可以通过 CDN 的方式引入，例如：https://unpkg.com/browse/ant-design-vue@2.1.2/dist/antd.min.js。使用时，样式也需要一并引入。

说明：强烈不推荐使用已构建文件，这样无法按需加载，而且难以获得底层依赖模块的 bug 快速修复支持。

注意：引入 antd.js 前你需要自行引入 moment。

7.2.3 使用示例

示例代码如下：

```
import { DatePicker } from "ant-design-vue";
app.use(DatePicker);
```

引入样式：

```
import "ant-design-vue/dist/antd.css"; // or
'ant-design-vue/dist/antd.less'
```

7.2.4 按需加载

以下两种方式都可以只加载用到的组件。

① 使用 babel-plugin-import(推荐)。

在项目根目录下新建文件".babelrc"，这个文件名称是固定写法不要去修改，然后添加如下代码：

```
// .babelrc or babel-loader option
{
  "plugins": [
    ["import", { "libraryName": "ant-design-vue", "libraryDirectory": "es", "style": "css" }] //
'style: true'会加载 less 文件
  ]
}
```

注意：webpack 1 无须设置 libraryDirectory。

只需要从 ant-design-vue 引入模块即可，无须单独引入样式。等同于下面手动引入的方式：

```
// babel-plugin-import 会帮助你加载 JS 和 CSS
import { DatePicker } from "ant-design-vue";
```

② 手动引入。

```
import DatePicker from "ant-design-vue/lib/date-picker"; //加载 JS
import "ant-design-vue/lib/date-picker/style/css"; //加载 CSS
// import 'ant-design-vue/lib/date-picker/style';          //加载 LESS
```

7.2.5 创建项目

使用命令行进行项目初始化创建：vue create antd-admin-ts。创建步骤和前面章节提到的创建项目方式基本一致，这里我们选择手动模式：

```
? Please pick a preset:Manually select features
? Check the features needed for your project: Choose Vue version,Babel, TS, Router, Vuex, CSS Pre-
processors, Linter
? Choose a version of Vue.js that you want to start the projectwith 3.x (Preview)
? Use class-style component syntax? No
? Use Babel alongside TypeScript (required for modern mode, auto-detected polyfills, transpiling
JSX)? No
? Use history mode for router? (Requires proper server setup for index fallback in production)Yes
? Pick a CSS pre-processor (PostCSS, Autoprefixer and CSS Modules are supported by default): Sass/
SCSS (with dart-sass)
? Pick a linter /formatter config: Prettier
? Pick additional lint features:Lint on save
? Where do you prefer placing config for Babel, ESLint, etc.? In dedicated config files
? Save this as a preset for future projects? Yes
? Save preset as: antd-admin
```

7.2.6 使用 ant-design-vue

执行安装命令：cnpm i --save ant-design-vue@next。

package.json 代码如下：

```
{
  "name": "antd-admin-ts",
  "version": "0.1.0",
  "private": true,
  "scripts": {
    "serve": "vue-cli-service serve",
    "build": "vue-cli-service build",
    "lint": "vue-cli-service lint"
  },
  "dependencies": {
    "ant-design-vue": "^2.1.2",
    "vue": "^3.0.0",
    "vue-router": "^4.0.0-0",
    "vuex": "^4.0.0-0"
  },
  "devDependencies": {
    "@typescript-eslint/eslint-plugin": "^4.18.0",
    "@typescript-eslint/parser": "^4.18.0",
    "@vue/cli-plugin-eslint": "~4.5.0",
    "@vue/cli-plugin-router": "~4.5.0",
    "@vue/cli-plugin-typescript": "~4.5.0",
    "@vue/cli-plugin-vuex": "~4.5.0",
    "@vue/cli-service": "~4.5.0",
    "@vue/compiler-sfc": "^3.0.0",
    "@vue/eslint-config-prettier": "^6.0.0",
    "@vue/eslint-config-typescript": "^7.0.0",
    "eslint": "^6.7.2",
    "eslint-plugin-prettier": "^3.3.1",
    "eslint-plugin-vue": "^7.0.0",
    "prettier": "^2.2.1",
    "sass": "^1.26.5",
    "sass-loader": "^8.0.2",
    "typescript": "~4.1.5"
  }
}
```

完整引入 ant-design-vue 需要在 main.ts 当中添加如下代码：

```
import Antd from 'ant-design-vue';
import 'ant-design-vue/dist/antd.css';
const app = createApp(App);
app.use(Antd);
```

以上代码便完成了 ant-design-vue 的引入。需要注意的是，样式文件需要单独引入。

局部导入组件代码如下：

```
//按需引用
import { Button, message } from 'ant-design-vue';
app.use(Button);
app.config.globalProperties.$message = message;
```

7.2.7 将 ant-design-vue 引入进行统一封装

如果引入的组件比较多，全部放到 main.ts 当中的话，代码会比较乱，我们可以将所有 ant-design-vue 组件的引入进行统一封装。在 src 目录下新建 ant-design-vue/index.ts 文件，代码如下：

```
import {Form,Input,Button,Layout} from 'ant-design-vue';
import 'ant-design-vue/dist/antd.css';
const components = [Form,Input,Button,Layout];
export function setupAntd(app:any){
  components.forEach(component =>{
    app.use(component);
  })
}
```

在 main.ts 中引入封装文件：

```
//引入封装的 Antd
import {setupAntd} from './ant-design-vue';
setupAntd(app);
```

修改 About.vue 的代码：

```
<template>
  <div class="about">
    <a-button type="primary">Primary</a-button>
    <a-input v-model:value="value" placeholder="Basic usage" />
  </div>
</template>
<script>
import { defineComponent, ref } from 'vue';
export default defineComponent({
  setup () {
    const value = ref('');
    return {
      value,
    };
  },
});
</script>
<style scoped>
.about {
```

```
  width: 200px;
}
</style>
```

运行后可以查看引入组件的运行效果。

7.2.8 主题定制

ant-design-vue 的组件结构及样式和 Antd React 完全一致，可以参考 Antd React 的定制方式进行配置。

ant-design-vue 在设计规范上支持一定程度的样式定制，以满足业务和品牌多样化的视觉需求，包括但不限于主色、圆角、边框和部分组件的视觉定制。

1. ant-design-vue 的样式变量

ant-design-vue 的样式使用了 Less 作为开发语言，并定义了一系列全局/组件的样式变量，可以根据需求进行相应调整。

以下是一些最常用的通用变量，所有样式变量可以在 https://github.com/vueComponent/ant-design-vue/blob/master/components/style/themes/default.less 找到。

```
@primary-color: #1890ff; // 全局主色
@link-color: #1890ff; // 链接色
@success-color: #52c41a; // 成功色
@warning-color: #faad14; // 警告色
@error-color: #f5222d; // 错误色
@font-size-base: 14px; // 主字号
@heading-color: rgba(0, 0, 0, 0.85); // 标题色
@text-color: rgba(0, 0, 0, 0.65); // 主文本色
@text-color-secondary: rgba(0, 0, 0, 0.45); // 次文本色
@disabled-color: rgba(0, 0, 0, 0.25); // 失效色
@border-radius-base: 4px; // 组件/浮层圆角
@border-color-base: #d9d9d9; // 边框色
@box-shadow-base: 0 2px 8px rgba(0, 0, 0, 0.15); // 浮层阴影
```

我们使用 modifyVars 的方式来覆盖变量。下面将针对不同的场景提供一些常用的定制方式。

2. 在 webpack 中定制主题

以 webpack@4 为例进行说明，以下是一个 webpack.config.js 的典型例子，对 less-loader 的 options 属性进行相应配置。

```
// webpack.config.js
module.exports = {
  rules: [{
    test: /\.less$/,
    use: [{
```

```
        loader: 'style-loader',
      }, {
        loader: 'css-loader', // translates CSS into CommonJS
      }, {
        loader: 'less-loader', // compiles Less to CSS
+       options: {
+         lessOptions: {
+           modifyVars: {
+             'primary-color': '#1DA57A',
+             'link-color': '#1DA57A',
+             'border-radius-base': '2px',
+           },
+           javascriptEnabled: true,
+         }
+       },
      }],
      // ...other rules
    }],
    // ...other config
}
```

注意:less-loader 的处理范围不要过滤掉 node_modules 下的 antd 包。

3. 在 vue cli 3 中定制主题

在项目根目录下新建文件 vue.config.js,并添加如下代码:

```
module.exports = {
    css: {
      loaderOptions: {
        less: {
          lessOptions: {
            modifyVars: {
              'primary-color': '#1DA57A',
              'link-color': '#1DA57A',
              'border-radius-base': '2px',
            },
            javascriptEnabled: true,
          },
        },
      },
    },
  };
```

4. 配置 less 变量文件

配置 less 变量文件的第一种方式是直接修改 antd.less 里的变量,另外一种方式是建立一个单独的 less 变量文件,引入这个文件覆盖 antd.less 里的变量:

```
@import '~ant-design-vue/dist/antd.less'; // 引入官方提供的 less 样式入口文件
@import 'your-theme-file.less'; // 用于覆盖上面定义的变量
```

注意：这种方式已经载入了所有组件的样式，不需要也无法和按需加载插件 babel-plugin-import 的 style 属性一起使用。

5. 使用暗黑主题

方式一：在样式文件全量引入 antd.dark.less。代码如下：

```
@import '~ant-design-vue/dist/antd.dark.less'; // 引入官方提供的暗色 less 样式入口文件
```

注意：这种方式下不需要再引入 ant-design-vue/dist/antd.less。

方式二：在 webpack.config.js 使用 less-loader 按需引入。代码如下：

```
// webpack.config.js
module.exports = {
  rules: [{
    test: /\.less$/,
    use: [{
      loader: 'style-loader',
    }, {
      loader: 'css-loader', // translates CSS into CommonJS
    }, {
      loader: 'less-loader', // compiles Less to CSS
+      options: {
+        lessOptions: { //如果使用 less-loader@5,请移除 lessOptions 这一级直接配置选项
+          modifyVars: getThemeVariables({
+            dark: true, //开启暗黑模式
+          }),
+          javascriptEnabled: true,
+        },
+      },
    }],
  }],
};
```

7.2.9 国际化

ant-design-vue 目前的默认文案是英文，如果需要使用其他语言，ant-design-vue 提供了一个 Vue 组件 ConfigProvider，用于全局配置国际化文案。

新建文件"components/LocaleDemo.vue"，代码如下：

```
<template>
  <div class="locale-box">
    <span style="margin-right: 16px">选择语言</span>
    <a-radio-group v-model:value="locale">
      <a-radio-button key="en" :value="enUS.locale">英文</a-radio-button>
```

```
        <a-radio-button key="cn" :value="zhCN.locale">中文</a-radio-button>
      </a-radio-group>
      <a-config-provider :locale="locale === 'en' ? enUS : zhCN">
        <div>
          <a-transfer
            :data-source="[]"
            show-search
            :target-keys="[]"
            :render="(item) => item.title"
          />
        </div>
        <div>
          <a-table :data-source="[]" :columns="columns" />
        </div>
      </a-config-provider>
    </div>
  </template>

  <script lang="ts">
  import { defineComponent, ref, watch } from "vue";
  import enUS from "ant-design-vue/es/locale/en_US";
  import zhCN from 'ant-design-vue/es/locale/zh_CN';
  import moment from "moment";
  import "moment/dist/locale/zh-cn";
  moment.locale("en");

  const columns = [
    {
      title: "Name",
      dataIndex: "name",
      filters: [
        {
          text: "filter1",
          value: "filter1",
        },
      ],
    },
    {
      title: "Age",
      dataIndex: "age",
    },
  ];
  export default defineComponent({
    setup() {
      const locale = ref(enUS.locale);
      watch(locale, (val) => {
        moment.locale(val);
      });
      return { locale, enUS, zhCN, moment, columns };
    },
```

```
});
</script>
<style scoped>
.locale-box{
  width: 420px;
}
</style>
```

在 Home.vue 中引入组件 LocaleDemo.vue，代码如下：

```
  <LocaleDemo></LocaleDemo>
import LocaleDemo from "@/components/LocaleDemo.vue";
export default defineComponent({
  name: "Home",
  components: {
    LocaleDemo,
  },
});
```

运行结果如图 7.1 所示。

图 7.1　运行结果

配合 Vue-I18n 可以实现自定义静态数据的国际化。Vue-I18n 官网地址：https://kazupon.github.io/vue-i18n/。Vue I18n 是 Vue.js 的国际化插件，它可以轻松地将一些本地化功能集成到 Vue.js 应用程序中。

7.2.10　Layout 布局

Layout 用于协助进行页面级整体布局，它主要包括：统一的画板尺寸和交互方案、布局容器组件。

1. 尺　寸

一级导航项偏左靠近 logo 放置，辅助菜单偏右放置。导航的尺寸设计规则如下：

① 顶部导航（大部分系统）：一级导航高度 64px，二级导航 48px。

② 顶部导航（展示类页面）：一级导航高度 80px，二级导航 56px。

③ 顶部导航高度的范围计算公式为：$48+8n$。

④ 侧边导航宽度的范围计算公式：$200+8n$。

2. 交　互

界面导航遵循以下的交互原则：

① 一级导航和末级的导航需要在可视化的层面被强调出来；

② 当前项应该在呈现上优先级最高；

③ 当导航收起的时候，当前项的样式自动赋予给它的上一个层级；

④ 左侧导航栏的收放交互同时支持手风琴和全展开的样式，可以根据业务的要求进行适当地选择。

3. 组件概述

Layout 封装了一些布局容器组件，包括：Layout、Header、Sider、Content、Footer，各组件的说明如下：

① Layout：布局容器，其下可嵌套 Header Sider Content Footer 或 Layout 本身，可以放在任何父容器中。

② Header：顶部布局，自带默认样式，其下可嵌套任何元素，只能放在 Layout 中。

③ Sider：侧边栏，自带默认样式及基本功能，其下可嵌套任何元素，只能放在 Layout 中。

④ Content：内容部分，自带默认样式，其下可嵌套任何元素，只能放在 Layout 中。

⑤ Footer：底部布局，自带默认样式，其下可嵌套任何元素，只能放在 Layout 中。

常见的经典布局方式如图 7.2 所示。

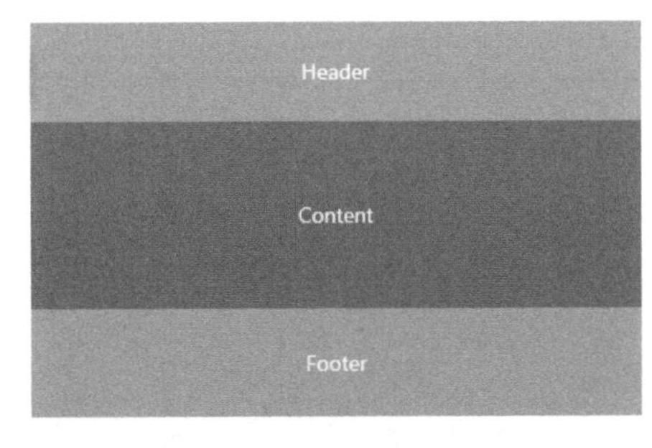

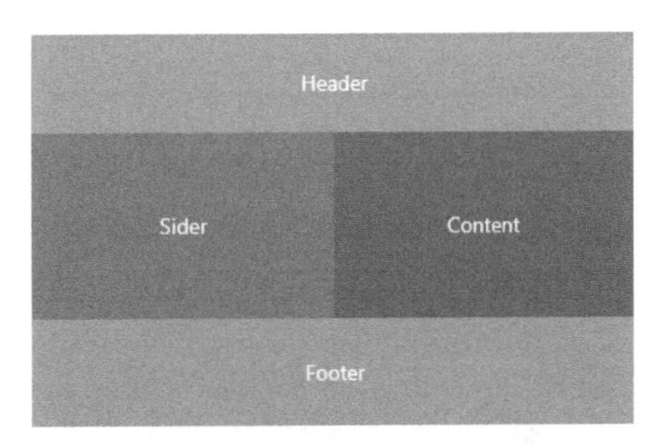

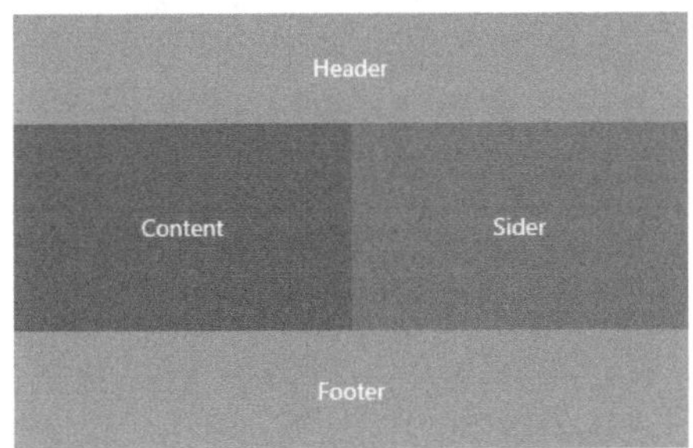

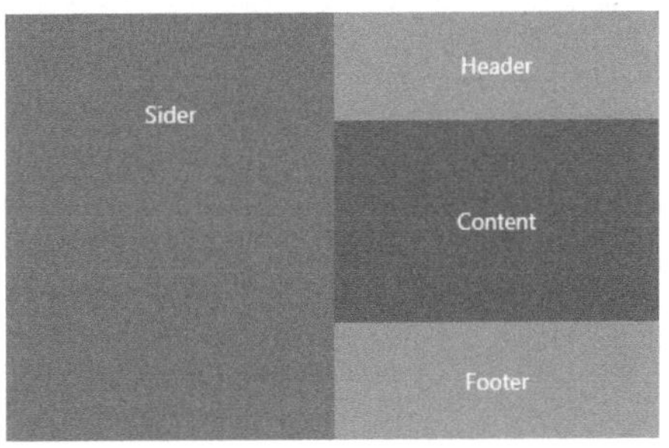

图 7.2　经典布局方式

新建文件“views/LayoutDemo.vue”，测试代码如下：

```
<template>
  <a-layout>
    <a-layout-header>Header</a-layout-header>
    <a-layout-content>Content</a-layout-content>
    <a-layout-footer>Footer</a-layout-footer>
  </a-layout>
  <hr />
  <a-layout>
    <a-layout-header>Header</a-layout-header>
    <a-layout>
      <a-layout-sider>Sider</a-layout-sider>
      <a-layout-content>Content</a-layout-content>
    </a-layout>
    <a-layout-footer>Footer</a-layout-footer>
  </a-layout>
  <hr />
  <a-layout>
    <a-layout-header>Header</a-layout-header>
    <a-layout>
      <a-layout-content>Content</a-layout-content>
      <a-layout-sider>Sider</a-layout-sider>
    </a-layout>
    <a-layout-footer>Footer</a-layout-footer>
  </a-layout>
  <hr />
  <a-layout>
    <a-layout-sider>Sider</a-layout-sider>
    <a-layout>
      <a-layout-header>Header</a-layout-header>
      <a-layout-content>Content</a-layout-content>
      <a-layout-footer>Footer</a-layout-footer>
    </a-layout>
  </a-layout>
</template>
<style lang="scss" scoped>
.code-box-demo {
  text-align: center;
}
.ant-layout-header,
.ant-layout-footer {
  color: #fff;
  background: #7dbcea;
}
[data-theme="dark"] .ant-layout-header {
```

```
  background: #6aa0c7;
}
[data-theme = "dark"] .ant-layout-footer {
  background: #6aa0c7;
}
.ant-layout-footer {
  line-height: 1.5;
}
.ant-layout-sider {
  color: #fff;
  line-height: 120px;
  background: #3ba0e9;
}
[data-theme = "dark"] .ant-layout-sider {
  background: #3499ec;
}
.ant-layout-content {
  min-height: 120px;
  color: #fff;
  line-height: 120px;
  background: rgba(16, 142, 233, 1);
}
[data-theme = "dark"] .ant-layout-content {
  background: #107bcb;
}
.code-box-demo > .ant-layout + .ant-layout {
  margin-top: 48px;
}
</style>
```

4. 侧边两列式布局

页面横向空间有限时，侧边导航可收起。侧边导航在页面布局上采用的是左右的结构，一般主导航放置于页面的左侧固定位置，辅助菜单放置于工作区顶部。内容根据浏览器终端进行自适应，能提高横向空间的使用率，但是整个页面排版不稳定。侧边导航的模式层级扩展性强，一、二、三级导航项目可以更为顺畅且具关联性地展示，同时侧边导航可以固定，使得用户在操作和浏览中可以快速地定位和切换当前位置，有很高的操作效率。但这类导航横向页面内容的一部分空间会被牺牲掉。

新建布局组件 layout/index.vue，代码如下：

```
<template>
  <a-layout style = "min-height: 100vh">
    <a-layout-sider v-model:collapsed = "collapsed" collapsible>
      <div class = "logo" />
```

```
        <a-menu theme="dark" v-model:selectedKeys="selectedKeys" mode="inline">
          <a-menu-item key="1">
            <pie-chart-outlined />
            <span>统计报表</span>
          </a-menu-item>
          <a-sub-menu key="sub1">
            <template #title>
              <span>
                <user-outlined />
                <span>权限管理</span>
              </span>
            </template>
            <a-menu-item key="3">用户管理</a-menu-item>
            <a-menu-item key="4">角色管理</a-menu-item>
            <a-menu-item key="5">菜单管理</a-menu-item>
          </a-sub-menu>
          <a-menu-item key="9">
            <file-outlined />
            <span>文件管理</span>
          </a-menu-item>
        </a-menu>
      </a-layout-sider>
      <a-layout>
        <a-layout-header style="background: lightblue; padding: 0" />
        <a-layout-content style="margin: 0 16px">
          <a-breadcrumb style="margin: 16px 0">
            <a-breadcrumb-item>权限管理</a-breadcrumb-item>
            <a-breadcrumb-item>用户管理</a-breadcrumb-item>
          </a-breadcrumb>
          <div :style="{ padding: '24px', background: '#fff', minHeight: '360px' }">
            <router-view />
          </div>
        </a-layout-content>
        <a-layout-footer style="text-align: center">
          Ant Design ©2018 Created by Ant UED
        </a-layout-footer>
      </a-layout>
    </a-layout>
</template>
<script>
import {
  PieChartOutlined,
  UserOutlined,
  FileOutlined,
}from '@ant-design/icons-vue';
import { defineComponent, ref } from 'vue';
```

```
export default defineComponent({
  components: {
    PieChartOutlined,
    UserOutlined,
    FileOutlined,
  },
  data() {
    return {
      collapsed: ref(false),
      selectedKeys: ref(['1']),
    };
  },
});
</script>
<style lang="scss" scoped>
  .logo {
  height: 32px;
  margin: 16px;
  background: rgba(255, 255, 255, 0.3);
}
.site-layout .site-layout-background {
  background: #fff;
}
[data-theme='dark'] .site-layout .site-layout-background {
  background: #141414;
}
</style>
```

新建内容页面 views/Main. vue,代码如下:

```
<template>
    <div>
     内容
    </div>
</template>
<script lang="ts">
import { defineComponent } from 'vue'
export default defineComponent({
    setup () {
        return {}
    }
})
</script>
<style scoped>
</style>
```

在 router. index. ts 中配置路由,代码如下:

```
{
  path: '/layout-test', name: 'layout-test', component: () =>
    import("../views/LayoutTest.vue"),
    children:[
     {
       path:'',component: () =>
       import("../views/Main.vue"),
     }
    ]
}
```

在浏览器输入地址:http://localhost:8080/layout-test,界面运行效果如图 7.3 所示。

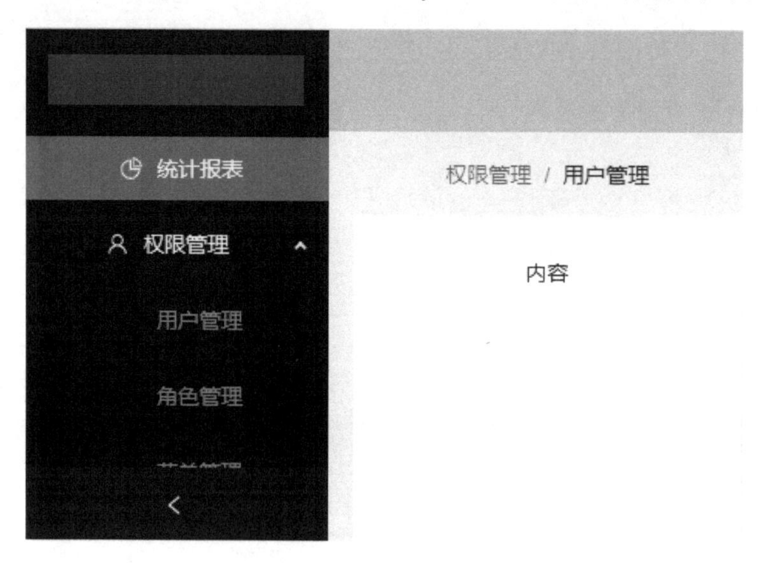

图 7.3　界面运行效果

7.2.11　使用 iconfont 图标

我们实际工作当中用得较多的是阿里巴巴矢量图标库,官网地址:https://www.iconfont.cn/。多数时候,我们只需要在官网搜索我们需要的图,然后自己新建一个项目用于存储和管理图标,我们既可以使用在线生成的 cdn 地址直接引入,也可以将图标资源文件下载到项目当中进行本地引用,具体看我们实际项目的需求。如果项目部署在不能访问外网的服务器上,那么就只能先将图标资源下载下来,存放在项目当中,然后再引用。如图 7.4 所示,可以看到在线生成的 cdn 资源地址,也可以单击"下载至本地"按钮下载离线资源文件。

在前面 layout/index.vue 中,我们有用到 antd 当中系统自带的矢量图标,代码如下:

```
import {
  PieChartOutlined,
  UserOutlined,
  FileOutlined,
}from '@ant-design/icons-vue';
```

图 7.4 在线生成 cdn 资源地址

如果要使用阿里巴巴矢量库中的图标，我们可以引用 createFromIconfontCN 方法。示例代码如下：

```
import {
  createFromIconfontCN
}from '@ant-design/icons-vue';
const IconFont = createFromIconfontCN({scriptUrl:'//at.alicdn.com/t/font_2155726_mp6hgha7b2g.js'});
export default defineComponent({
  components: {
    IconFont
  },
```

修改模板中用户管理的代码：

```
<a-menu-item key = "3"> <icon-font type = "icon-yonghu"> </icon-font >用户管理</a-menu-item >
```

注意，这里的 scriptUrl 就是阿里巴巴矢量库中生成的图标地址，我们需要用哪个图标就把哪个图标名称复制过来，通过 type="图标名称"的方式可以直接引用。如图 7.5 所示，我们已经把 iconfont 图标引用过来了。

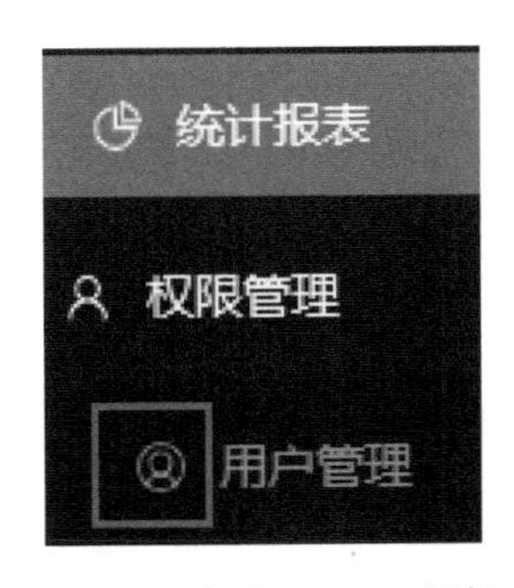

图 7.5 引用 iconfont 图标

其实我们也可以直接在 public/index.html 中全局引入阿里巴巴矢量图标库，其使用方式和常规 html 中引入矢量图标库的方法一样。

学习 UI 框架的使用，我建议读者先快速过一遍官方的文档，对框架有一个基本的了解，知道它有哪些常用组件，可以实现哪些功能，当具体选择使用什么样的组件和功能时，再去查文档，如果在文档中没有找到具体示例，再上网去搜索相关资料和示例。要知道所有的理论技术都是为了应用而服务的，一定要自己多动手、多思考。

7.3 Element Plus 介绍

Element Plus 是由饿了么大前端团队开源出品的一套为开发者、设计师和产品经理准备的基于 Vue3.0 的组件库，提供了配套设计资源，可以帮助你的网站快速成型。

源码地址：https://github.com/element-plus/element-plus。

官方网站：https://element-plus.org。

国内加速镜像：https://element-plus.gitee.io。

Element Plus 使用 TypeScript + Composition API 进行了重构，重构的内容有：

① 使用 TypeScript 开发，提供完整的类型定义文件。

② 使用 Vue 3.0 Composition API 降低耦合，简化逻辑。

③ 使用 Vue 3.0 Teleport 新特性重构挂载类组件。

④ 使用 Lerna 维护和管理项目。

⑤ 使用更轻量、更通用的时间日期解决方案 Day.js。

⑥ 升级适配 popperjs，async-validator 等核心依赖。

⑦ 完善了 52 种国际化语言支持。

⑧ 全新的视觉。

⑨ 优化的组件 API。

⑩ 更多自定义选项。

⑪ 更加详尽友好的文档。

Element Plns 特性如下：

① 一致性(Consistency)。

a. 与现实生活一致：与现实生活的流程、逻辑保持一致，遵循用户习惯的语言和概念。

b. 界面一致：所有的元素和结构需保持一致，比如设计样式、图标和文本、元素的位置等。

② 反馈(Feedback)。

a. 控制反馈：通过界面样式和交互动效让用户可以清晰地感知自己的操作。

b. 页面反馈：操作后，通过页面元素的变化清晰地展现当前状态。

③ 效率(Efficiency)。

a. 简化流程：操作流程简洁直观。

b. 清晰明确：语言表达清晰且表意明确，让用户快速理解进而做出决策。

c. 帮助用户识别：界面简单直白，让用户快速识别而非回忆，减少用户记忆负担。

④ 可控(Controllability)。

a. 用户决策：根据场景可给予用户操作建议或安全提示，但不能代替用户进行决策。

b. 结果可控：用户可以自由地进行操作，包括撤销、回退以及终止当前操作等。

7.3.1 npm 或 CDN 安装

创建一个 Vue3 项目：

```
vue create element-plus-admin-ts
```

推荐使用 npm 的方式安装，它能更好地和 Webpack 打包工具配合使用：

```
npm install element-plus --save
```

目前可以通过 unpkg. com/element-plus 获取到 element-plus 最新版本的资源，在页面上引入 js 和 css 文件即可开始使用：

```
<! --引入样式 -->
<link rel = "stylesheet" href = "https://unpkg.com/element-plus/lib/theme-chalk/index.css">
<! --引入组件库 -->
<script src = "https://unpkg.com/element-plus/lib/index.full.js"></script>
```

7.3.2 引入 Element Plus

可以引入整个 Element Plus，或是根据需要仅引入部分组件。

1. 完整引入

先介绍一下如何引入完整的 Element。

在 main. ts 中写入以下内容：

```
import { createApp } from "vue";
import App from "./App.vue";
import router from "./router";
import store from "./store";
import ElementPlus from 'element-plus';
import 'element-plus/lib/theme-chalk/index.css';
const app = createApp(App);
app.use(ElementPlus).use(store).use(router).mount("#app");
```

以上代码便完成了 Element Plus 的引入。需要注意的是，样式文件需要单独引入。

2. 按需引入

在 Vue Cli 和 Vite 当中，按需引入方式不同，这里只讲解 Vuc Cli 中按需引入的方式。

借助 babel-plugin-import，我们可以只引入需要的组件，以达到减小项目体积的目的。首先，安装 babel-plugin-import：npm install babel-plugin-import -D 或者 yarn add babel-plugin-import -D。然后，需要对 babel. config. js 文件进行修改。引入. scss 样式，需要在 babel. config. js 中添加如下配置：

```
module.exports = {
  presets: ["@vue/cli-plugin-babel/preset"],
  plugins: [
    [
      "import",
      {
        libraryName: 'element-plus',
        customStyleName: (name) => {
          name = name.slice(3)
          return 'element-plus/packages/theme-chalk/src/${name}.scss';
```

```
        },
      },
    ],
  ],
};
```

引入 .css 样式：

```
[
    "import",
      {
        libraryName: 'element-plus',
        customStyleName: (name) => {
          return 'element-plus/lib/theme-chalk/${name}.css';
        },
      },
    ],
```

接下来，如果你只希望引入部分组件，比如 Button 和 Select，那么需要在 main.js 中写入以下内容：

```
import { ElButton, ElSelect } from 'element-plus';
//如果要使用.scss样式文件，则需要引入 base.scss 文件
// import 'element-plus/packages/theme-chalk/src/base.scss'
const app = createApp(App);
app.use(ElButton;
app.use(ElSelect);
```

7.3.3 全局配置

在引入 Element Plus 时，可以传入一个全局配置对象。该对象目前支持 size 与 zIndex 字段。size 用于改变组件的默认尺寸，zIndex 设置弹框的初始 z-index(默认值：2000)。按需引入 Element Plus 的具体操作如下：

```
app.use(ElementPlus, { size: 'small', zIndex: 3000 });
```

7.3.4 自定义主题

Element Plus 默认提供一套主题，CSS 命名采用 BEM 的风格，方便使用者覆盖样式。以下提供了四种方法，可以进行不同程度的样式自定义。

① 仅替换主题色。

如果仅希望更换 Element Plus 的主题色，推荐使用在线主题生成工具。Element Plus 默认的主题色是鲜艳、友好的蓝色。通过替换主题色，能够让 Element Plus 的视觉更加符合具体项目的定位。

使用上述工具可以很方便地实时预览主题色改变之后的视觉，同时它还可以基于新的主题色生成完整的样式文件包，供直接下载使用。

② 在项目中改变 SCSS 变量。

Element Plus 的 theme-chalk 使用 SCSS 编写，如果你的项目也使用了 SCSS，那么可以直接在项目中改变 Element Plus 的样式变量。新建一个样式文件，例如 element-variables.scss，写入以下内容：

```
/* 改变主题色变量 */ $--color-primary: teal; /* 改变 icon 字体路径变量,必需 */
$--font-path: '~element-plus/lib/theme-chalk/fonts';
@import "~element-plus/packages/theme-chalk/src/index";
```

之后，在项目的入口文件中直接引入以上样式文件即可(无须引入 Element Plus 编译好的 CSS 文件)：

```
import './element-variables.scss';
```

③ 命令行主题工具。

如果你的项目没有使用 SCSS，那么可以使用命令行主题工具进行深层次的主题定制。

首先安装主题生成工具，可以全局安装或者安装在当前项目下，推荐安装在当前项目下，方便别人 clone 项目时能直接安装依赖并启动，这里以全局安装做演示：

```
npm i element-theme -g
```

安装白色主题，可以从 npm 安装或者从 GitHub 拉取最新代码，如下所示：

```
# 从 npm
npm i element-theme-chalk -D
# 从 GitHub
npm i https://github.com/ElementUI/theme-chalk -D
```

主题生成工具安装成功后，如果全局安装可以在命令行里通过 et 调用工具，如果安装在当前目录下，需要通过 node_modules/.bin/et 访问到命令。执行 -i 初始化变量文件，默认输出到 element-variables.scss，当然你可以传参数指定文件输出目录：

```
et -i [可以自定义变量文件]
>√ Generator variables file
```

如果使用默认配置，执行后当前目录会有一个 element-variables.scss 文件，文件内部包含了主题所用到的所有变量，它们使用 SCSS 的格式定义，大致结构如下：

```
$--color-primary: #409EFF !default;
$--color-primary-light-1: mix($--color-white, $--color-primary, 10%) !default; /* 53a8ff */
$--color-primary-light-2: mix($--color-white, $--color-primary, 20%) !default; /* 66b1ff */
$--color-primary-light-3: mix($--color-white, $--color-primary, 30%) !default; /* 79bbff */
$--color-primary-light-4: mix($--color-white, $--color-primary, 40%) !default; /* 8cc5ff */
$--color-primary-light-5: mix($--color-white, $--color-primary, 50%) !default; /* a0cfff */
$--color-primary-light-6: mix($--color-white, $--color-primary, 60%) !default; /* b3d8ff */
$--color-primary-light-7: mix($--color-white, $--color-primary, 70%) !default; /* c6e2ff */
$--color-primary-light-8: mix($--color-white, $--color-primary, 80%) !default; /* d9ecff */
$--color-primary-light-9: mix($--color-white, $--color-primary, 90%) !default; /* ecf5ff */
```

```
$--color-success: #67c23a ! default;
$--color-warning: #e6a23c ! default;
$--color-danger: #f56c6c ! default;
$--color-info: #909399 ! default;
...
```

直接编辑 element-variables.scss 文件，例如修改主题色为红色：

```
$--color-primary: red;
```

保存文件后，到命令行里执行 et 编译主题，如果想启用 watch 模式实时编译主题，增加-w 参数；如果在初始化时指定了自定义变量文件，则需要增加-c 参数，并带上变量文件名。默认情况下编译的主题目录是放在 ./theme 下，可以通过 -o 参数指定打包目录。

```
et
>√ build theme font
>√ build element theme
```

④ 使用自定义主题。

和引入默认主题一样，在代码里直接引用【在线主题编辑器】或【命令行工具】生成的主题的 theme/index.css 文件即可：

```
import { createApp } from 'vue'
import '../theme/index.css'
import ElementPlus from 'element-plus'
createApp(App).use(ElementPlus)
```

如果是搭配 babel-plugin-component 一起使用，只需要修改 .babelrc 的配置，指定 styleLibraryName 路径为自定义主题相对于 .babelrc 的路径，注意要加 ～。

```
{
  "plugins": [
    [
      "component",
      {
        "libraryName": "element-plus",
        "styleLibraryName": "~theme"
      }
    ]
  ]}
```

7.3.5 组　件

Element Plus 中的组件及用法和 Element UI 中一样，这里不再赘述。详细说明可参考官方文档：https://element-plus.gitee.io/#/zh-CN/component/installation。

第8章 Webpack5介绍

本章学习目标

- 熟悉 Webpack 的详细配置
- 可以使用 Webpack 搭建开发环境
- 可以使用 Webpack 打包优化项目

需要基础

- 有 NPM 的使用基础
- 对 ES6 基本语法有所了解
- 需要懂一点 Node

环境参数

- Webpack5 以上
- Node. js10 以上

8.1 Webpack 概念的引入

在网页中会引用哪些常见的静态资源？

① JS:. js、. jsx、. coffee、. ts(TypeScript)。

② CSS:. css、. less、. sass、. scss。

③ Images:. jpg、. png、. gif、. bmp。

④ 字体文件(Fonts):. svg、. ttf、. eot、. woff、. woff2。

⑤ 模板文件:. ejs、. jade、. vue(这是 Vue 在 Webpack 中定义组件的方式,推荐用法)。

说明:SCSS 是 Sass3 版本引入的新语法,其语法完全兼容 CSS3,并且继承了 Sass 的强大功能。也就是说,任何标准的 CSS3 样式表都是具有相同语义的有效的 SCSS 文件。另外,SCSS 还能识别大部分 CSS hacks(一些 CSS 小技巧)和特定于浏览器的语法。

网页中引入的静态资源多了以后有什么问题？

① 网页加载速度慢,因为我们要发起很多的二次请求。

② 要处理错综复杂的依赖关系。

如何解决上述两个问题?

① 合并、压缩、精灵图(雪碧图)、图片 Base64 编码。

② 处理依赖关系可以使用 requireJS,也可以使用 Webpack 解决各个包之间的复杂依赖关系。

对应的技术方案:

① 使用 Gulp 进行压缩合并,它是基于 task 任务的。

② 使用 Webpack,它是基于整个项目进行构建的。

注意:并不是所有的图片都适合采用 Base64 编码,通常只有图片足够小且其特殊性无法被制作成雪碧图(CssSprites),并且图片在整个网站的复用性很高且基本不会被更新时才考虑使用。

在项目比较大的情况下,使用 Gulp 会创建许多的 task 任务,比较麻烦。所以它通常适合一些小的模块构建。

什么是精灵图?

CSS 精灵(CSS Sprites)是一种网页图片应用处理技术。主要是指将网页中需要的零星的小图片集成到一个大的图片中,这样能够有效地减少 HTTP 请求数。

什么是 Base64 编码?

图片的 Base64 编码就是可以将一幅图片的数据编码成一串字符串,并使用该字符串代替图像地址。我们知道图片的下载始终都要向服务器发出请求,要是图片的下载不用向服务器发出请求,而可以随着 HTML 下载的同时直接下载到本地那就方便多了,而 Base64 正好能解决这个问题。将图片转化为 Base64 编码可以直接通过在线网站进行转换,例如 http://tool.chinaz.com/tools/imgtobase/。

图片进行 Base64 编码的优点:

① 无额外请求。

② 适用于极小或者极简单图片。

③ 可像单独图片一样使用,比如背景图片重复使用等。

④ 没有跨域问题,无须考虑缓存、文件头或者 cookies 问题。

图片进行 Base64 编码的缺点:

① 使用 Base64 不代表性能优化。

使用 Base64 的好处是能够减少图片的 HTTP 请求,但是,与此同时付出的代价则是 CSS 文件体积的增大。而 CSS 文件体积的增大意味着什么呢?意味着 CRP 的阻塞。

CRP(Critical Rendering Path,关键渲染路径)是指浏览器从服务器接收到一个 HTML 页面的请求到屏幕上渲染出来所经过的一系列步骤。

通俗而言,就是图片不会导致关键渲染路径的阻塞,而转化为 Base64 的图片大大增加了 CSS 文件的体积,CSS 文件的体积直接影响渲染,导致用户会长时间注视空白屏幕。HTML 和 CSS 会阻塞渲染,而图片不会。

② 页面解析 CSS 生成的 CSSOM 时间增加。

Base64 跟 CSS 混在一起,大大增加了浏览器需要解析 CSS 树的耗时。其实解析 CSS 树的过程是很快的,一般为几十微秒到几毫秒。

CSS 对象模型（CSSOM）：CSSOM 是一个建立在 Web 页面上的 CSS 样式的映射，它和 DOM 类似，但是只针对 CSS 而不是 HTML。

CSSOM 生成过程如图 8.1 所示，大致是解析 HTML→在文档的 head 部分遇到 link 标记→该标记引用一个外部 CSS 样式表→下载该样式表后根据上述过程生成 CSSOM 树。这里我们要知道的是，CSSOM 阻止任何东西渲染（意味着在 CSS 没处理好之前所有东西都不会展示），而如果 CSS 文件中混入了 Base64，那么解析时间会增长到十倍以上（因为文件体积的大幅增长）。而且，最重要的是增加的解析时间全部都花在关键渲染路径上。所以，当我们需要使用到 Base64 技术时，一定要意识到上述问题，有取舍地进行使用。Webpack 的出现就是为了解决上述提到的问题。

图 8.1　CSSOM 生成过程

8.2　初识 Webpack 5

Webpack 5.0.0 发布于 2020 年 10 月 10 日。Webpack 是一个用于现代 JavaScript 应用程序的静态模块打包工具。它的主要功能是通过入口将所有的依赖关系通过 Webpack 打包成像 css、js、png 这样的静态资源，如图 8.2 所示。

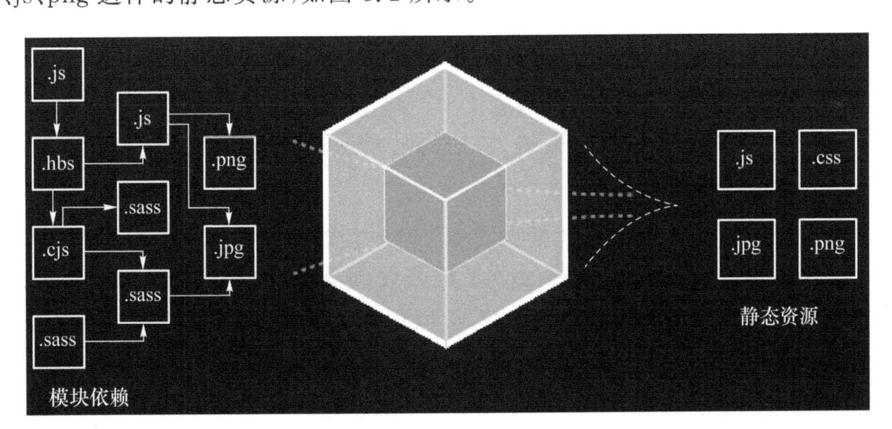

图 8.2　Webpack 功能示意图

Webpack 官网：https://webpack.docschina.org/。

Webpack 中文文档：https://webpack.docschina.org/concepts/。

不使用 Webpack，直接通过 JS、CSS 等开发的 web 应用也可以直接使用，但是有一些功能必须额外处理，比如 ES6 语法浏览器识别不了，CSS 样式要额外处理浏览器兼容性的问题，代码没有合并压缩……而 Webpack 可以帮我们自动处理这一系列的问题，从而提升我们的开发效率。

8.2.1 Webpack 5 的新特性

Webpack 5 具有以下新特性：

① 持久化缓存。

② moduleIds & chunkIds 的优化。

③ 更智能的 tree shaking。

④ Module Federation。

⑤ 清除了内部结构中，在 Webpack 4 没有重大更新而引入一些新特性时所遗留下来的一些不合理的 state。

⑥ Webpack 生成的代码不再仅仅是 ES5，也会生成 ES6 的代码。

⑦ Node.js 的最小支持版本从 6 升级到了 10。

8.2.2 Webpack 核心概念

树结构：在一个入口文件中引入所有资源，形成所有依赖关系树状图。

模块：模块可以是 ES6 模块也可以是 commonJS 或者 AMD 模块，对于 Webpack 来说，是所有的资源(css、js、img...)。

chunk：打包过程中被操作的模块文件叫作 chunk，例如一个模块就是一个 chunk。多个文件可以组成一个代码块，例如把一个可执行模块和它所有依赖的模块组合成一个 chunk，这就是打包。

bundle：bundle 打包后最终的文件可在浏览器中直接运行，最终文件可以和 chunk 长得一模一样，但是大部分情况它是多个 chunk 的集合。经过翻译、优化、压缩后，产生的 bundle 数量可能少于 chunk 的数量，因为有可能多个 chunk 被组合到了一个 bundle 中。

entry：入口，一个可执行模块或库的入口文件，指示 Webpack 以哪个文件作为入口起点开始打包，分析构建内部依赖图。

output：输出，指示 Webpack 打包后的资源 bundles 输出到哪里，以及如何命名。

loader：文件转换器，loader 让 webpack 能够去处理那些非 JavaScript 资源，例如 css、img 等，将它们处理成 Webpack 能够识别的资源，可以理解为一个翻译过程，Webpack 自身是只能理解 js 和 json 的。还可以把一些高级语法转换为浏览器能够识别的最终语法，例如把 ES6 转换为 ES5，scss 转换为 css 等。

plugin：插件，用于扩展 Webpack 的功能，在 Webpack 构建生命周期的节点上加入扩展 hook，添加功能。插件可用于执行范围更广的任务，从打包优化和压缩，一直到重新定义环境中的变量等都属于插件的范围。

mode：模式，只是 Webpack 使用相应模式的配置，分为以下两类：

① 开发模式(developent)：配置比较简单，能让代码本地调试运行的环境。

② 生产模式(production)：代码需要不断优化以达到最好性能，能让代码优化上线运行的环境。

两种模式都会自动启动一些插件，而生产模式使用插件更多。

8.2.3 Webpack 构建流程(原理)

从启动构建到输出结果一系列过程如下:

① 初始化参数:解析 Webpack 配置参数,合并从 shell 传入和 webpack.config.js 文件配置的参数,形成最后的配置结果。

② 开始编译:用上一步得到的参数初始化 compiler 对象,注册所有配置的插件,插件监听 Webpack 构建生命周期的事件节点,并做出相应的反应,执行对象的 run 方法开始执行编译。

③ 确定入口:从配置的 entry 入口开始解析文件构建 AST 语法树,找出依赖,递归下去。

④ 编译模块:递归中根据文件类型和 loader 配置,调用所有配置的 loader 对文件进行转换,再找出该模块依赖的模块,再递归本步骤直到所有入口依赖的文件都经过了本步骤的处理。

⑤ 完成模块编译并输出:递归完成后,得到每个文件结果,包含每个模块及它们之间的依赖关系,根据 entry 配置生成代码块 chunk。

⑥ 输出完成:输出所有的 chunk 到文件系统。

8.3 Webpack 安装和体验

Webpack 安装有以下两种方式

① 运行 npm i webpack -g 或者 yarn global add webpack 全局安装 Webpack,这样就能在全局使用 Webpack 的命令。

② 在项目根目录中运行 npm i webpack --save-dev 或者 yarn add webpack --dev 安装 Webpack 到开发依赖中。

注意:在安装最新的 Webpack 后,我们还需要安装 webpack-cli,否则在使用时会出现如下的提示:“We will use "npm" to install the CLI via "npm install -D webpack-cli"”。

接下来,我们通过一个隔行变色的示例来演示 Webpack 的基本使用。

注意:实际项目中通常会采用 CSS 的方式来实现隔行变色这样的需求(CSS 比 JS 更加高效),这里是为了演示 Webpack 的作用,所以采用 jquery 代码来控制。

图 8.3 最终目录

① 新建目录和文件。

首先新建文件夹 webpack-learn,在 webpack-learn 目录下,执行 npm init -y,会在根目录下生成一个 package.json 文件。

② 安装依赖包。

然后安装 Webpack:npm install webpack-cli-g 和 webpack-cli:yarn add webpack webpack-cli --dev。

安装 jquery:yarn add jquery。

③ 创建 src 目录及下面的子目录和文件。

最终目录如图 8.3 所示。

通常 src 目录是我们的源码目录,index.html 作为默认首页,而 main.js 作为 js 入口文件。

index.html 代码如下：

```
<body>
    <div id="app">
        <ul>
            <li>冯锡范---一剑无血</li>
            <li>陈近南---平生不见陈近南,便称英雄也枉然</li>
            <li>胡逸之---百胜刀王</li>
            <li>九难师太---独臂神尼</li>
        </ul>
    </div>
    <script src="./main.js"></script>
</body>
```

main.js 代码如下：

```
import $ from 'jquery'
$(function () {
  $('li:odd').css('backgroundColor', 'lightblue')
  $('li:even').css('backgroundColor', 'lightgreen')
})
```

如果要通过路径的形式去引入 node_modules 中相关的文件，可以直接省略路径前面的 node_modules 这一层目录，直接写包的名称，然后后面跟上具体的文件路径。例如：import $ from 'jquery'等价于：

```
import $ from '/node_modules/jquery/dist/jquery.js'
```

在 VS Code 当中安装插件“Live Server”，安装完成之后，就可以打开 index.html，然后右键选择“Open with Live Server”，如图 8.4 所示。其中 Live Server 插件表示启动一个本地开发服务器，为静态和动态页面提供实时重载功能。

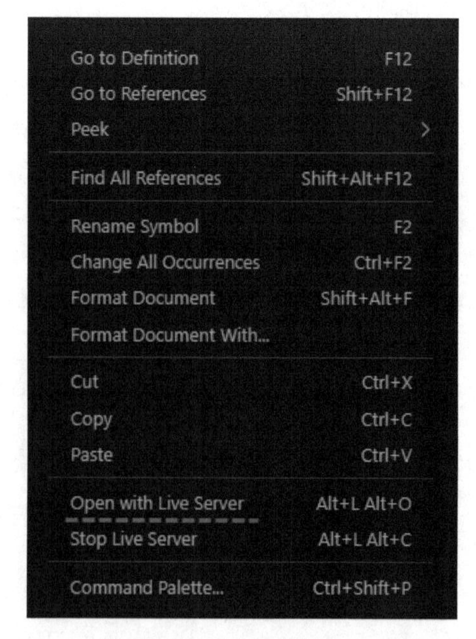

图 8.4 打开 index.html

此时，我们在浏览器中运行 index.html，效果如图 8.5 所示。

我们会发现隔行变色无效，并且控制台报错了。这是因为 import xx from xx 是 ES6 中导入模块的方式，而 ES6 的代码太高级了，浏览器解析不了，所以这一行执行会报错，如果想要浏览器能够解析 ES6 的代码，我们可以将其通过 Webpack 编译为浏览器可以解析的正常 JS 语法。

127.0.0.1:5500/src/index.html

应用 微商城优化 美妆商城 蓝湖 李冉的团队 - 蓝湖 冷站控制 Engli

- 冯锡范---一剑无血
- 陈近南---平生不见陈近南，便称英雄也枉然
- 胡逸之---百胜刀王
- 九难师太---独臂神尼

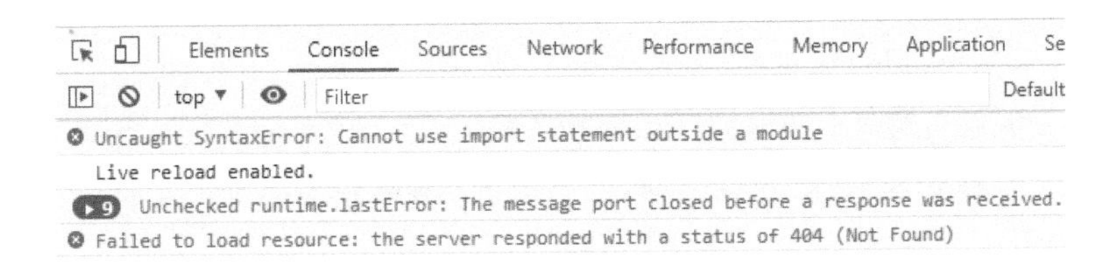

图 8.5 运行效果图

④ 运行 webpack 打包。

通过前端构建工具 webpack 处理一下 main.js，从而生成一个 bundle.js 的文件。运行结果如下：

```
D:\WorkSpace\vue3_ts_book\codes\chapter8\webpack-learn > webpack ./src/main.js --output-filename ./bundle.js --mode development
asset ./bundle.js 323 KiB [emitted] (name: main)
runtime modules 937 bytes 4 modules
cacheable modules 282 KiB
  ./src/main.js 150 bytes [built] [code generated]
  ./node_modules/jquery/dist/jquery.js 282 KiB [built] [code generated]
webpack 5.51.1 compiled successfully in 272 ms
PS D:\WorkSpace\vue3_ts_book\codes\chapter8\webpack-learn>
```

webpack 的命令格式为：webpack＋要打包的文件的路径＋打包好的输出文件的路径＋打包模式(Webpack 4 新增)。

⑤ 修改 index.html 中的 JS 引用。代码如下：

```
<!-- <script src="./main.js"></script> -->
<script src="../dist/bundle.js"></script>
```

运行结果如图 8.6 所示。

127.0.0.1:5500/src/index.html

应用 微商城优化 美妆商城 蓝湖

- 冯锡范---一剑无血
- 陈近南---平生不见陈近南，便称英雄也枉然
- 胡逸之---百胜刀王
- 九难师太---独臂神尼

图 8.6 运行结果

可以发现，在 index.html 中我们只需要引入打包后的 bundle.js 这个文件，如果不采用 webpack 打包，我们可以直接在 index.html 页面中引入文件，而且至少要引入两个，一个是 jquery.js，一个是 main.js，并且这两个文件我们可能还要单独去进行代码压缩。

注意：① 不推荐直接在 index.html 里引用任何包和任何 CSS 文件，而应该在 main.js 中通过 import 引用。

② 每次我们修改了 main.js 中的代码，都需要重新运行 webpack 命令进行打包，代码才会生效。因为我们 index.html 中最终引用的是 bundle.js 文件。

经过上面的示例，可以总结如下：

① Webpack 能够处理 JS 文件的互相依赖关系。

② Webpack 能够处理 JS 的兼容问题，把高级的、浏览器不识别的语法转为低级的、浏览器能正常识别的语法。

我们也可以不指定输入输出文件，在 src 目录下新建一个 index.js 文件，然后从 main.js 中拷贝代码到 index.js，直接运行 webpack --mode production，这里我们将其指定为生产模式。此时 dist 目录下将会自动生成两个文件 main.js 和 main.js.LICENSE.txt。运行结果如下：

```
D:\WorkSpace\vue3_ts_book\codes\chapter8\webpack-learn > webpack ./src/main.js --output-filename ./bundle.js --mode development
asset ./bundle.js 323 KiB [emitted] (name: main)
runtime modules 937 bytes 4 modules
cacheable modules 282 KiB
  ./src/main.js 150 bytes [built] [code generated]
  ./node_modules/jquery/dist/jquery.js 282 KiB [built] [code generated]
webpack 5.51.1 compiled successfully in 278 ms
PS D:\WorkSpace\vue3_ts_book\codes\chapter8\webpack-learn>
```

--output-filename 为编译后输出的文件名称，可以简写为--o。

由于 Webpack 采用了约定大于配置的设计思想，它约定 package.json 中 main 的默认配置项是“index.js”，默认把 index.js 当成入口文件，并默认设置输出文件为 dist/main.js。Webpack 中 development（开发模式）和 production（生产模式）的主要不同是，production 模式会将输出文件进行压缩且去除代码注释，从而进一步减少文件的大小。而 development 模式会保留代码的注释并整理代码的格式，让其保持良好的可阅读性。

我们可以分别打开 bundle.js 和 main.js 文件来查看它们有什么不同，如图 8.7 所示。

图 8.7　bundle.js 和 main.js 文件

修改 index.html 中 JS 的引入路径：

```
<!-- <script src="../dist/bundle.js"></script> -->
<script src="../dist/main.js"></script>
```

运行结果和前面一致，都可以正常显示隔行变色效果。

8.4 Webpack最基本的配置文件的使用

在前面的示例中我们发现，每次运行“webpack”后面都要带一些参数，这样执行起来非常烦琐，我们可以通过配置文件来让操作变得更加简单，并且能够持久化保持我们的配置信息。

如果不做任何配置，且src根目录中没有index.js这个文件，直接运行命令webpack，会出现如下错误提示：

```
webpack
Insufficient number of arguments or no entry found.
Alternatively, run 'webpack(-cli) --help' for usage info.
```

我们在项目根目录下创建一个webpack.config.js（默认，可修改）文件来配置webpack。如果不指定文件名称为“webpack.config.js”，每次都得在webpack命令后面指定配置文件名称。这个配置文件，其实就是一个JS文件，通过Node中的模块操作，向外暴露了一个配置对象，所有的配置项都是可选的，其代码结构如下：

```
module.exports = {
    entry: '',                  //入口文件
    output: {},                 //出口文件
    module: {},                 //处理对应模块
    plugins: [],                //对应的插件
    devServer: {},              //开发服务器配置
    mode: 'development'         //模式配置
}
```

由于在运行webpack命令的时候，webpack需要指定入口文件和输出文件的路径，故我们需要在webpack.config.js中配置这两个路径。根据项目的代码结构，我们来写一下最基本的webpack配置：

```
//导入处理路径的模块
const path = require("path");
//导出一个配置对象
module.exports = {
    entry: path.join(__dirname, "./src/main.js"), //项目入口文件
    output: { //配置输出选项
        path: path.join(__dirname, "./dist"), //配置输出的路径
        filename: "bundle.js" //配置输出的文件名
    },
    mode: "development" //模式配置
};
```

然后再来运行webpack，这次我们发现运行成功了，运行结果和前面执行：webpack ./src/main.js --output-filename ./bundle.js --mode development命令的结果是一样的。

当我们在控制台直接输入webpack命令执行的时候，webpack做了什么？

① 首先，webpack发现我们并没有通过命令参数的形式给它指定入口和出口。

② 于是 webpack 就会去项目的根目录中查找一个叫作"webpack.config.js"的配置文件。

③ 当找到配置文件后,webpack 会去解析执行这个配置文件,当解析执行完配置文件后,就得到了配置文件中导出的配置对象。

④ 当 webpack 拿到配置对象后,就拿到了配置对象中指定的入口和出口,然后进行打包构建。

webpack 配置文件 webpack.config.js 的作用是指示 webpack 干哪些活,当运行 webpack 指令时,其中的配置会被加载。

webpack.config.js 是基于 node.js 平台运行的,模块化默认采用 CommonJS,而项目文件(src 内文件)采用的是 ES6 语法。

如果在控制台运行 webpack,会出现如下错误提示"webpack :无法将"webpack"项识别为 cmdlet、函数、脚本文件或可运行程序的名称。请检查名称的拼写,如果包括路径,请确保路径正确,然后再试一次"。这是因为你的 webpack 是局部安装的,并没有加入到系统环境变量中,所以控制台找不到 webpack 命令,有以下方法可以解决:

① 找到项目根目录下的 package.json 文件,配置"scripts"这个选项,配置加上:

```
"scripts": {
  "webpack":"webpack",
```

执行 npm run webpack,运行结果如下:

```
> webpack
asset bundle.js 323 KiB [emitted] (name: main)
runtime modules 937 bytes 4 modules
cacheable modules 282 KiB
  ./src/main.js 150 bytes [built] [code generated]
  ./node_modules/jquery/dist/jquery.js 282 KiB [built] [code generated]
webpack 5.61.0 compiled successfully in 394 ms
```

运行完成之后,会在 dist 目录下自动生成一个 bundle.js 文件。

② 将项目根目录下 node_modules 文件夹下的.bin 文件夹的路径添加到系统的环境变量 PATH 选项。环境变量在"此电脑"→属性→高级系统设置→环境变量→PATH 中。

③ 全局安装 webpack(不推荐,因为全局安装会将你项目中的 webpack 锁定到指定版本,并且不同的 webpack 版本项目可能会导致构建失败)。

注意:当修改了 webpack 配置文件,新配置要想生效,必须重启 webpack 服务。

8.5 多入口和多出口配置

配置文件 webpack.config.js 中的 entry 配置项表示配置入口,entry 的值可以是 string、array、object 这三种类型:

① string：单入口，打包成一个 chunk，输出一个 bundle 文件，chunk 的名称为默认。例如：

```
entry:'./src/index.js'
```

② array：多入口，写多个入口，所有入口文件形成一个 chunk（名称是默认的），输出只有一个 bundle。例如：

```
entry:["./src/index.js","./src/home.js"]
```

③ object：多入口，有几个入口文件就生成几个 chunk，并输出几个 bundle 文件，chunk 的名称是 key 的名称。例如：

```
entry:{
  home:"./src/home.js",
  index:"./src/index.js"
}
```

object 特殊用法如下：

```
  entry:{
  //数组中所有入口文件生成一个 chunk,输出一个 bundle 文件,chunk 的名称是 key 的名称 other
  other:["./src/index.js","./src/home.js"],
  //生成一个 chunk,输出一个 bundle 文件
  login:"./src/login.js"
},
```

多入口示例代码如下：

```
//多入口
 entry:{
  home:path.join(__dirname,"./src/home.js"),
  index:path.join(__dirname,"./src/index.js")
 },
output: {
  // 配置输出选项
  path: path.join(__dirname, "./dist"), // 配置输出的路径
  filename:"[name].js" //对应多入口,多输出
},
```

执行 npm run webpack，如图 8.8 所示，在 dist 目录下会看到生成了 home.js 和 index.js 的两个 bundle 文件。

图 8.8　dist 目录

8.6 webpack-dev-server

假设我们每次修改 main.js 中的代码，都需要手动运行 webpack 打包的命令，然后去刷新浏览器才能看到最新的代码效果，这样操作起来很麻烦，我们希望有那种热更新的机制，当修改代码之后，会自动进行打包构建，然后马上能够在浏览器中看到最新的运行效果。

所谓热更新，就是在不刷新网页的情况下，改变代码后，会自动编译并更新页面内容。我们可以使用 webpack-dev-server 这个工具来实现自动打包编译的功能。webpack-dev-server 给我们提供了开发过程中的服务器，它是一个使用了 express 的 http 服务器，它的作用主要是为了监听资源文件的改变，该 http 服务器和 client 使用了 websocket 通信协议，只要资源文件发生了改变，webpack-dev-server 就会实时地进行编译。

运行 npm i webpack-dev-server -D 或 yarn add webpack-dev-server -D，把 webpack-dev-server 安装到项目的本地开发依赖。安装完成之后，直接在控制台运行：webpack-dev-server，会报错：

```
webpack-dev-server ：无法将“webpack-dev-server”项识别为 cmdlet、函数、脚本
文件或可运行程序的名称。请检查名称的拼写，如果包括路径，请确保路径正确，然后再试一次。
```

这是因为我们是在项目中进行本地安装的 webpack-dev-server，所以无法把它当作脚本命令，在 powershell 终端中直接运行（只有那些安装到全局 -g 的工具，才能在终端中正常执行）。此时我们需要借助于 package.json 文件中的指令来运行 webpack-dev-server 命令。

修改 package.json 中 scripts 下面的新增 dev 节点，代码如下：

```
"scripts": {
  "dev": "webpack-dev-server --open --port 3000 --hot --mode development --static-directory src",
```

注意：如果想要正常运行 webpack-dev-server 这个工具，则必须在本地项目中安装 Webpack。另外，package.json 属于 json 文件，而 json 文件中是不能写注释的哦。

执行运行：npm run dev，webpack-dev-server 会启动 http://localhost:3000/ 网站并自动打开，由于此时引用不到 bundle.js 文件，src/index.html 文件修改 script 的 src 属性值为 /bundle.js，代码如下：

```
<script src = "/bundle.js"></script>
```

运行结果如图 8.9 所示。

图 8.9　运行结果

需要注意的是，如果不配置--static-directory 这个参数，默认会指向项目根目录下的 public 目录。

除了 url 地址栏有变化之外，运行效果和前面的一致。此时当我们修改 main.js 代码时：

```
$('li:even').css('backgroundColor','pink')
```

只要一保存代码，界面在浏览器中的显示效果会自动更新。

webpack-dev-server 帮我们打包生成的 bundle.js 文件，并没有存放到实际的物理磁盘上，而是直接托管到了电脑的内存中，所以我们在项目根目录中根本找不到这个打包好的 bundle.js。webpack-dev-server 把打包好的文件以一种虚拟的形式托管到了项目的根目录中，虽然我们看不到它，但是可以认为它和 dist、src、node_modules 平级，只是看不见而已，这个文件叫作 bundle.js。

由于需要实时打包编译，所以把 bundle.js 放在内存中的好处是 bundle.js 代码运行速度会非常快。

webpack-dev-server 的常用命令参数如下：

① --open：自动打开浏览器。

② --port 3000：指定端口 3000。

③ --static-directory：服务器托管的静态资源目录。

④ --hot：热重载，热更新；打补丁，实现浏览器的无刷新。

⑤ --mode：定义传递给 webpack 的模式。示例代码：

```
--open --port 3000 --static-directory src --hot
```

8.7 配置 devServer

配置 dev-server 命令参数的另一种方式是通过在 webpack.config.js 文件中进行配置，相对来说，这种方式略微麻烦一些，操作步骤如下：

① 在头部引入 webpack 对象：

```
const webpack = require('webpack')
```

② 在 plugins 节点下添加配置节点：

```
plugins: [ //配置插件的节点
    new webpack.HotModuleReplacementPlugin(), // new 一个热更新的模块对象
],
```

③ 添加 devServer 配置节点：

```
devServer: { //这是配置 dev-server 命令参数的第二种方式
    // --open --port 3000  --hot --static-directory
    open: true, //自动打开浏览器
    port: 3000, //设置启动时候的运行端口
    hot: true //启用热更新
```

```
    static: {
      directory: path.join(__dirname, 'src'),
    }
},
```

注意:配置节点 plugins、devServer 和 output 是同级。

④ 修改 package.json 中的配置,在 scripts 中添加一个配置节点"dev2":

```
"dev2": "webpack-dev-server",
```

⑤ 最后运行 npm run dev2,效果如同图 8.9 所示。

注意:webpack-dev-server 使用 devServer 配置项和使用命令参数的方式只能二选一,同时都配置的话会出现冲突,建议采用 devServer 配置项配置的方式,因为这种方式最有利于大型前端项目的部署和后期维护。

8.8 打包和压缩 HTML 资源

使用 html-webpack-plugin 插件(plugins)可以对 HTML 文件进行处理。每次打包之后,如果生成的文件名变化了,我们都需要手动修改 index.html 中 script 标签的 src 属性,所以推荐大家使用"html-webpack-plugin"插件来配置启动页面。

html-webpack-plugin 插件有以下两个作用:

① 在内存中根据指定磁盘中的页面自动生成一个内存中的页面。

② 自动把打包好的 bundle.js 追加到页面中去,自动生成 script 标签。

配置步骤如下:

① 运行"npm i html-webpack-plugin --save-dev"或"yarn add html-webpack-plugin -D"安装到开发依赖。

② 修改"webpack.config.js"配置文件,代码如下:

```
//导入自动生成 HTMl 文件的插件
const htmlWebpackPlugin = require("html-webpack-plugin");
```

在 module.exports 中添加如下配置节点:

```
plugins: [
  // 配置插件的节点
  new htmlWebpackPlugin({ // 创建一个在内存中生成 HTML 页面的插件
    template: path.join(__dirname, './src/index.html'), // 指定模板页面,将来会根据指定的页面
路径生成内存中的页面
    filename: 'index.html' // 指定生成的页面的名称
  })
],
```

plugins 节点用于存放所有的插件,由于可以存放多个插件,故它是一个数组对象。

③ 将 src/index. html 中 script 标签注释掉,因为“html-webpack-plugin”插件会自动把 bundle. js 注入到 index. html 页面中。

④ 运行 npm run dev2,运行效果和前面一致,此时渲染的是 src/index. html 中的代码内容。

单击鼠标右键查看网页源码,如图 8.10 所示。

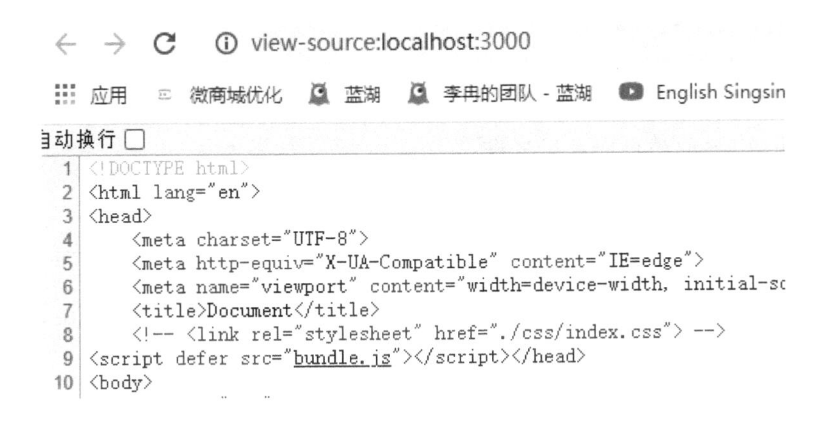

图 8.10 网页源码

从图 8.10 可以看出 HTML 代码并没有压缩。

html-webpack-plugin 除了打包之外,还能压缩 HTML 代码。JS 代码只需要设置生产(production)模式,就会自动压缩。

压缩 HTML 方法如下:

```
// 配置插件的节点
new htmlWebpackPlugin({ // 创建一个在内存中生成 HTML 页面的插件
 //压缩 HTML
 minify:{
   //移除空格
   collapseWhitespace:true,
   //移除注释
   removeComments:true
   }
}),
```

重新运行 npm run dev2,审查界面,单击鼠标右键查看网页源码,如图 8.11 所示,会看到所有代码已经被压缩了。

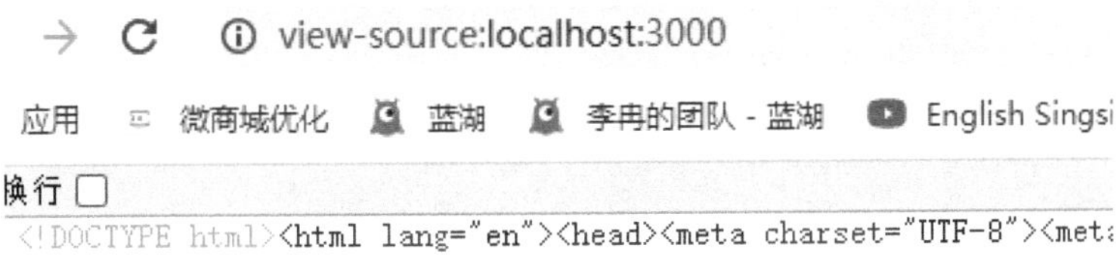

图 8.11 网页源码

8.9 打包多个 HTML 文件

打包多个 HTML 文件的规律是需要有多个 entry，每个 HTML 一个 entry，同时需要新建多个 HtmlWebpackPlugin。通常在使用 webpack 开发多页应用时用到。

准备好示例需要用到的文件：

① js/date. js：日期处理相关的库。

② js/common. js：公共方法库。

③ js/product. js：商品页面入口文件。

④ js/order. js：订单页面入口文件。

⑤ views/product. html：商品页面。

⑥ views/order. html：订单页面。

我们希望 product. html 和 order. html 页面都引用 date. js 和 common. js，同时 product. html 还要引用 product. js，order. html 要引用 order. js。

修改 webpack. config. js，代码如下：

```
//多入口
entry:{
  vendor:[path.join(__dirname,"./src/js/date.js"),path.join(__dirname,"./src/js/common.js")],
  product:path.join(__dirname,"./src/js/product.js"),
  order:path.join(__dirname,"./src/js/order.js")
  },
output: {
  // 配置输出选项
  path: path.join(__dirname, "./dist"), // 配置输出的路径
  filename:"[name].js" //对应多入口,多输出
},
```

先注释 webpack. config. js 中 plugins 的配置，然后运行 npm run webpack，运行完成后，dist 目录下多了 order. js、product. js、vendor. js 这三个文件。

webpack. config. js 中的 plugins 选项添加如下配置：

```
// 配置插件的节点
  new htmlWebpackPlugin({
    // 创建一个在内存中生成 HTML 页面的插件
    template: path.join(__dirname, "./src/views/product.html"), // 指定模板页面,将来会根据指定的页面路径生成内存中的页面
    filename: "product.html", // 指定生成的页面的名称
    chunks: ["product", "vendor"],//加载顺序从右往左
    //压缩 HTML
    minify: {
      //移除空格
      collapseWhitespace: true,
```

```
        //移除注释
        removeComments: true,
        },
    }),
    // 配置插件的节点
    new htmlWebpackPlugin({
        // 创建一个在内存中生成 HTML 页面的插件
        template: path.join(__dirname, "./src/views/order.html"), // 指定模板页面,将来会根据指定的页面路径生成内存中的页面
        filename: "order.html", // 指定生成的页面的名称
        chunks: ["order", "vendor"],
    }),
```

重新运行 npm run webpack,dist 目录下新增了 product.html 和 order.html 页面。

dist/order.html 代码如下:

```
<!DOCTYPE html>
<html lang="en">
<head>
    <meta charset="UTF-8">
    <meta http-equiv="X-UA-Compatible" content="IE=edge">
    <meta name="viewport" content="width=device-width, initial-scale=1.0">
    <title>Document</title>
<script defer src="vendor.js"></script><script defer src="order.js"></script></head>
<body>
    这是订单页
</body>
</html>
```

dist/product.html 代码如下:

```
<!DOCTYPE html><html lang="en"><head><meta charset="UTF-8"><meta http-equiv="X-UA-Compatible" content="IE=edge"><meta name="viewport" content="width=device-width,initial-scale=1"><title>Document</title><script defer="defer" src="vendor.js"></script><script defer="defer" src="product.js"></script></head><body>这是商品页</body></html>
```

8.10 打包 css 资源

本节通过引入 css 样式文件来实现隔行变色的效果。在 src/css 目录下新建 index.css 文件,添加如下 css 代码:

```
/* 奇数 */
ul li:nth-child(odd) {
    background-color: lightblue;
}
```

```
/*偶数*/
ul li:nth-child(even) {
    background-color: lightgreen;
}
ul li {
    font-size: 12px;
    line-height: 30px;
}
```

然后引入 css 文件,但是在哪里引入呢? 是 index. html 还是 main. js? 如果是在 index. html 中引入,代码如下:

```
<link rel = "stylesheet" href = "./css/index.css">
```

通常不建议在 index. html 中引入第三方的样式,因为在 index. html 中每引入一个样式文件都会发起一个新的请求。那么,我们可以在 main. js 中通过 import 语法来引入,代码如下:

```
import './css/index.css'
```

前面我们引入 jQuery 的时候,是通过 import xx from 'xx'来引用的:

```
import $ from 'jquery';
```

因为我们引入一些 JS 模块的时候,往往返回了一个对象,所以需要一个载体接收这个对象,然后再使用这个对象的一些属性和方法。而当我们引入一些静态资源的时候,只是单纯地把文件引入进来而已,所以就直接使用 import,至于最后面的分号可加可不加。

注释掉之前的 jQuery 代码,然后运行:npm run dev,结果报错,错误提示如下:

```
ERROR in ./src/css/index.css 2:3
Module parse failed: Unexpected token (2:3)
You may need an appropriate loader to handle this file type
```

这个错误的意思是你可能需要一个合适的 loader 去操作这种文件类型。此时 Webpack 无法处理后缀名为 .css 的文件。

为什么前面引入 jQuery 可以正常运行,而现在引入 .css 文件就报错? 这是因为 Webpack 默认只能打包处理 JS 类型的文件,无法处理其他的非 JS 类型的文件。如果要处理非 JS 类型的文件,就需要手动安装一些相应的第三方 loader 加载器。

如果想要打包处理 css 文件,需要安装两个 loader,分别是 css-loader 和 style-loader。css-loader 的作用是处理 css 中采用@import 和 url 方式引用的外部资源。style-loader 的作用是把样式插入到 DOM 中,具体方法是在 head 中插入一个 style 标签,并把样式写入到这个标签的 innerHTML 中。

安装命令如下:

```
npm i style-loader css-loader -D
```

或

```
yarn addstyle-loader css-loader -D
```

接下来，我们还要进行一步操作，打开 webpack. config. js 这个配置文件，在里面新增一个叫作 module 的配置节点，它是一个对象，在这个 module 对象上，有个 rules 属性，这个 rules 属性是个数组，而这个数组中存放了所有第三方文件的匹配和处理规则。test 属性后面支持正则表达式，use 属性后面是一个数组，表示用哪些 loader 来进行处理。当匹配到有文件后缀名是 . css 的文件时，采用 style-loader 和 css-loader 这两个加载器进行处理，代码如下：

```
module：{
    // 这个节点用于配置所有第三方模块加载器
    rules：[
      // 配置所有第三方模块的匹配规则
      //配置处理.css 文件的第三方 loader 规则
      {test：/\.css$/，use：["style-loader"，"css-loader"]}，
    ]，
  }，
```

当我们通过 import 引入资源的时候，它并不会马上报错，而是先去 webpack. config. js 这个配置文件中查找 module 中的 rules 属性，如果能匹配上规则，就会用匹配上的 loader 去处理请求的资源文件。

注释掉 main. js 中的 jquery 代码，修改配置文件 webpack. config. js 后，重新运行 npm run dev，编译通过，css 样式文件中的样式也已生效。

Webpack 在打包的时候，会先校验文件的类型，如果是 JS 类型的文件则直接打包，否则先获取资源后缀名，然后去 webpack. config. js 这个配置文件中去查找规则属性 rules，根据 rules 中配置的匹配规则去进行匹配，如果匹配不上就会报错，如果匹配上了，就用匹配的 loader 去处理资源。

在 use 属性中配置的 loader，调用顺序是从右往左。也就是说，在上述配置中先调用 css-loader，然后调用 style-loader。这个也很好理解，我们先通过 css-loader 解析 . css 格式的文件，css 模块依赖解析完之后会得到一个处理结果，将这个处理结果再通过 style-loader 生成一个内容为最终解析完的 CSS 代码的 style 标签放到 head 标签里。最后的一个 loader 调用完毕，会把处理的结果直接交给 webpack 进行打包合并，最终输出到 bundle. js 中去。

在浏览器中单机鼠标右键选择“检查”，可以看到在 head 标签里面自动添加 style 样式，如图 8. 12 所示。

图 8. 12 head 标签中的 style 样式

8.11 打包 less 和 sass

css 只是单纯的属性描述，它并不具有变量、条件语句等，css 的特性导致了它难以组织和维护，特别是大型项目，css 的短板非常明显。

sass 和 less 都属于 css 预处理器，它们定义了一种新的语言，其基本思想是用一种专门的编程语言为 css 增加一些编程的特性，将 css 作为目标生成文件，然后开发者使用这些语言进行 css 编码工作。

8.11.1 打包 less

如果要处理 .less 文件，需要下载 less 包和 less-loader，步骤如下：

① 运行 npm i less-loader less -D 或者 yarn add less-loader less -D。

② 修改 webpack.config.js 这个配置文件：

```
{ test: /\.less$/, use: ['style-loader', 'css-loader', 'less-loader'] },
```

注意 use 引用顺序，从右往左。

③ 新建 index.less 文件，并将 index.css 中的代码拷贝过来，然后在 main.js 中修改样式引用：

```
import './css/index.less'
```

8.11.2 打包 sass

sass 的使用方式和 less 类似，需要下载 node-sass 包和 sass-loader，步骤如下：

① 运行 npm i sass-loader node-sass -D 或 yarn add sass-loader node-sass -D。

② 修改 webpack.config.js 这个配置文件：

```
{ test: /\.scss$/, use: ['style-loader', 'css-loader', 'sass-loader'] }
```

③ 新建 index.scss 文件，并将 index.css 中的代码拷贝过来，按照 scss 重构一下，其实不重构也可以，因为 scss 和 less 一样都是支持 css 原生语法的：

```
ul {
    li{
        font-size: 12px;
        line-height: 30px;
        /* 奇数 */
        &:nth-child(odd) {
            background-color: lightblue;
        }
        /* 偶数 */
        &:nth-child(even) {
            background-color: lightgreen;
```

```
        }
    }
}
```

④ 然后在 main. js 中修改样式引用：

```
import './css/index.scss'
```

注意：所有的 loader 命名规则都是 loader 名称+-loader，这是从 Webpack2. x 之后定下的规则。

这里加载的是 sass-loader，为什么 css 文件后缀名是. scss 呢？

scss 是 sass3 引入的新语法，其语法完全兼容 css3，并且继承了 sass 的强大功能。也就是说，任何标准的 css3 样式表都是具有相同语义的、有效的 scss 文件。另外，scss 还能识别大部分 css hacks（一些 css 小技巧）和特定于浏览器的语法。项目开发中推荐使用 scss 语法。

8.12 提取 css 为单独的文件

css 内容是打包在 js 文件中的，可以使用 mini-css-extract-plugin 插件将其提取成单独的 css 文件。这一点，我们在前面章节的页面中通过在浏览器中查看源码也可以看得出来，整个 html 页面只看到了 bundle. js 这个资源文件的引用。

提取 css 为单独的文件的步骤如下：

① 安装 mini-css-extract-plugin 插件，执行 npm i mini-css-extract-plugin -D 或者 yarn add mini-css-extract-plugin -D。

② 在 webpack. config. js 中引入插件：

```
const MiniCssExtractPlugin = require("mini-css-extract-plugin");
```

③ 在 plugins 模块中使用插件：

```
new MiniCssExtractPlugin()
```

或通过参数 filename 重命名提取的 css 文件名：

```
new MiniCssExtractPlugin({
  filename:'./css/main.css'
})
```

④ 在 css 的 rules 中，使用 MiniCssExtractPlugin. loader 取代 style-loader，提取 JS 中 css 内容为单独文件：

```
{test: /\.css$/, use: [MiniCssExtractPlugin.loader, "css-loader"]},
```

如果要将 less 和 sass 提取成单独的 css 文件，也一样需要将 style-loader 换成 MiniCssExtractPlugin. loader。

```
{test: /\.less$/, use: [MiniCssExtractPlugin.loader, "css-loader", "less-loader"]},
{test: /\.scss$/, use: [MiniCssExtractPlugin.loader, "css-loader", "sass-loader"]},
```

此时，打开 dist/index.html，查看源码如下所示：

```
<script defer src="bundle.js"></script><link href="./css/main.css" rel="stylesheet"></
head>
```

可以看到，css 已经单独提取到了/css/main.css 这个文件中了。

8.13 处理 css 浏览器兼容性

不同的浏览器对 css 的支持是不同的，css 在不同浏览器中的兼容性处理需要使用到 postcss，下载两个包 postcss-loader 和 postcss-preset-env。执行 npm i postcss-loader postcss-preset-env -D 或 yarn add postcss-loader postcss-preset-env - D。

如果不通过 postcss 来帮我们自动处理，则我们在开发的过程当中，每写一个 css 样式都要考虑它在不同浏览器中要如何写(尤其是一些新的 css3 特性，不同浏览器下的写法不同)，这样十分影响开发效率。我们希望只写一个 css 样式，然后让 webpack 在编译的时候自动帮我们生成支持不同浏览器的 css 代码，这样就能极大地提高我们的开发效率，我们在写 css 样式的时候，无须考虑不同浏览器下 css 样式的写法。

postcss 会找到 package.json 中的 browserslist 里面的配置，通过配置加载 css 的兼容性。修改 loader 的配置，需要通过 postcss.config.js 来配置，在项目根目录下新建 postcss.config.js，添加如下代码：

```
module.exports = {
    plugins:[
        require('postcss-preset-env')()
    ]
}
```

browserslist 为在不同前端工具之间共享目标浏览器和 Node.js 版本的配置。

在 package.json 中添加 browserslist 配置项，代码如下：

```
"browserslist":[
">0.2%",
"last 2 versions",
"not dead",
"not ie <= 8"
]
```

browserslist 的配置项虽然很多，但是常用的通常就以下几个：

① >0.2%：由全球使用统计数据选择的浏览器版本，表示支持市场份额大于 0.2%的浏览器。

② dead：来自上两个版本查询的浏览器，但在全球使用统计中占不到 0.5%，并且 24 个月

没有官方支持或更新。not dead 表示没有过时的浏览器。

③ last 2 versions：每个浏览器的最后两个版本。

④ not ie <= 8：排除以前查询选择的浏览器，只支持 IE9 及以上的版本。

修改 webpack.config.js 中的 module，添加 postcss-loader 这个配置项，注意它的位置应该放到最右边，因为我们需要先转换 css，然后再加载 css。代码如下：

```
{test: /\.css$/, use: [MiniCssExtractPlugin.loader, "css-loader","postcss-loader"]},
```

在 src/css/index.css 中添加一段 css 测试代码，在 main.js 中引入 index.css：

```
input::placeholder {
    color: #888;
    text-align: left;
  }
```

执行 npm run webpack，查看 dist/css/main.css 中的代码：

```
input::-moz-placeholder {
  color: #888;
  text-align: left; }

input:-ms-input-placeholder {
  color: #888;
  text-align: left; }

input::placeholder {
  color: #888;
  text-align: left; }
```

可以看到，自动添加了-ms 和 -moz 这样的前缀就是为了兼容不同浏览器特有的 css 样式(-ms:IE 浏览器，-moz:火狐浏览器，-webkit:谷歌浏览器)。

说明：less 和 sass 的兼容性处理和 css 相同。

8.14 压缩 css 内容

webpack 在 production 模式下，会自动压缩优化打包的代码。但是单独提取的 css 文件并没有被压缩，这是因为 webpack 内置的压缩插件仅支持 JS 文件的压缩，而对于其他类型的文件压缩，都需要额外的插件支持。

有两种插件都可以实现 css 的压缩，分别是 optimize-css-assets-webpack-plugin 和 css-minimizer-webpack-plugin。

8.14.1 optimize-css-assets-webpack-plugin 和 cssnano

optimize-css-assets-webpack-plugin 的使用步骤如下：

① 安装插件。

安装 optimize-css-assets-webpack-plugin：npm i optimize-css-assets-webpack-plugin -D 或 yarn add optimize-css-assets-webpack-plugin -D。

安装 cssnano：npm install cssnano -D 或 yarn add cssnano -D。

② 引用插件：

```
const OptimizeCssAssetsWebpackPlugin = require('optimize-css-assets-webpack-plugin');
```

③ 使用插件：

```
optimization: {
  minimize: true, //开发环境下开启优化
  minimizer: [
    //css 压缩
    new OptimizeCssAssetsWebpackPlugin(),
  ],
}
```

参数含义如下：

assetNameRegExp：一个正则表达式，指示应优化\最小化的资产的名称。提供的正则表达式针对配置中 ExtractTextPlugin 实例导出的文件的文件名运行，而不是源 CSS 文件的文件名，默认为/. css $ /g。

cssProcessor：用于优化\最小化 CSS 的 CSS 处理器，默认为 cssnano。这应该是一个跟随 cssnano. process 接口的函数(接收 CSS 和选项参数并返回一个 Promise)。

cssProcessorOptions：传递给 cssProcessor 的选项，默认为 {}。

cssProcessorPluginOptions：传递给 cssProcessor 的插件选项，默认为 {}。

canPrint：一个布尔值，指示插件是否可以将消息打印到控制台，默认为 true。

配置示例如下：

```
new OptimizeCssAssetsPlugin({
    assetNameRegExp: /\.optimize\.css $ /g,
    cssProcessor: require('cssnano'),
    cssProcessorPluginOptions: {
      preset: ['default', { discardComments: { removeAll: true } }],
    },
    canPrint: true
  })
```

然而这样配置会导致 JS 不会被压缩，原因是 Webpack 认为，如果配置了 minimizer，就表示开发者在自定义压缩插件，内部的 JS 压缩器就会被覆盖掉。所以这里还需要手动将它添加回来。Webpack 内部使用的 JS 压缩器是 terser-webpack-plugin。

注意：手动添加需要安装 terser-webpack-plugin 插件才能使用。

执行 npm run webpack，可以看到 dist/css/main. css 中的文件已经被压缩了。

8.14.2 css-minimizer-webpack-plugin

css-minimizer-webpack-plugin插件和optimize-css-assets-webpack-plugin插件压缩css的效果是一样的。

css-minimizer-webpack-plugin插件的使用步骤如下：

① 安装：

npm i css-minimizer-webpack-plugin -D或yarn add css-minimizer-webpack-plugin -D。

② 引用插件：

```
const CssMinimizerWebpackPlugin = require("css-minimizer-webpack-plugin");
```

③ 配置：

```
optimization: {
  minimize: true, //开发环境下开启优化
  minimizer: [
    //css 压缩
    new CssMinimizerWebpackPlugin(),
  ],
}
```

执行npm run webpack，运行结果和8.14.1节一样，都可以进行css代码压缩。

8.15 打包图片资源和字体资源

8.15.1 打包图片资源

在public/img.html页面中，添加如下代码：

```
<div class = "img"></div>
```

然后在index.scss页面添加如下样式代码：

```
.img{
    background: url('../img/1.jpg');
    width:260px;
    height: 400px;
    background-size: cover;
}
```

运行npm run dev2，在浏览器地址栏中输入：http://localhost:3000/img.html，运行结果如图8.13所示。

在浏览器中审查元素，如图8.14所示，我们看到background中的url图片路径是一个

base64 格式的文件，这样处理的好处就是避免了资源文件的二次请求，并且可以有效地防止图片重名。

图 8.13　运行结果

```
.img {
  background: url(http://localhost:3000/fadc864b229b8c434c21.jpg);
  width: 260px;
  height: 400px;
  background-size: cover; }
 == $0
</style>
```

图 8.14　在浏览器中审查元素

可以看到，此时 url 指向的是一个图片的路径，我们直接在浏览器中访问：http://localhost:3000/fadc864b229b8c434c21.jpg ，是可以加载出图片的。

Webpack5 内置了资源模块（assets），可以自己处理资源文件（图片、字体等），在 Webpack5 之前都是需要通过配置一些额外的 loader 才能处理，例如 url-loader，file-loader。

先来看一下图 8.13 的大小，鼠标右键单击图片“1.jpg”，可以看到其大小是 440 701 个字节，再准备一张图片“me.jpg”，其大小是 7 949 个字节。

在 index.scss 中添加样式代码：

```
.me{
    background: url('../imgs/me.jpg');
    width:260px;
    height: 400px;
    background-size: cover;
}
```

在 img.html 中添加 DOM 结构：

```
<div class="me"></div>
```

在 webpack. config. js 中添加如下配置：

```
{
        test: /\.(jpg|png|gif|bmp|jpeg)$/i,
        type: 'asset',
        parser: {
          dataUrlCondition: {
            maxSize: 10 * 1024 //10kb
          }
        },
        generator: {
          filename: 'static/[hash].[ext]'
        }
      }
```

Webpack5 的资源模块有如下几种类型：

① asset/resource：将文件打包输出并导出 URL，类似于 file-loader。

② asset/inline：导出一个资源的 data URI，编码到 bundle 中输出，类似于 url-loader。

③ asset/source：导出资源的源代码，类似于 raw-loader。

④ asset：提供了一种通用的资源类型，根据设置的 Rule. parser. dataUrlCondition. maxSize 自动地在 asset/resource、asset/inline 之间做选择，小于该指定大小的文件视为 inline 模块类型，否则视为 resource 模块类型。

重新运行 npm run dev2，浏览 http://localhost:3000/img. html 审查界面元素，运行结果如图 8.15 所示。

```
.img {
  background: url(http://localhost:3000/static/fadc864b229b8c434c21..jpg);
  width: 260px;
  height: 400px;
  background-size: cover; }

.me {
  background:
url(data:image/jpeg;base64,/9j/4AAQSkZJRgABAQAAAQABAAD/2wCEAAUDBAQEAwUEBAQF
```

图 8.15　运行结果

因为我们配置的是资源小于 10 kb 就使用 asset/inline 的类型，也就是采用 base64 编码，所以我们看到. me 的 url 样式是 base64，而. img 的样式是资源地址。这样就能够对小的图片进行 base64 编码，以减少文件请求数，提升界面加载性能。

8.15.2　打包字体资源

我们到 iconfont 网站(阿里巴巴矢量图标库，https://www. iconfont. cn/)下载矢量图标，下载后，将 iconfont. css 文件放到 css 目录下，将字体文件 iconfont. ttf 放到 fonts 目录下，然后在 main. js 文件中引入字体样式文件 iconfont. css：

```
import './css/iconfont.css'
```

字体图标样式要在其他样式之前引入，这样就可以保证其他样式文件能够直接使用字体图标的样式。

修改 iconfont.css 中引入 iconfont.ttf 的路径：

```
@font-face {
  font-family: "iconfont"; /* Project id 2155726 */
  src: url('../fonts/iconfont.ttf?t=1636104682389') format('truetype');
}
```

在 index.html 页面中添加代码：

```
<span class="iconfont icon-huiyuan fl-clear"></span>
```

在 index.scss 页面中添加样式：

```
.fl-clear{
    float: left;
    clear: both;
    color: red;
}
```

至此已经可以访问字体文件了，但是，如果我们要修改默认配置，可以在 webpack.config.js 中添加如下配置：

```
{test: /\.(ttf|eot|svg|woff|woff2)$/, type: 'asset/inline'}
```

8.16 模块热替换

模块热替换(hot module replacement，HMR)是 Webpack 提供的最有用的功能之一，它允许在 Webpack 项目运行时更新各种模块，而无须进行完全刷新。当一个模块发生变化时，只会重新打包这一个模块(而不是打包所有模块)，从而极大提升构建速度。

启用这个功能，只需要修改一下 webpack.config.js 的配置，使用 Webpack 内置的 HMR 插件就可以了，在 devServer 中将 hot 参数设置为 true，或运行命令 webpack-dev-server --hot，就可以开启 HMR。从 webpack-dev-server v4.0.0 开始，模块热替换是默认开启的。

HMR 的配置只适用于开发环境，因为生产环境没有 devServer。开发环境中不启用 HMR 的话，如果修改了其中一个文件的代码，保存之后所有的文件都会进行一次重新编译，比如我们修改了 css 代码，而 js 文件没有进行修改，但是保存之后，js 文件也会重新进行编译。

css 样式启用 HMR 功能，在开发环境中需要使用 style-loader。因为 style-loader 内部实现了相关的 HMR 的功能。我们之前提取 css 文件 mini-css-extract-plugin 的 loader 是不能实现的。

```
//启用热更新需要将 MiniCssExtractPlugin.loader 改为 style-loader
use: ["style-loader", "css-loader", "postcss-loader"],
```

html 默认没有 HMR 功能，引入的 html 文件大多数都是入口文件，我们的入口文件一旦进行了修改，势必所有的代码必须进行重新编译，因为 index. html 文件需要引入 CSS、JS 等文件，此时这个文件属于一个入口，一般不需要配置热替换。

JS 的 HMR 功能，JS 默认也没有 HMR 功能，并且只能处理非入口文件的 JS 文件，因为入口文件无论如何都会重新加载一次。

启用 Webpack 内置的 HMR 插件后，module. hot 接口就会暴露在 index. js 中，接下来需要在 index. js 中配置使用 HMR 的模块。

对 JS 代码热处理的举例如下：

```
//引入
import tab from './tab.js';
if (module.hot) {
  // 一旦 module.hot 为 true,说明开启了 HMR 功能。--> 让 HMR 功能代码生效
  module.hot.accept('./tab.js', function() {
    // 方法会监听 tab.js 文件的变化,一旦发生变化,其他模块不会重新打包构建。
    ....
  });
}
```

8.17 去除项目里无用的 JS 和 CSS 代码

项目中我们经常要引用别人的包，很多时候我们使用的仅仅是别人包里面的几个方法或者样式，如果打包的时候将别人的包整个打包进去，就会多出很多无用的代码，所以需要将这些无用的代码去掉。

去掉无用 JS 代码的这个功能 Webpack 已经自带了，前提是我们要用 ES6 的方式引用和导出包，并且打包的模式要为 production 生产模式。

去除无用 CSS 代码的步骤如下：首先安装包，执行 npm install purgecss-webpack-plugin -D 或者 yarn add purgecss-webpack-plugin -D：

```
const PurgecssPlugin = require('purgecss-webpack-plugin');//引入插件
const glob = require('glob');//引入 node 中的 glob 方法
const PATHS = { src: join(__dirname, 'src')}
  plugins: [
    //使用插件
    new PurgecssPlugin({
          paths: glob.sync(`${PATHS.src}/**/*`,  { nodir: true }),//检查根路径下的所有文
件,只对使用了 css 的文件进行打包
    }),
  ],
```

在 css/index. css 中添加测试的样式代码：

```
.hh{
    color:red;
}
```

这个样式 index. html 中并没有引用，我们运行 npm run dev2，可以看到 dist/css/main. css 中也没有这个新添加的样式。

第9章 大屏展示实战项目

本章学习目标

- 能够熟悉项目开发的流程
- 能够熟悉 Vue 项目框架的搭建
- 能够分析需求并独立完成开发

本章将通过一个大屏界面来讲解我们的实际项目是如何进行开发的，通过学习大屏界面的详细开发过程，读者可以将前面所学的知识点融会贯通，从而能够真正做到学以致用。这里我并没有采用常见的后台管理系统来讲解，因为我觉得大多数后台管理系统的界面都是 CRUD，而大屏展示如今应用得越来越多，界面丰富且具多样化，非常具有代表性。

9.1 项目说明

本项目只有一个大屏界面，其功能主要是展示某市的公交运营数据分析，所有的数据均是模拟数据，大屏界面共分为线网、车辆、违规原因分析、卡类型使用情况、线路运客数排名、电子支付趋势、地图区域客流信息这几个模块。虽然只有一个界面，但是麻雀虽小五脏俱全，相信通过这一个大屏界面的开发，读者可以掌握实际应用开发中的大多数知识点。项目效果展示如图 9.1 所示。

开发环境如下：

操作系统：Windows 64bit 家庭版。

开发工具：Visual Studio Code(1.60.2)。

电脑分辨率：1920×1080。

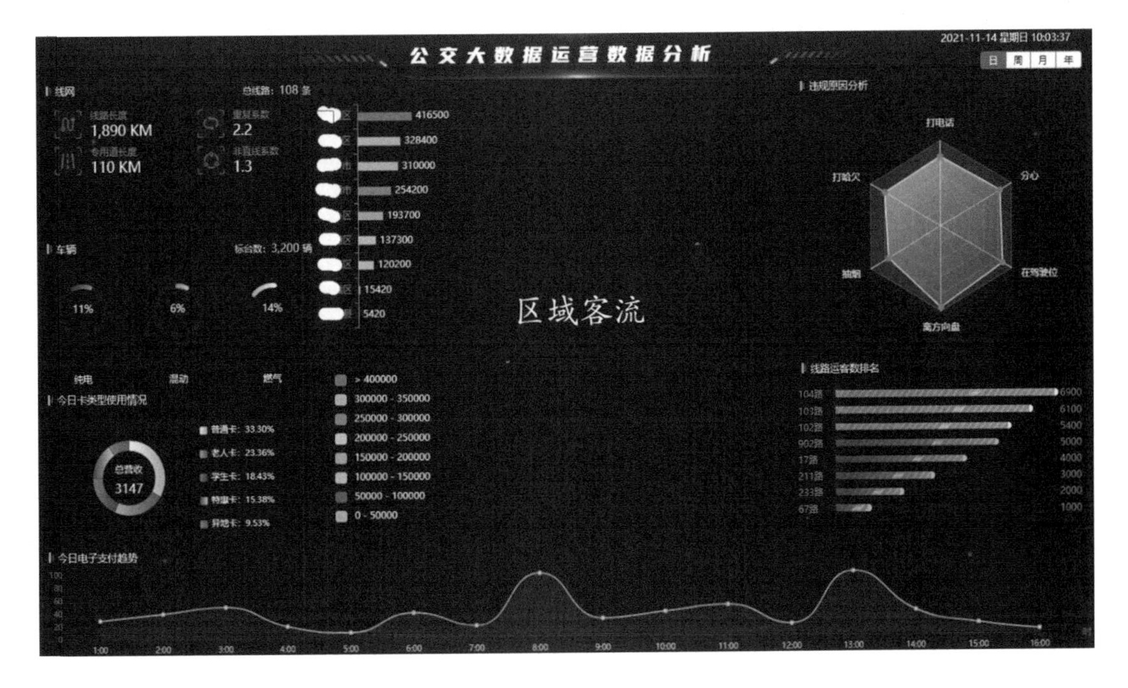

图 9.1　项目效果展示

9.2　技术选型

在项目需求明确之后，接下来首先要做的就是技术选型。技术选型需要基于各个方面来进行考虑，尽管同样的需求可以用不同的技术栈来实现，但是开发效率、难易程度以及最终交付效果都会不同，所以在进行技术选型时，我们还应当进行风险评估。我们必须考虑公司、团队的技术体系，团队成员对技术的熟悉程度，综合技术水平等多方面因素。在技术选型时，可以遵循一些基本准则，那就是优先考虑成熟的、熟悉的、有着强大生态系统的技术，尽可能避免选择一些冷门的、过时的技术。

最简单粗暴地评估一项技术是否冷门的方式就是去 GitHub 上查它的星星数，通常星星数越多的越火。当然，我们也应当关注该技术的更新频率，如果断更很久了的话，就要慎重考虑了。在选择使用某一技术之前，我们应该先对该项技术有一定的认识，熟悉它的使用场景、优缺点以及相应的解决方案。

尽管我们很难做到某一个项目选择的技术栈永不过时，但是至少我们应该保证其几年内不过时，所以采用主流的技术通常是非常明智的选择。

本书讲解的就是 Vue3＋TypeScript，自然我们的技术栈就离不开它，本项目 UI 框架采用 Element Plus，组件数据共享采用 vuex，图形展示采用 echarts，http 请求采用 axios，css 预编译框架选择 scss，接口数据模拟采用 mockjs，日期格式处理采用 moment。这些都是当下应用非常广泛的技术，有着成熟的技术方案和丰富的社区资源。

9.3 编码规范

在项目正式开发之前，通常我们会约定一些编码规范，这样做的好处是尽量让我们的代码风格统一，有利于项目代码的维护，更便于团队成员协作。以下为我在实际项目开发过程中制定的一些编码规范：

① 文件夹名称、CSS样式名、TS文件名采用小写，多个单词用“-”分隔。

② Vue组件采用大驼峰命名，如果是目录下的入口组件，则命名为index. vue。

③ 页面组件全部放到views目录下，并且views目录下的目录名称和路由当中的路由名称保持一致。

④ components目录用于存放公共Vue组件。

⑤ api目录用于存放所有的接口请求，并且api下面的接口请求文件名和views目录下的目录名称保持一致。

⑥ 代码中defineComponent对象中的属性顺序为name、props、components、setup。

⑦ 代码行结尾使用分号。

⑧ import引入资源时，先引入系统和第三方资源库，最后引入我们编写的自定义资源。

⑨ views的目录结构和url地址的结构保持一致

说明：不同的公司可能会有不同的编码规范，在同一个公司或者项目组统一编码规范，是为了更好地进行团队协作，同时也更利于项目代码的维护。在规范之外，我们还有一种原则，叫作约定大于配置。我们使用vue-cli这样的脚手架来创建项目，就要遵守它自身的一些约定，诸如views目录用于存放视图页面，App. vue作为入口组件，public用于存放不需要打包的静态资源等。事实上，各种框架都有自己特有的约定，同时它也开放一些配置，当大家都遵循框架的约定时，就可以减少许多不必要的配置，从而简化开发。

9.4 项目创建和初始化

接下来，我们开始创建并初始化我们的项目。

1. 新建项目

① 通过CMD命令打开我们的控制台窗口：按下键盘组合键Win+R，输入cmd。

② 跳转到磁盘指定目录，这里将代码存储到D:\WorkSpace\vue3_ts_book\codes\chapter9这个目录下，在控制台执行如下命令：

```
C:\Users\DELL>d:
D:\>cd D:\WorkSpace\vue3_ts_book\codes\chapter9
D:\WorkSpace\vue3_ts_book\codes\chapter9>
```

③ 利用Vue脚手架创建Vue项目，执行命令vue create screen-app，运行结果如图9.2所示。这里我们选择最后一项“Manually select features”，然后按Enter键，它表示手动选择功

能，最终选择结果如图 9.3 所示。

```
Vue CLI v4.5.11
┌─────────────────────────────────────────┐
│                                         │
│   New version available 4.5.11 → 4.5.13 │
│                                         │
└─────────────────────────────────────────┘

? Please pick a preset:
  yujie ([Vue 2] node-sass, babel, router, vuex, eslint)
  Default ([Vue 2] babel, eslint)
  Default (Vue 3 Preview) ([Vue 3] babel, eslint)
> Manually select features
```

图 9.2 运行结果

```
? Please pick a preset: Manually select features
? Check the features needed for your project:
 (*) Choose Vue version
 (*) Babel
 (*) TypeScript
 ( ) Progressive Web App (PWA) Support
 (*) Router
 (*) Vuex
>(*) CSS Pre-processors
 (*) Linter / Formatter
 ( ) Unit Testing
 ( ) E2E Testing
```

图 9.3 最终选择结果

说明：通过键盘方向键中的上下键来操控光标上下移动，按空格可以选中或取消选中，按 Enter 键表示确定，并直接进入下一步。

执行回车，运行结果如图 9.4 所示。

```
? Please pick a preset: Manually select features
? Check the features needed for your project: Choose Vue version, Bab
? Choose a version of Vue.js that you want to start the project with
  2.x
> 3.x (Preview)
```

图 9.4 运行结果

这里我们选择“3.x (Preview)”这个选项，表示使用 Vue3.x 版本。接下来会依次出现如下所示的配置选项：

Use class-style component syntax? (Y/N)：是否使用 Class 风格装饰器，因为 Vue3 已经进行了重写，可以不用 class，所以这里选择 N。

Use Babel alongside TypeScript (required for modern mode, auto-detected polyfills, transpiling JSX)? (Y/N) ：是否要 Babel 和 typescript 结合使用，这个 Babel 会自动添加 polyfills 和转换 JSX，由于我们的组件写法并没有用到 JSX，所以我们这里选择 N。

Use history mode for router? (Requires proper server setup for index fallback in production)(Y/N)：是否使用路由的 history 模式，这里选择 Y。

Pick a CSS pre-processor (PostCSS, Autoprefixer and CSS Modules are supported by default)(Use arrow keys)：选择 CSS 预处理器方案，这里选择“Sass/SCSS (with dart-sass)”。

Pick a linter/formatter config：选择代码检测和格式化方案，这里选择“ESLint + Prettier”。注意，我们的 VS Code 需要安装 Prettier 这个格式化插件。

Pick additional lint features：选择何时进行代码检测，这里选择“Lint on save”，表示保存时进行检测。

Where do you prefer placing config for Babel, ESLint, etc.? (Use arrow keys)：选择(Babel、PostCSS、ESLint)自定义配置的存放位置，这里选择“In dedicated config files”，表示单独保存各自配置的文件。

Save this as a preset for future projects? (Y/N)：是否保存现在的配置作为未来项目的预配置，这里选择 Y，然后输入模板名称“vue3-ts-tmpl”。

项目创建完成之后，就会看到如图 9.5 所示的提示界面，并会在指定目录下创建一个文件夹名为 screen-app 的代码目录。screen-app 项目的代码目录结构如图 9.6 所示。

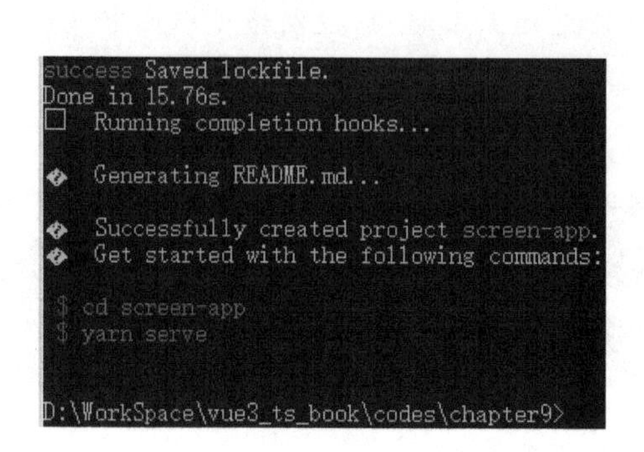

```
success Saved lockfile.
Done in 15.76s.
□  Running completion hooks...

�  Generating README.md...

�  Successfully created project screen-app.
�  Get started with the following commands:

 $ cd screen-app
 $ yarn serve

D:\WorkSpace\vue3_ts_book\codes\chapter9>
```

图 9.5　提示界面

图 9.6　代码目录结构

2. 项目运行

用 VS Code 打开 screen-app 这个项目，然后打开控制台终端，执行命令 yarn serve。VS Code 控制台终端的打开方法：在 VS Code 菜单栏选择“Terminal”→“New Terminal”。运行结果如图 9.7 所示。

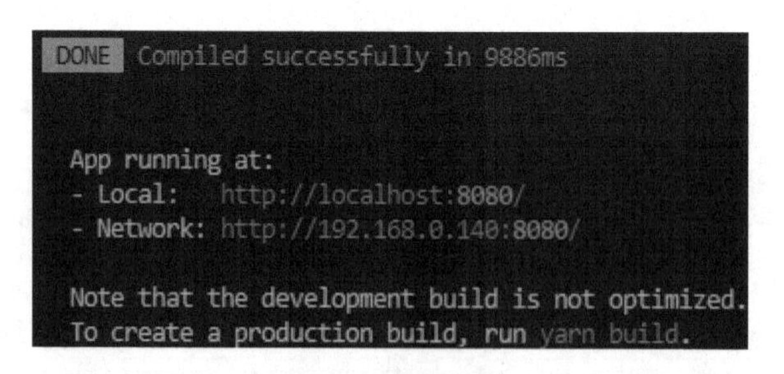

```
 DONE  Compiled successfully in 9886ms

  App running at:
  - Local:   http://localhost:8080/
  - Network: http://192.168.0.140:8080/

  Note that the development build is not optimized.
  To create a production build, run yarn build.
```

图 9.7　运行结果

说明：Network 的地址是我们项目运行的局域网 IP 和端口地址，如果你想让处于同一局域网的同事直接访问你的项目，可以把这个地址发给他。

按住 ctrl 并单击控制台的链接地址可以直接浏览项目，当然，你也可以在浏览器地址栏直接访问 http://localhost:8080/。

9.5 项目基础框架搭建

项目基础框架搭建步骤如下：

① 安装并引入 UI 框架 Element Plus。

跳转到项目目录 screen-app，在项目根目录下执行安装命令进行安装：npm install element-plus -save 或者 yarn add element-plus。如果你的网络环境不好，建议使用相关镜像服务 cnpm 或者 Alibaba 仓库。

在开发环境下，为了提升开发效率，通常我们直接采取全量引用的方式引入 UI 框架，当项目开发完成之后，再修改为按需引入。

在 src 目录下新建一个 plugins 文件夹，所有全局组件的引用和注册我们都放置到这个目录下，在 plugins 目录下新建入口文件 index. ts，代码如下：

```
import { createApp } from 'vue'
/**
  * @description 加载所有 Plugins
  * @param  {ReturnType<typeofcreateApp>} app 整个应用的实例
  */
export function loadAllPlugins(app: ReturnType<typeof createApp>):void {
  const files = require.context('.', true, /\.ts$/)
  files.keys().forEach(key => {
    if (typeof files(key).default === 'function') {
      if (key !== './index.ts') files(key).default(app)
    }
  })
}
```

说明：index. ts 文件会动态加载它同级目录下所有其他的. ts 文件，并执行其他文件当中的方法。这是考虑到随着项目需求的不断增加，我们可能会不断地引入不同的全局组件，或者还会增加 Vue 的一些额外的扩展插件，而动态加载文件的形式可以很好地进行扩展。

在 plugins 目录下新建文件 element. ts，用于 element 组件的全局注册，代码如下：

```
import ElementPlus from "element-plus"; //引入 ElementPlus
import "element-plus/theme-chalk/src/index.css"; //引入样式
export default function loadComponent(app:any):void {
  app.use(ElementPlus, {
    size: 'small', zIndex: 3000
  });
}
```

② 在 src 目录下新建 scss 目录，用于存放我们自己编写的 scss 样式文件，在 scss 目录下新建样式文件 element-variables. scss，用于全局配置 element-plus 样式和主题，代码如下：

```
/* 改变主题色变量 */ $--color-primary: teal; /* 改变 icon 字体路径变量，需 */
$--font-path: '~element-plus/theme-chalk/src/fonts';
```

```
@import "~element-plus/packages/theme-chalk/src/index";
```

③ 在 main. ts 文件中引入 element-plus,代码如下:

```
import './scss/element-variables.scss';
const app = createApp(App);
import { loadAllPlugins } from './plugins';
loadAllPlugins(app);// 加载所有插件
app.use(store).use(router).mount("#app");
```

这里我们把 createApp(App)的结果提取到一个常量 app,这是为了后续在这个常量 app 上进行扩展。

其实我们不通过 plugins 封装,直接在 main. ts 中引入 element 组件也是可以的,封装的目的是为了让 main. ts 看起来不那么臃肿,同时对单一职责功能的模块进行独立封装,让代码更加容易维护。

④ 移除脚手架自动生成的无用文件。

删除 views 目录下的 About. vue、Home. vue 以及 components/HelloWorld. vue,同时移除 router/index. ts 中的相关引用。

⑤ 修改 App. vue,代码如下:

```
<template>
<router-view />
</template>
<style lang="scss">
#app {
  width: 100%;
  height: 100%;
  overflow: hidden;
  font-size: 16px;
}
html,
body,
#app {
  overflow: hidden;
}
</style>
```

⑥ 将新建的 operation-screen/index. vue 当成我们的大屏首页。

⑦ 在 router/index. ts 中修改路由,代码如下:

```
const routes: Array<RouteRecordRaw> = [
  {
    path: "/",
    name: "operation-screen",
    component: () =>
      import("../views/operation-screen/index.vue"),
  },
];
```

⑧ 配置.eslintrc.js,代码如下:

```
rules: {
"no-console": process.env.NODE_ENV === "production" ? "warn" : "off",
"no-debugger": process.env.NODE_ENV === "production" ? "warn" : "off",
  "prettier/prettier": "off",
  "vue/no-unused-components": "off",
  "@typescript-eslint/explicit-function-return-type": "off",
  "no-irregular-whitespace": "off", //禁止掉空格报错检查
  "@typescript-eslint/no-explicit-any":"off",
  "@typescript-eslint/no-empty-function":"off",
  "@typescript-eslint/no-inferrable-types": "off", // 关闭类型推断
  '@typescript-eslint/no-var-requires': "off",
  "@typescript-eslint/ban-ts-comment": "off",
},
```

⑨ 新建 scss/variables.scss 全局变量文件,代码如下:

```
$ theme-color:#2973FF; //主题色
$ ss-font:12px; //小屏幕字体大小
$ ms-font:16px; //大屏幕字体大小
$ fontWeight:500;
$ highLightTextColor:#333333;
$ hoverColor: #7abef9; //链接 hover 颜色
```

为了让所有界面都可以直接访问 scss 文件中的变量,我们需要在 vue.config.js 中做一下配置,默认情况下,我们的项目根目录中并没有 vue.config.js 这个文件,需要我们手动创建这个文件,注意,这个文件名称不要修改。在 vue.config.js 中添加如下代码:

```
const path = require("path");
module.exports = {
  configureWebpack: (config) => {
    config.resolve = {
      // 配置解析别名
      extensions: [".js", ".json", ".vue", ".ts"], //这里要添加'.ts'
      alias: {
        "@": path.resolve(__dirname, "./src"),
        components: path.resolve(__dirname, "./src/components"),
        common: path.resolve(__dirname, "./src/common"),
        api: path.resolve(__dirname, "./src/api"),
        router: path.resolve(__dirname, "./src/router"),
        views: path.resolve(__dirname, "./src/views"),
        public: path.resolve(__dirname, "public"),
      },
    };
  },
  //scss 全局变量 change-mark
  css: {
```

```
    // 启用 CSS modules
    requireModuleExtension: false,
    // 是否使用 css 分离插件
    extract: true,
    // 开启 CSS source maps,一般不建议开启
    sourceMap: false,
    loaderOptions: {
      scss: {
        prependData: '@import "@/scss/variables.scss";',
      },
    },
  },
};
```

重点关注 scss 配置项，每次修改了配置文件，都要记得重新运行项目，配置才会生效。

⑩ 配置 shims-vue.d.ts，增加如下配置项：

```
declare module '*.svg'
declare module '*.png'
declare module '*.jpg'
declare module '*.jpeg'
declare module '*.gif'
declare module '*.bmp'
declare module '*.tiff'
declare module '*.yaml'
declare module '*.json'
import { ElMessage } from 'element-plus'
declare module '@vue/runtime-core' {
    interface ComponentCustomProperties {
      $message: ElMessage
    }
}
  declare module 'vue-router' {
    interface RouteMeta {
      roles?: string[]
    }
}
declare module '*.json' {
  const value: any;
  export default value;
}
declare module '*.js';
```

shims-vue.d.ts 是为 typescript 做适配定义的文件，因为.vue 文件不是一个常规的文件类型，TS 是不能理解 Vue 文件是干什么的，加这一段是为了让 TS 知道 Vue 文件的类型。如下代码所示，如果这一段删除，会发现 import 的所有 Vue 类型的文件都会报错。

```
declare module '*.vue' {
  import type { DefineComponent } from 'vue'
  const component: DefineComponent<{}, {}, any>
  export default component
}
```

我们还可以继续在 shims-vue.d.ts 中定义其他的文件类型。

9.6 大屏首页分析

我们的大屏首页需要支持模块化展示、自适应电脑分辨率,并且铺满浏览器。有一些大屏界面甚至还需要数据实时刷新,实时刷新可以通过 websocket 来实现。

9.6.1 大屏组件化分析

我们优先实现界面功能,后续再来做屏幕适配。如图 9.8 所示,我们可以看到,大屏共分为线网、车辆、违规原因分析、卡类型使用情况、线路运客数排名、电子支付趋势、地图区域客流信息这 7 个模块,每一个模块我们都可以将其拆分为一个独立的 vue 组件,而顶部导航和日期类型切换我们也可将其独立拆分为组件,每一个内容模块的标题样式是相同的,可以封装为标题公共组件。线路运客数排名模块里面的样式 echarts 中无法实现,我们需要自己通过 html5 来实现和封装,所以也可以把这种展示特效封装为一个独立的公共组件。各个子模块当中都用到了 echarts,所以可以封装一个公共的 echarts 组件。

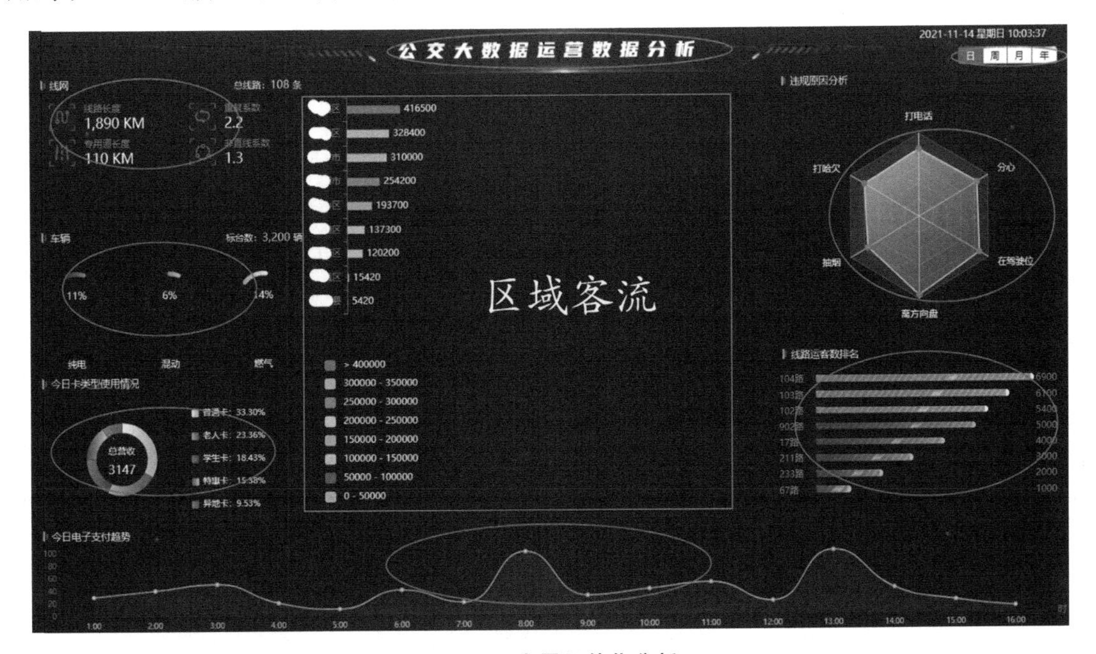

图 9.8 大屏组件化分析

因此我们一共可以把大屏界面拆分为5个公共组件,7个功能模块组件。组件化的目的是为了更好地复用我们的代码功能模块,组件的功能应当职责单一,方便扩展和复用,减少冗余代码编写,提升开发效率。

9.6.2 大屏技术实现分析

大屏的右上角要显示日期和时间,所以必然要用到日期时间处理,这里我们可以使用 moment 库来处理。大屏界面的各个功能模块都用到了图表展示,可以使用 echarts 来实现。大屏右上角有一个时间类型切换,我们也可以将其封装为公共的组件。不同组件之间的数据通信可以使用 vuex。界面的接口数据我们通过 mock 来模拟,接口的请求我们将使用 axios。至于各个版本浏览器的样式重置,也可以采用第三方的库 normalize. css。URL 解析可使用第三方库 qs。

9.7 大屏技术准备

9.7.1 关于 dart-sass 与 node-sass

sass 官方目前主推 dart-sass ,最新的特性都会在这个上面先实现。更多信息,我们可以去查看 sass-lang 官方网站。

dart-sass 与 node-sass 的相同点:都是用来将 sass 编译成 css 的工具。

dart-sass 与 node-sass 的区别:

① node-sass 是用 node(调用 cpp 编写的 libsass)来编译 sass 的。

② dart-sass 是用 dart VM 来编译 sass 的。

③ node-sass 是自动编译的,dart-sass 需要保存后才会生效。

④ dart-sass 性能更好(也是 sass 官方使用的),而 node-sass 因为墙的问题经常安装不上。

在我们通过 vue-cli 创建项目的时候,已经选择了 dart-sass 进行安装,所以此处不需要再次安装。

9.7.2 安装 normalize. css

Normalize. css 是一个可以定制的 CSS 文件,它让不同的浏览器在渲染网页元素的时候形式更统一。

Normalize. css 只是一个很小的 css 文件,但是它在 HTML 元素样式上提供了跨浏览器的高度一致性。

相比于传统的 CSS reset, Normalize. css 是一种现代的、为 HTML5 准备的优质替代方案。

总之,Normalize. css 是一种 CSS reset 的替代方案。

执行 yarn add normalize. css。安装完成之后,记得在 main. ts 文件中引入,代码如下:

```
import 'normalize.css';
```

9.7.3 安装 moment

moment. js 是一个基于 JS 的日期时间处理库,支持国际化,并能很好地兼容各个版本的浏览器。

安装执行:yarn add moment。官网地址:http://momentjs. cn/。

9.7.4 安装 echarts

ECharts 是百度公司提供的一个使用 JavaScript 实现的开源可视化库,涵盖各行业图表,可以满足各种需求。官网地址:https://echarts. apache. org/zh/index. html。

安装执行:yarn add echarts 和 yarn add @types/echarts。

https://www. isqqw. com/这个网站上提供了大量基于 echarts 开发的各种示例,在我们实际开发过程中,如果有相似的需求可以将示例代码复制过来,稍加修改就可以实现我们想要的效果。

9.7.5 安装 axios 并进行全局封装

Axios 是一个基于 promise 的 HTTP 库,可以用在浏览器和 node. js 中。官网地址:http://www. axios-js. com/。

安装执行:yarn add axios。

注意:filters 过滤器已从 Vue3.0 中删除,我们建议用方法调用或计算属性替换它们。

9.7.6 安装 mockjs

mock. js 可以生成随机数据,拦截 Ajax 请求。官网地址:http://mockjs. com/。

安装执行:yarn add mockjs。

注意:在使用 Vue 的 excel 导出时,axios 和 mockjs 会产生冲突,可能会导致 excel 导出失败,可通过修改 mockjs 源码的方式解决。

9.7.7 安装 qs

qs 是一个 npm 仓库所管理的包,可通过 yarn add qs 或 npm install qs 命令进行安装。地址:https://github. com/ljharb/qs。

常用方法如下:

① qs. parse():将 URL 解析成对象的形式。

② qs. stringify():将对象序列化成 URL 的形式,以 & 进行拼接。

9.8 大屏布局

9.8.1 布局方案分析

自适应电脑分辨率常见的几种解决思路如下：

① 采用 flex 或 grid 弹性布局，自己动手实现。

② CSS3 @media 媒体查询器。

③ 使用第三方的库，用别人现成的轮子。

通常基于开发效率方面的考虑，我们会优先选择现成的第三方库，因为我们自己动手去实现的话，不但费时费力，可能还不一定有别人做的轮子好用，所以我们日常开发的一个基本原则是有现成的就直接用现成的东西，然后在已有的基础上进行修改或者二次开发，只有当找不到可以直接拿来用的库时，我们再自己动手造轮子。

基于现有的大屏需求，如果是在 Vue2.x 当中，我们可以使用 vue-grid-layout 这个组件来实现。

vue-grid-layout 安装：npm i vue-grid-layout 或者 yarn add vue-grid-layout。

npm 地址：https://www.npmjs.com/package/vue-grid-layout。

github 地址：https://github.com/jbaysolutions/vue-grid-layout。

文档地址：https://jbaysolutions.github.io/vue-grid-layout/。

建议使用 yarn 安装，因为 npm 管理安装模块依赖的版本不一致，容易在删除 node_modules 时重新安装或在其他机器上重新安装，导致编译后的模块 ID 或 trunkID 不一致。而 yarn 可以方便地自动生成并更新 yarn.lock 文件，锁定依赖模块的版本。并且 yarn 可以从缓存中安装包，速度会有所提升。

然而，目前 vue-grid-layout 并不支持 vue3，所以我们只能自己动手来实现了。考虑到我们的大屏界面中不同的内容模块宽高都不一致，所以这里并不适用于 flex 布局，于是我们采用 grid 布局来实现。

9.8.2 Grid 布局简介

网格布局(Grid)是最强大的 CSS 布局方案。它将网页划分成一个个网格，可以任意组合不同的网格，做出各种各样的布局。以前，只能通过复杂的 CSS 框架达到的效果，现在浏览器内置了网格布局。

Flex 布局是轴线布局，只能指定"项目"针对轴线的位置，可以看作是一维布局。Grid 布局则是将容器划分成“行”和“列”，产生单元格，然后指定“项目”所在的单元格，可以看作是二维布局。Grid 布局远比 Flex 布局强大。

(1) 网格线

划分网格的线称为网格线(grid line)。水平网格线划分出行，垂直网格线划分出列。正常情况下，n 行有 $n+1$ 根水平网格线，m 列有 $m+1$ 根垂直网格线，比如 3 行就有 4 根水平网格线。图 9.9 是一个 4×4 的网格，共有 5 根水平网格线和 5 根垂直网格线。

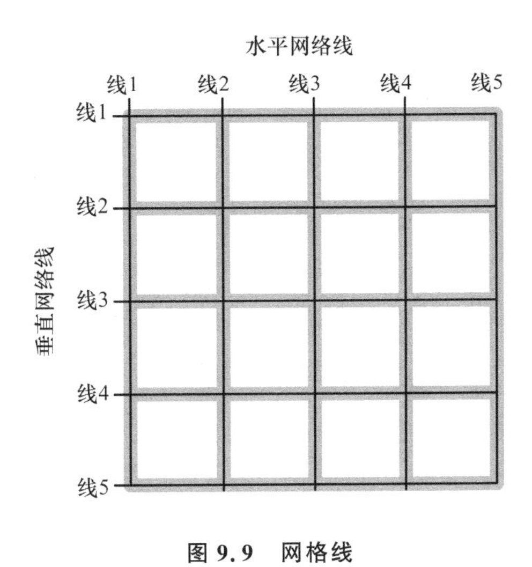

图 9.9　网格线

(2) grid-column-start、grid-column-end、grid-row-start、grid-row-end

grid-column-start、grid-column-end、grid-row-start、grid-row-end 这 4 个是项目属性，项目的位置是可以指定的，具体方法就是指定项目的四个边框分别定位在哪根网格线上：

① grid-column-start 属性：左边框所在的垂直网格线。

② grid-column-end 属性：右边框所在的垂直网格线。

③ grid-row-start 属性：上边框所在的水平网格线。

④ grid-row-end 属性：下边框所在的水平网格线。

(3) grid-column 属性和 grid-row 属性

grid-column 属性是 grid-column-start 和 grid-column-end 的合并简写形式，grid-row 属性是 grid-row-start 和 grid-row-end 的合并简写形式。示例代码如下：

```
.item {
  grid-column: <start-line> / <end-line>;
  grid-row: <start-line> / <end-line>;
}
```

关于 Gird 布局的详细教程可以参考：http://www.ruanyifeng.com/blog/2019/03/grid-layout-tutorial.html，这里不再赘述。

9.8.3　代码实现

新建文件“views/operation-screen/index.vue”，这是我们大屏的主界面文件，我们按照从宏观到微观的顺序将大屏的整体框架进行布局，先整体后局部，当整体框架搭起来之后，再去实现具体模块的细节。

index.vue 的代码如下：

```
<template>
  <div class="operation-screen">
    <!-- 时间类型容器 -->
    <div class="time-tab-box"></div>
```

```
    <! -- 顶部导航 -->
    <div class = "home-title-box">{{ titleText }}</div>
    <! -- 内容 -->
    <div class = "grid-layout" :col-num = "9">
      <div
        class = "grid-item"
        v-for = "(item, index) in layout"
        :class = "item.name"
        :key = "index"
        style = "background: green">
        {{item.title }}
      </div>
    </div>
  </div>
</template>
<script lang = "ts">
import { defineComponent, reactive, toRefs } from "vue";
export default defineComponent({
  name: "operation-screen",
  setup() {
    let options = reactive({
      titleText: "公交大数据运营数据分析",
      layout: [
        {
          title: "线网",
          name: "line-net",
        },
        {
          title: "车辆",
          name: "bus",
        },
        {
          title: "违规原因分析",
          name: "getout-reasons",
        },
        {
          title: "卡类型使用情况",
          name: "card-type-use",
        },
        {
          title: "区域客流统计",
          name: "area-passenger-stat",
        },//地图
        {
          title: "线路运客数排名",
```

```
          name: "transport-passenger-rank",
        },
        {
          title: "电子支付趋势",
          name: "e-pay-trend",
        }
      ]
    });
    return {
      ...toRefs(options),
    };
  },
});
</script>
<style lang="scss" scoped>
@import "./index.scss";
.home-title-box {
  height: 80px;
  color: white;
}
</style>
```

由于 css 代码较多,这里将其抽取为一个单独的 index.scss 文件,并和 index.vue 存放在同级目录下,index.scss 代码如下：

```
.operation-screen {
  background-image: url("/imgs/bg/operate-bg.png");
  background-size: cover;
  background-repeat: no-repeat;
  height: 100%;
  width: 100%;
  position: absolute;
}
//时间类型容器
.time-tab-box {
  position: absolute;
  right: 20px;
  top: 40px;
  z-index: 9;
}
// grid 容器
.grid-layout {
  display: grid;//指定采用网格布局
  grid-gap: 1px; //item(项目)相互之间的距离
  grid-template-columns: repeat(100, 1fr); // 宽度平均分成 100 等份
  grid-template-rows: repeat(100, 1%); //高度平分 100 等份
```

```
    grid-auto-flow: row;//容器子元素"先行后列"进行排列
    height: calc(100 % - 80px); //容器高度
    //子元素-项目
    //grid-column 属性是 grid-column-start 和 grid-column-end 的合并简写形式,
    //grid-row 属性是 grid-row-start 和 grid-row-end 的合并简写形式。
    .grid-item {
      //线网
      &.line-net {
        grid-column: 1/28;
        grid-row: 1/25;
      }
      //车辆
      &.bus {
        grid-column: 1/28;
        grid-row: 25/48;
      }
      //违规原因分析
      &.getout-reasons {
        grid-column: 72/101;
        grid-row: 1/44;
      }
      //卡类型使用情况
      &.card-type-use {
        grid-column: 1/28;
        grid-row: 48/72;
      }
      //线路运客数排名
      &.transport-passenger-rank {
        grid-column: 72/101;
        grid-row: 44/72;
      }
      //电子支付趋势
      &.e-pay-trend {
        grid-column: 1/101;
        grid-row: 72/101;
      }
      //区域客流统计
      &.area-passenger-stat {
        grid-column: 28/72;
        grid-row: 1/72;
      }
    }
  }
```

界面运行效果如图 9.10 所示。可以看到,我们项目的布局框架已经完成了,下一步就是对逐个的组件进行开发。

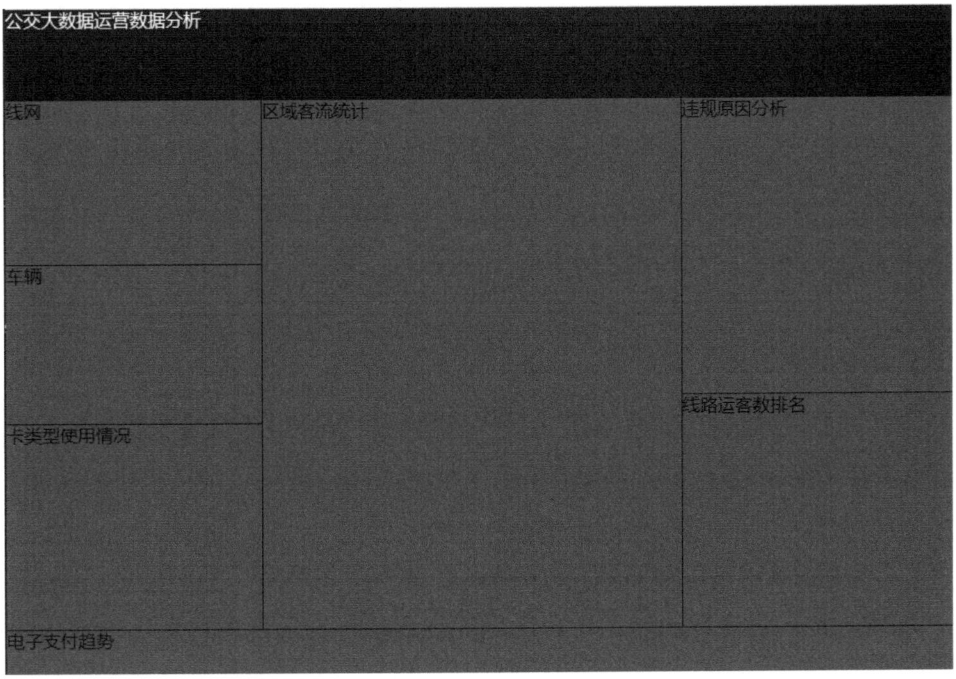

图 9.10 运行效果

9.9 公共组件开发

按照约定，所有的项目公共组件都存放到 src/components 目录下。

9.9.1 时间类型切换组件

当单击时间类型切换组件的选项进行切换的时候，选中项高亮，并且触发相应的接口调用，运行效果如图 9.11 所示。

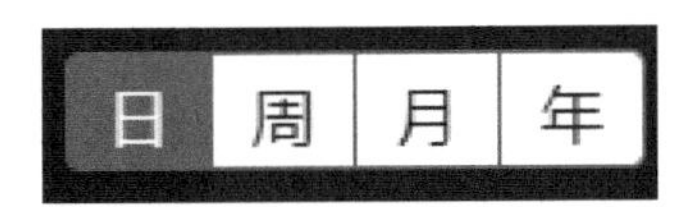

图 9.11 运行效果

在 src/ components 目录下，新建文件 TimeTabs. vue，代码如下：

```
<template>
  <div class="time-tabs" :class="size">
    <span
      v-for="item in dataArr"
```

```
      :key = "item[valueLabel]"
      :class = "{ actived: activedKey === item[valueLabel] }"
      @click.stop = "tabClick(item)"
    >
      <i v-if = "item.icon" :class = "item.icon" class = "icon-color" />
      {{item[nameLabel] }}
    </span>
  </div>
</template>
<script lang = "ts">
import { defineComponent ,ref,computed } from "vue";
export default defineComponent({
  name: "time-tab",
  props: {
    dataArr: {
      // 数据列表数组
      type:Array,
      default: function () {
        return [
          // { label: '时', value: 1, icon: 'iconfont xxx' },
          // { label: '日', value: 2 },
        ];
      },
    },
    option: {
      // 数据数组中对象的键值属性
      type: Object,
      default: function () {
        return { label: "label", key: "value" };
      },
    },
    value: {
      // v-model 绑定值
      type: [String, Number, Boolean],
      default: null,
    },
    returnItem: {
      type: Boolean,
    },
    size: {
      type: String,
    },
  },
  setup(props:any,{emit}) {
    let activedKey = ref(props.value);
      const nameLabel:any = computed(() =>{
        return (props.option || {}).label || "label";
```

```
        });
        const valueLabel:any = computed(() =>{
            return (props.option || {}).key || "value";
        })
        const tabClick = function(item:any) {
          if (activedKey.value === item[valueLabel.value]) return;
            activedKey.value = item[valueLabel.value];
          if (props.returnItem) {
            emit("change", item[valueLabel.value], item);
          }else {
            emit("change", item[valueLabel.value]);
          }
        }
        return {activedKey,nameLabel,valueLabel,tabClick};
    },
});
</script>
<style lang="scss" scoped>
……
</style>
```

css代码已省略，大家可以去源码中进行查看。为了让组件的灵活性更高，TimeTabs组件的数据项外置，由调用时来决定，tab切换通常会有key和label两个值，一个用于展示，一个用于唯一标识，这里同样也可以通过开放props参数option来支持自定义。组件开发的基本原则是封装变化点作为props参数。

这里还可以换一种方式来实现自定义组件的数据绑定，利用Vue3的v-model绑定，modelValue替代vulue，update: modelValue替代change，然后父组件通过监听v-model的绑定值是否变化进行下一步回调操作。

自定义组件封装的形式可以多样化，尽管我们最终的目的都是为了实现我们想要的功能，但是要尽量让开发的自定义组件具有一定的稳定性和可扩展性，因为随着后续需求的不断变化，难免会再次修改我们的自定义组件。然而需要注意的是，在设计自定义组件的时候，千万不要过度设计，因为那样太费时间且会让自己变得很累（事实上，我们也很难一次性把方方面面都考虑到，很多时候组件都是会不断完善和升级的），我们的自定义组件应当是支持渐进式扩展的，考虑可扩展性的同时，优先以实现当前需求为目标。

9.9.2　首页导航组件

首页导航是指大屏顶部包括标题展示的部分，项目当中如果有多个大屏界面，其他大屏界面的顶部导航样式可能都一样，只是标题的文字不同，所以标题文字就作为一个变化点，采用props的方式传递进来，组件运行效果如图9.12所示。

公文大数据运营数据分析　2021-11-28 星期日 12:30:37

图9.12　运行效果

在 src/components 目录下，新建文件 ScreenHeader.vue，代码如下：

```
<template>
  <div class="home-title-box">
    <img src="imgs/bg/banner-bg.png" class="img" />
    <div class="title">{{ titleText }}</div>
    <span class="datetime">{{ datetimeText }}</span>
    <span
      class="log-out iconfont icon-tuichu"
      title="退出登录"
      @click="logout"
    ></span>
  </div>
</template>
<script lang="ts">
import { getCurDatetime } from "@/utils/date";
import { defineComponent, ref, onBeforeUnmount } from "vue";
export default defineComponent({
  props: ["titleText"],
  setup() {
    let datetimeText = ref(getCurDatetime());
    let timer = setInterval(() => {
      datetimeText.value = getCurDatetime();
    },1000);
    //退出
    function logout() {}
    onBeforeUnmount(() => {
      if (timer) {
        clearInterval(timer);
      }
    });
    return {
      datetimeText,
      logout,
    };
  },
});
</script>
<style lang="scss" scoped>
.home-title-box {
  .title {
    font-family: "YSBTH";
    letter-spacing: 10px;
  }
  ….
</style>
```

导航栏中有一个动态变化的时间，这里需要使用到定时器 setInterval，需要特别注意的是，一定要记得在 onBeforeUnmount 钩子函数中销毁这个定时器，因为当离开这个组件界面后，定时器就不需要再执行了，不销毁将会浪费不必要的系统资源。

这里的导航栏背景图片 banner-bg.png 是存放在 public/img 目录下的，我们通常将一些不需要打包的，且图片文件比较大的资源直接放置到项目的 public 中，这样的好处是不需要打包重新编译，替换起来方便，由于不需要编译，故也能减少项目打包编译的时间。而其他的需要打包的静态资源通常存放在 src/assets 目录下，静态资源存放在 src/assets 目录下的优点是可以进行压缩合并或者进行图片 base64 编码等打包优化。

说明：采用 vue-cli 脚手架创建的项目，只有 src 目录下的代码和文件才会进行打包。

新建 utils/date.ts，用于处理日期时间，代码如下：

```
//http://momentjs.cn/docs/
import moment from 'moment';
//设定 moment 区域为中国
import 'moment/locale/zh-cn';
moment.locale('zh-cn');
moment.suppressDeprecationWarnings = true; //禁用弃用警告
const weeks = ['星期日','星期一','星期二','星期三','星期四','星期五','星期六']
function getWeekByDate(myDate:Date):string {
  const week = myDate.getDay();
  return weeks[week];
}
  /**
   * 获取当期日期时间信息
   * @returns
   */
   export function getCurDatetime():string{
    return moment().format('YYYY-MM-DD') + " " + getWeekByDate(new Date()) +''+ moment().format('
HH:mm:ss');
  }
```

标题文字使用了特殊的字体“YSBTH”，把字体文件 YSBTH.TTF 拷贝到 src/assets/font 目录下，并在 font 目录下新建样式文件 font.scss，代码如下：

```
@font-face {
  font-family: "YSBTH"; //我自己定义的
  src: url("YSBTH.TTF"); // 路径自己调整
}
```

然后在 main.ts 中引入 font.scss 文件，这样就可以在其他地方直接通过 css 样式使用这个字体了，在 maint.ts 中添加如下引用代码：

```
import "./assets/font/font.scss";
```

在 ScreenHeader.vue 中使用字体：

```
font-family: "YSBTH";
```

标题这里采用文字加特殊字体的方式，是为了方便扩展，因为我们的标题文字可能并不是一成不变的，有些时候标题的文字甚至会持久化存储在数据库中，前端通过接口调用的方式获取到（例如，在登录成功之后获取所有的菜单信息，当前大屏菜单的名称则设置为标题的名称）。如果是一成不变的，你甚至可以用带文字的图片直接展示，这样就不需要专门引用特殊的字体文件。

在 views/ operation-screen/index. vue 中引入组件 TimeTabs. vue 和 ScreenHeader. vue，代码如下：

```
      <!-- 时间类型容器 -->
      <div class="time-tab-box">
        <TimeTabs
          :dataArr="dataArr"
          @change="onChange"
          v-model:value="curType"
          size="mid"
        ></TimeTabs>
      </div>
      <!-- 顶部导航 -->
      <!-- <div class="home-title-box">{{ titleText }}</div> -->
      <screen-header :titleText="titleText"></screen-header>
<script lang="ts">
import {
  defineComponent,
  reactive,
  toRefs,
  markRaw,
  computed,
  ref,
}from "vue";
import ScreenHeader from "@/components/ScreenHeader.vue";
import TimeTabs from "@/components/TimeTabs.vue";
import { useStore } from "vuex";
export default defineComponent({
  name: "operation-screen",
  components: {
    ScreenHeader,
    TimeTabs,
  },
  setup() {
    let options = reactive({
      titleText: "公交大数据运营数据分析",
      layout: [
       …….
      ],
    });
```

```
    const dataArr = markRaw([
      {label: "日", value: 0 },
      {label: "周", value: 1 },
      {label: "月", value: 2 },
      {label: "年", value: 3 },
    ]);
    const store = useStore(); //调用 mutation 方法
    const screenDataType = computed(() => {
      return store.getters["app-global/GET_DATATYPE"];
    });
    let curType = ref(screenDataType.value);
    function onChange(val: string | number) {
      curType.value = val;
      store.commit("app-global/SET_DATATYPE", val);
    }
    return {
      ...toRefs(options),
      dataArr,
      curType,
      onChange,
    };
  },
});
</script>
```

dataArr 数据不需要响应式，所以我们通过 markRaw 来对其进行包裹。TimeTabs 组件的引用采用< TimeTabs >和< time-tabs >都可以，官方建议采用< time-tabs >的形式。

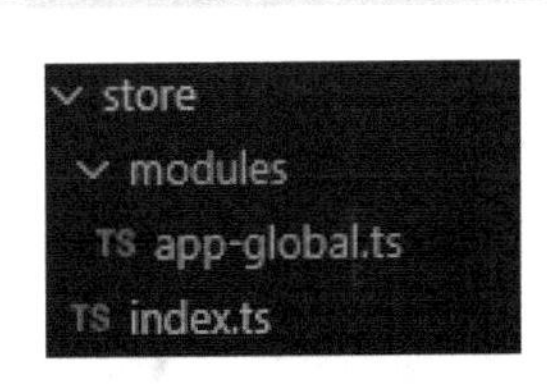

图 9.13　目录结构

由于 TimeTabs.vue 组件和大屏子模块的其他组件是兄弟组件的关系，所以数据之前的通信要用到 vuex，接下来我们来完善 vuex，在 store 目录下，创建如图 9.13 所示的目录结构。

app-global.ts 代码如下：

```
const app-global:any = {
    state: {
      screenDataType:0//数据类型
    },
    getters: {
      //获取数据类型
      GET_DATATYPE:(state:any) =>{
        return state.screenDataType;
      }
    },
    mutations: {
      //修改大屏数据类型
```

```
      SET_DATATYPE(state:any,val:string){
        state.screenDataType = val;
      }
    },
    actions: {
    },
    namespaced: true // 开启命名空间
  }
  export default app-global
```

index.ts 代码如下：

```
import { createStore } from "vuex";
const modulesFiles = require.context('./modules', false, /\.ts$/);
//动态加载 modules 下所有 ts 文件
const modules = modulesFiles.keys().reduce((modules:any, modulePath) => {
    const moduleName = modulePath.replace(/^\.\/(.*)\.\w+$/, '$1');
    const value = modulesFiles(modulePath);
    modules[moduleName] = value.default;
    return modules;
}, {});
export default createStore({
  state: {},
  mutations: {},
  actions: {},
  modules
});
```

最终运行结果如图 9.14 所示。

图 9.14　运行结果

9.9.3　子模块标题组件

子模块的标题组件由一个小图表和标题文字组成，变化的部分是标题文字，如图 9.15 所示。每一个子模块组件最终都会调用这个标题组件。

图 9.15　子模块标题组件

新建文件 components/header/index.vue，代码如下：

```
<template>
  <div class="header">
    <span class="rectangle-bg"></span>
    <span class="rectangle-bg min"></span>
    <span class="header-text">{{ curTitle }}</span>
```

```
      < span class = "more">< slot ></slot ></span >
      < span class = "more" v-if = "showMore" @click = "onLookMore"> 查看更多 </span >
      < span
        v-if = "showBack"
        class = "iconfont icon-fanhui1"
        title = "返回"
        @click = "onBack"
      ></span >
    </div >
  </template >
  < script lang = "ts">
  import { defineComponent,computed } from "vue";
  export default defineComponent({
    name:'jie-header',
    props: {
      //标题文字
      title: {
        type: String,
      },
      //是否显示查看更多,本大屏界面暂时用不到
      showMore: {
        type: Boolean,
        default: false,
      },
      //是否显示返回按钮,本大屏界面暂时用不到
      showBack: {
        type: Boolean,
        default: false,
      },
    },
    setup(props: any, {emit }) {
      const curTitle = computed(() =>{return props.title});
      //查看更多
      const onLookMore = () => {
        emit("onLookMore");
      };
      //返回
      const onBack = () => {
        emit("onBack");
      };
      return { onLookMore, onBack,curTitle };
    },
  });
  </script >
```

9.9.4 echarts 公共组件

在大屏首页，线网、车辆、违规原因分析、卡类型使用情况、线路运客数排名、电子支付趋势、地图区域客流这 7 个模块都用到了 echarts，我们可以封装一个使用 echarts 的 Vue 公共组件，里面封装 echart 图表的渲染方法，根据窗体变化实现响应式展示，不同的 echarts 图表 option 配置项不一样，所以 option 外置，同时 echarts 图表的渲染需要定义 DOM 的 id，在同一个大屏界面要反复使用到这个 ecahrts 公共组件，所以 id 也外置，并且在同一个页面当中不能重复，否则会渲染失败。

新建 components/echarts/index. vue，代码如下：

```
<template>
  <! -- 每一个图表都有自己唯一的 id,需要动态传入。-->
  <div :id="id" :class="myclass" :style="myStyle" />
</template>
<script lang="ts">
import { defineComponent, onMounted, watch, toRef } from "vue"; //"@vue/composition-api";
import { guid } from "@/utils/common";
import { EleResize } from "@/utils/esresize.js";
import { init } from "echarts";
export default defineComponent({
  name: "jie-echarts",
    name: "jie-echarts",
  props: {
    //id 标识,唯一
    id: {
      type: String,
      default: guid(),
    },
    //图表宽度
    width: {
      type: String,
      default: "100%",
    },
    //图表高度
    height: {
      type: String,
      default: "220px",
    },
    //指定 class 样式名称
    class: {
      type: String,
      default: "echarts-line",
    },
    //echarts 配置项
```

```
    option: {
      type: Object,
      default: () => {},
    },
    //style 样式对象
    style: {
      type: Object,
      default: () => {},
    },
    //是否加载中
    loading: {
      type: Boolean,
      default: false,
    },
  },
  setup(props: any, { emit }) {
    let MyEcharts: any = null; // echarts 实例
    // 组件初始化
    const InitCharts = () => {
      let dom = document.getElementById(props.id);
      MyEcharts = init(dom as HTMLDivElement);
      if (props.loading == true) {
        showLoading();
      }
      /**
       * 此方法适用于所有项目的图表,但是每个配置都需要由父组件传进来,相当于每个图表的配置都需要写一遍,虽然不省代码,但是灵活度高
       * echarts 的配置项,你可以直接在外边配置好,直接扔进来一个 this.option
       */
      MyEcharts.clear(); // 适用于大数据量切换时图表绘制错误,先清空再重绘
      MyEcharts.setOption(props.option, true); // 设置为 true 可以是图表切换数据时重新渲染
      MyEcharts.on("click", function (params: any) {
        mapClick(params);
      });
      //不加这个代码,图表初始化展示会有问题
      setTimeout(() => {
        MyEcharts.resize();
      });
      // // 当窗口变化时随浏览器大小而改变-有缺陷
      // window.onresize = () => {
      //   MyEcharts.resize();
      //       console.log('变化 window');
      //   // MyEcharts.resize({ height: this.height });
      // };
      //在 div 上绑定对应 onresize 方法
```

```
    EleResize.on(dom, () => {
      // eslint-disable-line
      console.log("变化 EleResize");
      MyEcharts.resize();
    });
  };
  //组件单击事件
  const mapClick = (params: any) => {
    emit("eclick", params);
  };
  const showLoading = () => {
    if (MyEcharts) {
      MyEcharts.showLoading({
        text: "loading",
        // color:'#4cbbff',
        // textColor:'#4cbbff',
      });
    }
  };
  const hideLoading = () => {
    if (MyEcharts) {
      MyEcharts.hideLoading();
    }
  };
  onMounted(() => {
    InitCharts();
  });
  watch(
    () => props.option,
    (newVal, oldVal) => {
      if (MyEcharts) {
        if (newVal) {
          MyEcharts.setOption(newVal, true);
        }else {
          MyEcharts.setOption(oldVal, true);
        }
      }else {
        InitCharts();
      }
    },
    {
      deep: true, // 是否是深度监视,默认是 false
    }
  );
  watch(() => props.loading, () => {
```

```
        props.loading === true ? showLoading() : hideLoading();
      });
      const myclass = toRef(props, "class");
      const myStyle = toRef(props, "style");
      return { MyEcharts, myclass, myStyle };
    },
  });
</script>
```

这里引用到了一些公共的方法，在 utils 目录下分别新建 common.ts 和 esresize.js，common.ts 中用于存放我们自己编写的一些公共方法，而 esresize.js 则是用于监听界面 DOM 宽高的变化，因为采用 window.onresize 的方式来让 echarts 根据浏览器窗口的变化自适应宽高会存在缺陷。

侦听 props 上的属性变化，可以是 getter/effect 函数、ref、Proxy 以及它们的数组，但绝对不可以是纯对象或基本数据。

在 common.ts 中：

```
/**
 * 唯一标识
 */
export function guid():string {
    return "xxxxxxxx-xxxx-4xxx-yxxx-xxxxxxxxxxxx".replace(
      /[xy]/g,
      function (c: string) {
        const r = (Math.random() * 16) | 0;
        const v = c == "x" ? r : (r & 0x3) | 0x8;
        return v.toString(16);
      }
    );
  }
```

在这里使用 guid 来构造 DOM 的 id，是因为 echarts 的调用需要用到 id，并且在同一个界面可能会多次调用到这个组件，必须保证 id 的唯一性才可以正常使用。

考虑到子模块标题组件和 echarts 组件在多个子模块组件当中都会用到，我们将其注册为全局组件。

新建 plugins/cus-components.ts，代码如下：

```
import JieHeader from "../components/header/index.vue";
import JieCharts from "../components/echarts/index.vue";
export default function loadComponent(app: any):void {
    app.component(JieHeader.name,JieHeader);
    app.component(JieCharts.name,JieCharts);
}
```

9.9.5 排名组件

图 9.16 所示的排名组件有一个动画的效果，并且每一个柱子最右侧有一个半月的小弧，

且颜色不一样,直接采用 echarts 很难实现一模一样的效果,所以我们可以采用 html5 配合 css3 来实现。

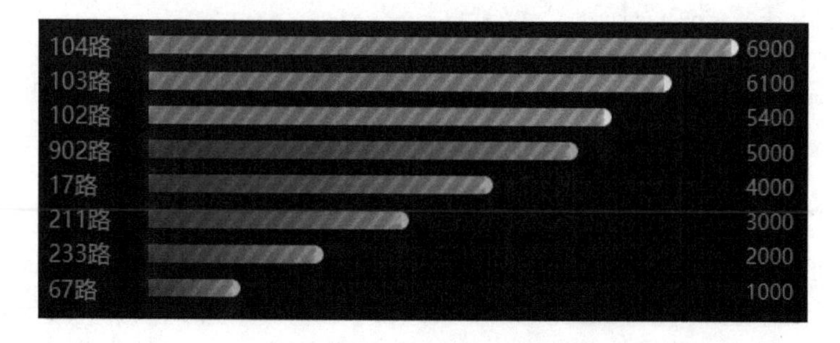

图 9.16　排名组件动画效果

排名是采用降序排列,在数据传递到排名组件之前,我们就将数据降序排列好。

新建 components/rank-data/index. vue,代码如下:

```
<template>
  <div class = "range-div">
    <div class = "item" v-for = "(item, index) in chartData" :key = "index">
      <p class = "title" :title = "item.name">
        {{item.name }}
      </p>
      <div class = "percent">
        <div
          class = "yellow"
          :class = "getItemClass(index)"
          :style = "{ width: item.percent * 100 + '%' }"
        >
          <i></i>
          <div class = "container">
            <div class = "light"></div>
          </div>
        </div>
      </div>
      <p class = "number">
        {{item.value }}
      </p>
    </div>
  </div>
</template>
<script lang = "ts">
import { defineComponent,ref } from "vue";
export default defineComponent({
  name: "rank-data",
  props: {
    rankData: {
```

```
        type: Array,
        default: () => {
          return [];
        },
      },
    },
    setup(props) {
      function getItemClass(index:number) {
        return index < 3 ? "yellow" : "blue";
      }
      const chartData = ref(props.rankData);
      return {
        getItemClass,
        chartData
      };
    },
  });
</script>
```

这个组件更多的是css3动画，排名最靠前的三项设置为黄色，其余的选项设置为蓝色，并给每一项设置一个css3动画效果，代码如下：

```
<style lang = "scss" scoped>
//创建css动画，并命名为flash
@keyframes flash {
  0% {
    left: 0;
    transform: translateX(-100%) skew(-45deg);
  }
  100% {
    left: 100%;
    transform: translateX(0) skew(-45deg);
  }
}
.range-div {
  width: 100%;
  display: flex;
  flex-direction: column;
  height: 100%;
  .item {
    color: #aaaaaa;
    width: 100%;
    display: flex;
    justify-content: space-between;
    align-items: center;
    position: relative;
```

```
    height: 10%;
    .title {
      width: 60px;
      overflow: hidden;
      text-overflow: ellipsis;
      white-space: nowrap;
    }
    .percent {
      width: calc(100% - 140px);
      height: 13px;
      background: linear-gradient(
        90deg,
        #001052 0,
        rgba(0, 16, 82, 0.5) 75%,
        rgba(0, 16, 82, 0.1)
      );
      .yellow {
        height: 12px;
        background-repeat: no-repeat, repeat;
        background-image: linear-gradient(
            90deg,
            #ff7d00 0,
            rgba(244, 245, 6, 0.8)
          ),
          url(./imgs/bg.png);
        background-size: auto, auto 100%;
        background-blend-mode: color-dodge;
        border-right: 5px solid #f4f506;
        border-top-right-radius: 10px;
        border-bottom-right-radius: 10px;
        > i {
          -webkit-box-shadow: 2px 0 10px 3px #f4f506;
          box-shadow: 2px 0 10px 3px #f4f506;
        }
      }
      .blue {
        height: 12px;
        background: linear-gradient(90deg, #004eff 0, rgba(19, 221, 248, 0.9)),
          url(./imgs/bg.png);
        background-size: auto, auto 100%;
        background-blend-mode: color-dodge;
        border-right: 5px solid #13ddf8;
        border-top-right-radius: 10px;
        border-bottom-right-radius: 10px;
        > i {
```

```
            box-shadow: 2px 0 10px 3px #13ddf8;
          }
        }
        > div {
          .container {
            width: 100%;
            height: 100%;
            overflow: hidden;
            position: relative;
          }
        }
      }
      .number {
        width: 60px;
        font-size: 14px;
      }
    }
  }
  .light {
    cursor: pointer;
    position: absolute;
    top: 0;
    width: 15px;
    height: 10px;
    background: linear-gradient(
      0deg,
      hsla(0, 0%, 100%, 0),
      hsla(0, 0%, 100%, 0.5),
      hsla(0, 0%, 100%, 0)
    );
    animation-name: flash;//指定动画名称
    animation-duration: 1s;
    animation-fill-mode: forwards;
    animation-iteration-count: infinite;
  }
  </style>
```

9.10 大屏业务组件开发

9.10.1 抽取公共 hooks

可以发现，大屏的业务组件会公用一些属性和方法，我们可以将其单独提取出来封装为自定义 hooks，从而实现代码的复用。在很多时候，我们可能并没有去寻找大屏各个业务模块的共性，直接就开始各个模块的开发，当做了几个业务模块后，突然发现有一些代码是重复的，此时，我们就会对代码进行重构，抽取出重复的代码进行封装。实际上，我们也很难一次性就把所有重复的代码进行抽取和封装，重构是一个不断完善的过程。

新建文件 use-options. ts，封装所有业务组件的公共代码：

```
import { computed, toRef, toRaw } from "vue";
import { useStore } from "vuex";
export default function ():any {
  const store = useStore();
  //获取当前日期类型
  const screenDataType = computed(() => {
    return store.getters['app-global/GET_DATATYPE'];
  });
  //获取当前标题
  const getTitle:any = (props) => {
    return toRef(props, "title").value;
  };
  //初始化 echart 的样式
  const chartStyle = toRaw({
    width: "100%",
    "min-height": "60px",
    height: "100%",
  });
  return {
    screenDataType,
    getTitle,
    chartStyle,
  };
}
```

自定义 hooks 其实就是一个函数，这个函数返回一系列的对象，包括属性、方法等。在其他需要使用到它的地方，再对其进行引用。

9.10.2 线　网

这里我们假设线网模块的数据不会因为所选时间类型的改变而改变，事实上，在很长一段时间内它的数据都不会变化，界面效果如图 9.17 所示。

图 9.17　界面效果

新建 views/operation-screen/LineNet.vue 作为线网组件,代码如下:

```
<template>
  <div class="line-net">
    <jie-header :title="curTitle">
      <div class="head-info">
        <span class="label">总线路:</span>
        <span class="val">{{ numFormat(lineNums) }}</span>
        <span class="unit">条</span>
      </div>
    </jie-header>
    <div class="content-box">
      <div class="item" v-for="(item, index) in lineNetList" :key="index">
        <img :src="item.icon" />
        <div class="msg-box">
          <span class="label"> {{ item.text }}</span>
          <span class="val">
            {{numFormat(item.val) }}
            <span class="unit" v-if="item.unit">{{ item.unit }}</span></span
          >
        </div>
      </div>
    </div>
  </div>
</template>
<script lang="ts">
import { reactive, toRefs, onMounted, defineComponent } from "vue";
import useOptions from "./use-options";
import { numFormat } from "@/utils/common";
import { lineInfo } from "@/api/operation-screen";
export default defineComponent({
  name: "line-net",
  props: {
    title: {
      type: String,
    },
  },
  setup(props) {
    const options = reactive({
      lineNums: 0, //总线路
      lineNetList: [
        {
          icon: require("@/assets/images/screen/lineLength.png"),
          text: "线路长度",
          val: 0,
          unit: "KM",
```

```
      },
      {
        icon: require("@/assets/images/screen/repeatFactor.png"),
        text: "重复系数",
        val: 0,
        unit: "",
      },
      {
        icon: require("@/assets/images/screen/specialRoadLength.png"),
        text: "专用道长度",
        val: 0,
        unit: "KM",
      },
      {
        icon: require("@/assets/images/screen/notStraightLineFactor.png"),
        text: "非直线系数",
        val: 0,
        unit: "",
      },
    ],
  });
  const { screenDataType, getTitle } = useOptions();
  //初始化数据
  function initData() {
    lineInfo({ type: screenDataType.value }).then((res) => {
      const data = res.data.data;
      refreshData(data);
    });
  }
  onMounted(() => {
    initData();
  });
  //刷新数据
  function refreshData(data) {
    if (data) {
      options.lineNums = data.lineNums;
      options.lineNetList[0].val = data.lineLength;
      options.lineNetList[1].val = data.repeatFactor;
      options.lineNetList[2].val = data.specialRoadLength;
      options.lineNetList[3].val = data.notStraightLineFactor;
    }
  }
  return {
    ...toRefs(options),
    curTitle: getTitle(props),
```

```
        numFormat,
        initData
      };
    },
});
</script>
```

注意：所有的业务组件，初始化数据方法统一命名为initData，并且在initData方法中再调用一个refereshData方法来构造数据，当业务组件的数据需要实时刷新时，这个refereshData方法就可以实现代码的复用，而我们的实时刷新的数据结构只需要和api接口的数据结构保持一致即可。业务组件的name属性名称要和index.vue组件中layout数组中的name属性名称保持一致，这样能方便组件根据名称来进行动态渲染。

新建/api/operation-screen.ts，用于封装大屏各个模块的http请求方法，代码如下：

```
import request from '../axios';
interface IParams{
  type:string
}
  //线网
  export const lineInfo =   (params:IParams) => {
    return request({
        url: '/emptech-data-screen/operationScreen/lineInfo',
        method: 'get',
        params: {
            ...params,
        }
    })
}
```

封装axios。新建axios/index.ts，代码如下：

```
import axios from 'axios';
import { ElMessage } from 'element-plus'
import router from '@/router'
//默认超时时间
axios.defaults.timeout = 100000; //10s
axios.defaults.baseURL = '/api'; //默认请求前缀
//模拟 token
function getToken(){
    return 'test';
}
let clock:any = null;
//http request 拦截
axios.interceptors.request.use(config => {
    //让每个请求携带 token
    if (getToken()) {
```

```
        config.headers['tokenHeader'] = 'bearer' + getToken();
      }
      //headers 中配置 text 请求
      // if (config.text === true) {
      //   config.headers["Content-Type"] = "text/plain";
      // }
      return config
    },error => {
      return Promise.reject(error)
    });
    //http response 拦截
    axios.interceptors.response.use(res => {
      //获取状态码
      const status:number = res.data.code;
      const msg:any = res.data.msg ||'未知错误';
      //如果是 401 则跳转到登录页面
      if (status === 401) {
        //限定时间内只能执行一次
        if (! clock) {
          ElMessage.error(msg);
        }
        clock = setTimeout(() => {
          clock = null;
        },2000);
        //退出登录
        router.push({ path: '/login' })
      }else {
        // 如果响应状态码不等于 200,统一进行错误处理
        if (status != = 200) {
          ElMessage.error(msg);
          return Promise.reject(new Error(msg));
        }
      }
      return res;
    },error => {
      return Promise.reject(new Error(error));
    });
    export default axios;
```

这里主要是对 axios 进行全局配置，包括请求头加 token、拦截 http 请求和响应处理等。封装 mock。新建 mock/screen.ts，代码如下：

```
import Mock from "mockjs";
import { getUrlQuery } from "@/utils/common.ts";
export default ({ mock }) => {
  if (! mock) return;
```

```
//#region 运营大屏
function getValByType(type:string):number {
  let res = 1;
  switch (parseInt(type)) {
    case 0:
      res = 1;
      break;
    case 1:
      res = 7;
      break;
    case 2:
      res = 30;
      break;
    default:
      res = 365;
      break;
  }
  return res;
}
  //线网
  Mock.mock(
    RegExp("/api/emptech-data-screen/operationScreen/lineInfo" + "*"),
    "get",
    (options) => {
    const item:any  = getUrlQuery(options.url);
     const type = item.type||0;
     console.log("接收参数", item);
     return {
       code: 200,
       msg: "查询成功",
       data: {
         lineNums: 108, //总线路
         lineLength: 1890, //线路长度
         repeatFactor: 2.2, //重复系数
         specialRoadLength: 110, //专用道长度
         notStraightLineFactor: 1.3, //非直线系数
       },
     };
    }
  );
  ......
```

getValByType方法能够接收一个日期类型的参数，并根据不同的日期类型返回不同的模拟值。由于线网模块的数据和日期类型无关，所以线网模块用不到，但是后面和日期类型相关的其他模块会用到。

在 common. ts 中添加 getUrlQuery 方法，用于解析 url 参数，并返回一个解析对象，代码如下：

```
/**
 * 解析 url 参数
 * @param { * } url
 * @returns
 */
export const getUrlQuery:any = (url:string) => {
  // 用 JS 拿到 URL，如果函数接收了 URL，那就用函数的参数。如果没传参，就使用当前页面的 URL
  const queryString = url ? url.split('?')[1] : window.location.search.slice(1);
  // 如果没有传参，返回一个空对象
  if (!queryString) {
    return {};
  }
  return qs.parse(queryString);
};
```

添加 numFormat 方法来给数字千分位加逗号进行分隔，代码如下：

```
/**
 * 数字格式千分位加逗号分隔
 * @param num
 * @returns
 */
export function numFormat(num: number): string {
  if (num == undefined || num == null) return "--";
  return num.toString().indexOf(".") !== -1
    ? num.toLocaleString()
    :num.toString().replace(/(\d)(?=(?:\d{3})+$)/g, "$1,");
}
```

新建 mock/index. ts，代码如下：

```
import screen from './screen';
const options = { mock: true };
screen(options);
```

在 main. ts 中引入 mock，代码如下：

```
import './mock/index.ts';
```

当接入了实际的后端接口之后，需要在 main. ts 中注释掉这行代码，或者将 mock/index. ts 中的代码 mock 属性设置为 false。

9.10.3 车　辆

假设车辆模块的数据也不会随时间类型的变化而变化，运行效果如图 9.18 所示。

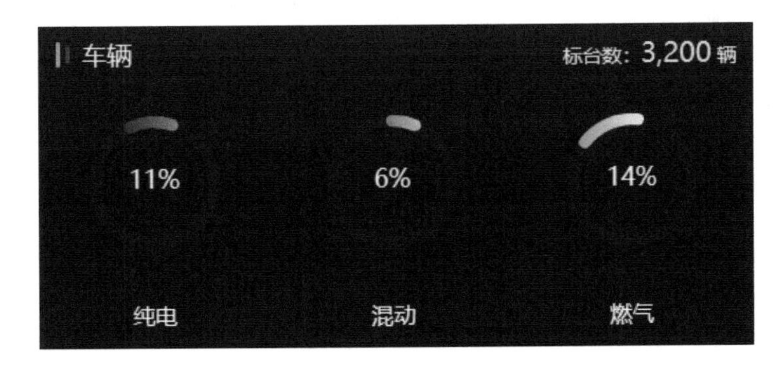

图 9.18　运行效果

新建 views/operation-screen/Bus. vue，代码如下：

```
<template>
  <div class="car">
    <jie-header :title="curTitle">
      <div class="head-info">
        <span class="label">标台数:</span>
        <span class="val">{{ numFormat(carNums) }}</span>
        <span class="unit">辆</span>
      </div>
    </jie-header>
    <div class="content">
      <div class="left-box">
        <jie-echarts
          id="pureElectricNums"
          :style="chartStyle"
          :option="pureElectricNumsOption"
        />
      </div>
      <div class="center-box">
        <jie-echarts
          id="hybridNums"
          :style="chartStyle"
          :option="hybridNumsOption"
        />
      </div>
      <div class="right-box">
        <jie-echarts id="gasNums" :style="chartStyle" :option="gasNumsOption" />
      </div>
    </div>
    <div class="title-box">
      <span class="chart-title">纯电</span><span class="chart-title">混动</span
      ><span class="chart-title">燃气</span>
    </div>
```

```
  </div>
</template>

<script lang="ts">
import { defineComponent, reactive, toRefs, onMounted } from "vue";
import { deepCopy, numFormat, getColorByIndex } from "@/utils/common";
import { miniCircleOption } from "@/utils/chart-options";
import { busInfo } from "@/api/operation-screen";
import useOptions from "./use-options";
export default defineComponent({
  name: "bus",
  props: {
    title: {
      type: String,
    },
  },
  setup(props) {
    const { screenDataType, getTitle, chartStyle } = useOptions();
    const colorArr = [
      {start: "#4DE8FF", end: "#2AA6FF" },
      {start: "#FFFB00", end: "#FFA300" },
    ];
    let options = reactive({
      carNums: 3200, //车辆 标台数
      pureElectricNums: 350, //纯电数
      hybridNums: 200, //混动数
      gasNums: 450, //燃气数
    });
    let pureElectricNumsOption = reactive(deepCopy(miniCircleOption));
    let hybridNumsOption = reactive(deepCopy(miniCircleOption));
    let gasNumsOption = reactive(deepCopy(miniCircleOption));
    //初始化数据
    function initData() {
      busInfo({ type: screenDataType.value }).then((res) => {
        const data = res.data.data;
        refreshData(data);
        console.log("options", toRefs(options));
      });
    }
    function formatData(val) {
      return ((val / options.carNums) * 100).toFixed(0);
    }
    function formatChart(optionName, val, name) {
      optionName.title.text = formatData(val) + "%";
      optionName.series[0].data[0].value = val;
```

```
      optionName.series[0].data[0].name = name;
      optionName.series[1].data[0].value = options.carNums;
    }
    onMounted(() => {
      initData();
    });
    //刷新数据
    function refreshData(data) {
      if (data) {
        options.carNums = data.carNums;
        options.pureElectricNums = data.pureElectricNums;
        options.hybridNums = data.hybridNums;
        options.gasNums = data.gasNums;

        pureElectricNumsOption.title.text = formatData(data.pureElectricNums);
        formatChart(pureElectricNumsOption, data.pureElectricNums, "纯电");
        formatChart(hybridNumsOption, data.hybridNums, "混动");
        hybridNumsOption.series[0].data[0].itemStyle.color = getColorByIndex(
          colorArr,
          0
        );
        formatChart(gasNumsOption, data.gasNums, "燃气");
        gasNumsOption.series[0].data[0].itemStyle.color = getColorByIndex(
          colorArr,
          1
        );
      }
    }
    const curTitle = getTitle(props);
    return {
      ...toRefs(options),
      screenDataType,
      chartStyle,
      numFormat,
      pureElectricNumsOption,
      hybridNumsOption,
      gasNumsOption,
      curTitle,
      initData
    };
  },
});
</script>
```

在 utils/common.ts 中添加 deepCopy、getRate 和 getColorByIndex 方法，代码如下：

```
import * as echarts from "echarts";
/**
 * 深拷贝
 * @param obj
 * @returns
 */
export function deepCopy(obj:any):any {
  if (obj === null) return null;
  return JSON.parse(JSON.stringify(obj));
}
//构造渐变色
export function getColorByIndex(colorArr:Array<{ start: string; end: string; }>, index:number):
echarts.graphic.LinearGradient{
  return new echarts.graphic.LinearGradient(1, 0, 0, 0, [
    {
      offset: 0,
      color: colorArr[index].start // 0% 处的颜色
    },
    {
      offset: 1,
      color: colorArr[index].end // 100% 处的颜色 1
    }
  ]);
}
/**
 * 获取缩放比例
 * @param val
 * @param minVal 最小缩放值
 * @returns
 */
 export function getRate(val: number, minVal: number = 12): number {
  const rate = document.documentElement.clientWidth / 1920;
  return rate * val < minVal ? minVal : rate * val;
}
```

新建 utils/chart-options.ts 文件用于存储 echarts 图表的一些配置信息，代码如下：

```
import * as echarts from "echarts";
import { EChartsOption } from 'echarts'
import { getRate } from "@/utils/common";
//tooltip 样式
export const tooltipObj: EChartsOption = {
    backgroundColor: "rgba(0,0,0,0.8)", //设置背景图片 rgba 格式
    borderWidth: "0", //边框宽度设置 1
    // borderColor: "gray", //设置边框颜色
    textStyle: {
```

```
        color: "white", //设置文字颜色
    },
};
//构造虚拟点
function dotArr() {
    const dataArr: Array<EChartsOption> = [];
    for (let i = 0; i < 100; i++) {
        if (i % 2 === 0) {
            dataArr.push({
                name: (i + 1).toString(),
                value: 1,
                itemStyle: {
                    color: "#005dff",//图形的颜色
                    borderWidth: 1, //边框宽度
                    borderColor: "#314076",//边框颜色
                },
            });
        }else {
            dataArr.push({
                name: (i + 1).toString(),
                value: 2,
                itemStyle: {
                    color: "rgba(0,0,0,0)",
                    borderWidth: 0,
                    borderColor: "rgba(0,0,0,0)",
                },
            });
        }
    }
    return dataArr;
}
//小环
export const miniCircleOption: any = {
    //直角坐标系内绘图网格
    grid: {
        top: 0, //grid 组件离容器上侧的距离,默认 60
    },
    //标题
    title: {
        text: "",//文字内容
        //文字样式
        textStyle: {
            fontWeight: "normal",//主标题文字字体的粗细
            color: "white",//主标题文字的颜色
            fontSize: getRate(18)//主标题文字的字体大小
```

```
        },
        left: "center",//title 组件离容器左侧的距离
        top: "32 % ",//title 组件离容器上侧的距离
    },
    //提示框组件
    tooltip: {
        trigger: "item",//触发类型。'item':数据项图形触发
        //提示框浮层内容格式器,支持字符串模板和回调函数两种形式
        formatter: function (params) {
            return params.name + ":" + params.value + " % ";
        },
        ...tooltipObj,
    },
    // 极坐标系的角度轴
    angleAxis: {
        max: 100, // 满分
        clockwise: true, // 逆时针
        // 隐藏刻度线
        axisLine: {
            show: false,
        },
        //坐标轴刻度相关设置
        axisTick: {
            show: false,//是否显示坐标轴刻度
        },
        axisLabel: {
          show: false,//是否显示刻度标签
        },
        splitLine: {
            show: false,//是否显示分隔线
        },
    },
    // 极坐标系的径向轴
    radiusAxis: {
        type: "category",
        // 隐藏刻度线
        axisLine: {
            show: false,
        },
        axisTick: {
            show: false,
        },
        axisLabel: {
            show: false,
        },
```

```
        splitLine：{
            show：false，
        }，
    }，
    // 极坐标系，可以用于散点图和折线图
    polar：{
        center：["50％"，"40％"]，//极坐标系的中心(圆心)坐标，数组的第一项是横坐标，第二项是
纵坐标
        radius："100％"，//极坐标系的半径
    }，
    series：[
        {
            type："bar"，//柱状图
            data：[
                {
                    name：""，//系列名称
                    // value：75，
                    showBackground：true，//是否显示柱条的背景色
                    //每一个柱条的背景样式
                    backgroundStyle：{
                        color："＃07184A"，
                        borderColor："＃000"，
                    }，
                    //图形样式
                    itemStyle：{
                        //渐变颜色
                        color：new echarts.graphic.LinearGradient(1，0，0，0，[
                            {
                                offset：0，
                                color："＃01B4FF"，// 0％ 处的颜色
                            }，
                            {
                                offset：1，
                                color："＃0336FF"，// 100％ 处的颜色 1
                            }，
                        ])，
                    }，
                }，
            ]，
            coordinateSystem："polar"，//该系列使用的坐标系，polar表示使用极坐标系
            roundCap：true，//是否在环形柱条两侧使用圆弧效果
            barWidth："10％"，//柱条的宽度，不设时自适应
            barGap："-100％"，// 不同系列的柱间距离，为百分比，-100％表示两环重叠
            z：2，//柱状图组件的所有图形的z值。控制图形的前后顺序。z值小的图形会被z值大
的图形覆盖
        }，
        {
```

```
            //灰色环
            type: "bar",
            name: "其他",
            tooltip: {
                show: false,
            },
            data: [
                {
                    value: 100,
                    itemStyle: {
                        color: "#07184A",
                        shadowColor: "rgba(0, 0, 0, 0.2)",
                        shadowBlur: 5,
                        shadowOffsetY: 2,
                    },
                },
            ],
            coordinateSystem: "polar",
            roundCap: true,
            barWidth: "10%",
            barGap: "-100%", // 两环重叠
            z: 1,
        },
        {
            type: "pie",
            bottom: "20%",
            zlevel: 3,//所有图形的 zlevel 值
            silent: true,//图形是否不响应和触发鼠标事件
            radius: ["45%", "45%"],
            label: {
                show: false,
            },
            labelLine: {
                show: false,//是否显示视觉引导线
            },
            data: dotArr(),
        },
    ],
};
```

关于 echarts 的配置项，可以参考官方文档：https://echarts.apache.org/zh/option.html#title。

在 api/operation-screen.ts 中添加 busInfo 方法，代码如下：

```
//车辆
export const busInfo = (params:IParams) => {
  return request({
    url: '/emptech-data-screen/operationScreen/busInfo',
```

```
        method: 'get',
        params: {
            ...params,
        }
    })
}
```

在 mock/screen.ts 中添加如下代码：

```
//车辆
Mock.mock(
  RegExp("/api/emptech-data-screen/operationScreen/busInfo" + "*"),
  "get",
  () => {
    return {
      code: 200,
      msg: "查询成功",
      data: {
        carNums: 3200, //车辆 标台数
        pureElectricNums: 350, //纯电数
        hybridNums: 200, //混动数
        gasNums: 450, //燃气数
      },
    };
  }
);
```

9.10.4 违规原因分析

违规原因分析模块的数据会随着日期类型的变化而变化，运行结果如图9.19所示。

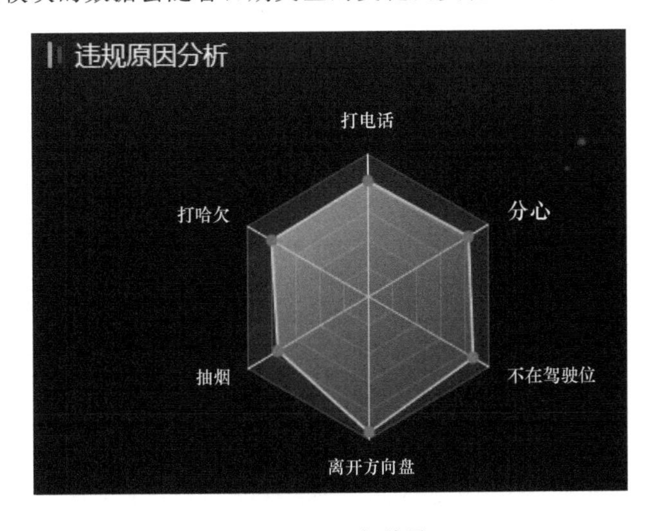

图9.19 运行结果

新建 views/operation-screen/GetoutReasons.vue，代码如下：

```
<template>
  <div class="getout-reasons">
    <jie-header :title="curTitle"></jie-header>
    <div class="content">
      <div class="chart">
        <jie-echarts id="GetoutReasons" :style="chartStyle" :option="chartOption" />
      </div>
    </div>
  </div>
</template>

<script lang="ts">
import { defineComponent, onMounted, reactive, toRefs } from "vue";
import { deepCopy } from "@/utils/common";
import useOptions from "./use-options";
import { violationReasonInfo } from "@/api/operation-screen";
import { radarOption } from "@/utils/chart-options";
export default defineComponent({
  name: "getout-reasons",
  props: {
    title: {
      type: String,
    },
  },
  setup(props) {
    const { screenDataType, getTitle, chartStyle } = useOptions();
    const options = reactive({
      chartOption: deepCopy(radarOption),
    });
    //初始化数据
    function initData() {
      violationReasonInfo({ type: screenDataType.value }).then((res) => {
        const data = res.data.data;
        refreshData(data);
      });
    }
    onMounted(() => {
      initData();
    });
    //刷新数据
    function refreshData(data) {
      if (data) {
        options.chartOption.series[0].data[0].value = data.map((m) => {
          return m.val;
        });
        options.chartOption.radar.indicator = data.map((m) => {
          return {
```

```
            name: m.name,
            max: m.max,
          };
        });
      }
    }
    const curTitle = getTitle(props);
    return { chartStyle, curTitle, ...toRefs(options) ,initData};
  },
});
</script>
```

在 chart-options.ts 中添加 radarOption,代码如下:

```
//雷达图
export const radarOption:any = {
  color: ["#4A99FF"],
  tooltip: {
    trigger: "axis",
    ...tooltipObj
  },
  radar: {
    center: ["50%", "50%"],
    radius: "65%",
    indicator: [
      {name: "打电话", max: 6500 },
      {name: "打哈欠", max: 16000 },
      {name: "抽烟", max: 30000 },
      {name: "离开方向盘", max: 38000 },
      {name: "不在驾驶位", max: 52000 }
    ],
    axisLine: {
      //指向外圈文本的分隔线样式
      lineStyle: {
        color: "white",
        width: 1
      }
    },
    //换线样式
    splitLine: {
      lineStyle: {
        width: 1,
        color: "rgba(38,124,170,1)",
        shadowBlur: 20,
        shadowColor: "rgba(255,255,255,1)"
      }
    }
  },
```

```
  series: [
    {
      type: "radar",
      label: {
        fontSize:getRate(13)
      },
      lineStyle: {
        color: "rgba(0, 255, 252, 1)"
      },
      tooltip: {
        trigger: "item"
      },
      data: [
        {
          value: [],
          name: "违规原因",
          areaStyle: {
            // 单项区域填充样式
            color: {
              type: "linear",
              x: 0, //右
              y: 0, //下
              x2: 1, //左
              y2: 1, //上
              colorStops: [
                {
                  offset: 0,
                  color: "rgba(198, 234, 255, 0.8)"
                },
                {
                  offset: 1,
                  color: "rgba(0, 138, 255, 0.4)"
                }
              ],
              globalCoord: false
            },
            opacity: 1 // 区域透明度
          }
        }
      ]
    }
  ]
};
```

在 api/operation-screen.ts 中添加 violationReasonInfo 方法，代码如下：

```
//违规原因分析
export const violationReasonInfo =  (params:IParams) =>{
```

```
    return request({
        url: '/emptech-data-screen/operationScreen/violationReasonInfo',
        method: 'get',
        params: {
            ...params,
        }
    })
}
```

在 mock/screen.ts 中添加如下 mock 代码：

```
// 违规原因分析
Mock.mock(
  RegExp(
    "/api/emptech-data-screen/operationScreen/violationReasonInfo" + ".*"
  ),
  "get",
  (options) => {
    const item:any  = getUrlQuery(options.url);
      const type = item.type||0;
    return {
      code: 200,
      msg: "查询成功",
      data: [
        {name: "打电话", val: 6500 * getValByType(type), max: 8000 * getValByType(type) },
        {name: "打哈欠", val: 16000 * getValByType(type), max: 20000 * getValByType(type) },
        {name: "抽烟", val: 30000 * getValByType(type), max: 40000 * getValByType(type) },
        {name: "离方向盘", val: 38000 * getValByType(type), max: 40000 * getValByType(type) },
        {name: "不在驾驶位", val: 52000 * getValByType(type), max: 60000 * getValByType(type) },
        {name: "分心", val: 25000 * getValByType(type), max: 30000 * getValByType(type) },
      ],
    };
  }
);
```

9.10.5 卡类型使用情况

卡类型使用情况的数据和标题会随着日期类型的变化而变化，运行结果如图 9.20 所示。

图 9.20 运行结果

新建 views/operation-screen/CardTypeUse. vue,代码如下:

```
<template>
  <div class="card-type-use">
    <jie-header :title="curTitle"></jie-header>
    <div class="content">
      <div class="chart">
        <jie-echarts id="CurCardTypeUse" :style="chartStyle" :option="chartOption" />
      </div>
    </div>
  </div>
</template>

<script lang="ts">
import { defineComponent, reactive, toRefs, onMounted, computed } from "vue";
import { deepCopy, getDataNameByType, getColorByIndex } from "@/utils/common";
import { baseInfoCircleNormalOption } from "@/utils/chart-options";
import { cardUseRatio } from "@/api/operation-screen";
import useOptions from "./use-options";
export default defineComponent({
  name: "card-type-use",
  props: {
    title: {
      type: String,
    },
  },
  setup(props) {
    const colorArr = [
      {start: "#ffa300", end: "#fffb00" },
      {start: "#0b69ff", end: "#0bd6ff" },
      {start: "#7334ff", end: "#b87eff" },
      {start: "lightgreen", end: "green" },
      {start: "#EF1850", end: "#FF7095" },
    ];
    const { screenDataType, getTitle, chartStyle } = useOptions();
    const options = reactive({
      chartOption: deepCopy(baseInfoCircleNormalOption),
    });
    //初始化数据
    function initData() {
      cardUseRatio({ type: screenDataType.value }).then((res) => {
        const data = res.data.data;
          refreshData(data);
      });
    }
    //格式化 echart 配置项
    function formatChart(data) {
      options.chartOption.color = [
```

```
      getColorByIndex(colorArr, 0),
      getColorByIndex(colorArr, 1),
      getColorByIndex(colorArr, 2),
      getColorByIndex(colorArr, 3),
      getColorByIndex(colorArr, 4),
    ];
    options.chartOption.series[0].data = data.seriesData;
    options.chartOption.legend.data = data.seriesData.map((m) => {
      return m.name;
    });
    let total = 0;
    data.seriesData.forEach((n) => {
      total += n.value;
    });
    options.chartOption.title.subtext = total;
    options.chartOption.legend.formatter = (name) => {
      let paramsStr;
      for (let i = 0; i < data.seriesData.length; i++) {
        if (data.seriesData[i].name == name) {
          paramsStr =
            ((data.seriesData[i].value / total) * 100).toFixed(2) + "%";
        }
      }
      let arr = [name + ":", paramsStr];
      return arr.join("");
    };
    options.chartOption.tooltip.formatter = (datas) => {
      let res = `${datas.name}<br/>`;
      // 如果不为空,那么拼接实际的信息
      if (datas.value !== "null") {
        res += `${datas.marker}金额:${datas.value},百分比:${datas.percent}%<br/>`;
      }
      return res;
    };
  }
  onMounted(() => {
    initData();
  });
  const curTitle = computed(() => {
    return getDataNameByType(screenDataType.value) + getTitle(props);
  });
  //刷新数据
  function refreshData(data) {
    if (data) {
      formatChart(data);
    }
  }
```

```
    return {
      ...toRefs(options),
      curTitle,
      screenDataType,
      chartStyle,
      initData,
    };
  },
});
</script>
```

在/utils/common.ts 中添加 getDataNameByType 方法，代码如下：

```
//根据数据类型值获取数据类型名称
export function getDataNameByType(type:number):string {
  console.log('type',type)
  return ["今日", "本周", "当月", "今年"][type];
}
```

在/utils/chart-options.ts 中添加如下代码：

```
//基础环形图
export const baseInfoCircleNormalOption: any = {
    // 标题组件
    title: {
        text: "总营收", //主标题文本
        x: "31%",///标题在 x 轴位置
        y: "38%",//标题在 y 轴位置
        textAlign: "center",//整体(包括 text 和 subtext)的水平对齐
        textStyle: {
            fontWeight: "normal",//主标题文字字体的粗细
            color: "white", //主标题文字颜色
            fontSize: getRate(14)//主标题文字的字体大小
        },
        subtext: "20000",//副标题文本
        //副标题文本样式
        subtextStyle: {
            color: "white",//颜色
            fontSize: getRate(22)//字体
        }
    },
    color: ["#FFD200", "#0012FF", "#2FD1FF", "#4EE988", "#2752E9"],//调色盘颜色列表
    tooltip: {
        trigger: "item",
        formatter: "{b}<br/> 数量:{c},百分比{d}%",
        ...tooltipObj
    },
    //图例
    legend: {
```

```
        type: "scroll",//图例的类型:滚动
        right: "15%",
        orient: "vertical",//图例列表的布局朝向:垂直
        top: "middle",//图例组件离容器上侧的距离
        itemGap: 18,//图例每项之间的间隔
        itemWidth: 10,//图例标记的图形宽度
        itemHeight: 10,//图例标记的图形高度
        textStyle: {
            color: "#fff",//颜色
            fontSize: getRate(12, 11)//字体大小
        },
        data: [],
        formatter: null
    },
    series: [
        {
            type: "pie",
            radius: ["40%", "55%"],//半径
            right: "35%",
            bottom: 0,
            avoidLabelOverlap: false,//是否启用防止标签重叠策略,默认开启
            //饼图图形上的文本标签
            label: {
                show: false,//隐藏
                position: "center" //居中
            },
            //标签的视觉引导线配置
            labelLine: {
                show: false//隐藏
            },
            data: []
        }
    ]
};
```

在/api/operation-screen.ts 中添加 cardUseRatio 方法,代码如下:

```
//当月卡类型使用情况
export const cardUseRatio =  (params:IParams) => {
    return request({
        url: '/emptech-data-screen/operationScreen/cardUseRatio',
        method: 'get',
        params: {
            ...params,
        }
    })
}
```

在 mock/screen.ts 中添加 mock 代码：

```
// 当月卡类型使用情况
Mock.mock(
  RegExp("/api/emptech-data-screen/operationScreen/cardUseRatio" + "*"),
  "get",
  (options) => {
  const item:any  = getUrlQuery(options.url);
    const type = item.type||0;
    console.log("接收参数", item);
    return {
      code: 200,
      msg: "查询成功",
      data: {
        seriesData: [
          {value: 1048 * getValByType(type), name: "普通卡" },
          {value: 735 * getValByType(type), name: "老人卡" },
          {value: 580 * getValByType(type), name: "学生卡" },
          {value: 484 * getValByType(type), name: "特惠卡" },
          {value: 300 * getValByType(type), name: "异地卡" },
        ],
      },
    };
  }
);
```

9.10.6 线路运客数排名

线路运客数排名的数据会随着日期类型的变化而变化，这里需要引用排名组件，运行结果如图 9.21 所示。

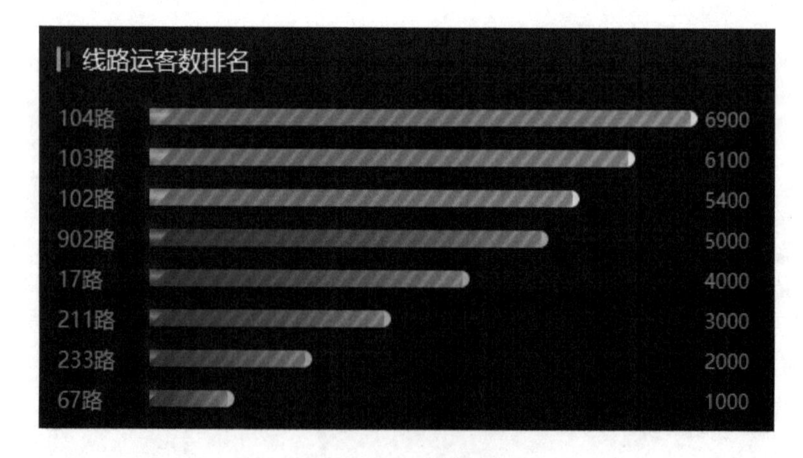

图 9.21 运行结果

新建 views/operation-screen/TransportPassengerRank.vue，代码如下：

```
<template>
  <div class = "transport-passenger-rank">
    <jie-header :title = "curTitle"></jie-header>
    <div class = "content">
      <div class = "chart">
        <RankData :rankData = "rankData" v-if = "rankData"></RankData>
      </div>
    </div>
  </div>
</template>

<script lang = "ts">
import RankData from "@/components/rank-data/index.vue";
import { createRankData } from "@/utils/common";
import { defineComponent, onMounted, ref } from "vue";
import useOptions from "./use-options";
import { safeMileageRank } from "@/api/operation-screen";
export default defineComponent({
  name: "transport-passenger-rank",
  props: {
    title: {
      type: String,
    },
  },
  components: {
    RankData,
  },
  setup(props) {
    let rankData = ref(null);
    const { screenDataType, getTitle } = useOptions();
    const curTitle = getTitle(props);
    //数据初始化
    function initData() {
      safeMileageRank({ type: screenDataType.value }).then((res) => {
        const data = res.data.data;
        refreshData(data);
      });
    }
    //刷新数据
    function refreshData(data) {
      if (data) {
        rankData.value = createRankData(data);
      }
    }
    onMounted(() => {
```

```
      initData();
    });
    return { rankData, curTitle,initData };
  },
});
</script>
```

在 utils/common.ts 中添加 createRankData 方法,代码如下:

```
//构造排名数据
export function createRankData(data:{yAxisData:[],seriesData:[]}):any{
  const list:any = [];
  const maxVal = Math.max(...data.seriesData);//取最大值
  for(let i = 0;i < data.seriesData.length;i++){
    const item = {
      name:data.yAxisData[i],
      value:data.seriesData[i],
      percent:data.seriesData[i]/maxVal
    }
    list.unshift(item);//从数组的头部开始插入
  }
  return list;
}
```

在 api/operation-screen.ts 中添加 safeMileageRank 方法,代码如下:

```
//本月线路运客数排名
export const safeMileageRank =  (params:IParams) => {
    return request({
        url:'/emptech-data-screen/operationScreen/safeMileageRank',
        method:'get',
        params:{
            ...params,
        }
    })
}
```

在 mock/screen.ts 中添加 mock 代码:

```
// 本月安全里程排名
Mock.mock(
  RegExp("/api/emptech-data-screen/operationScreen/safeMileageRank" + "*"),
  "get",
  (options) => {
   const item:any  = getUrlQuery(options.url);
    const type = item.type||0;
    console.log("接收参数", item);
    return {
```

```
        code: 200,
        msg: "查询成功",
        data: {
          yAxisData: [
            "67 路",
            "233 路",
            "211 路",
            "17 路",
            "902 路",
            "102 路",
            "103 路",
            "104 路",
          ],
          seriesData: [1000 * getValByType(type), 2000 * getValByType(type), 3000 * getValByType
(type),
            4000 * getValByType(type), 5000 * getValByType(type), 5400 * getValByType(type), 6100
 * getValByType(type), 6900 * getValByType(type)],
        },
      };
    }
  );
```

9.10.7　电子支付趋势

电子支付趋势的数据和标题以及图表的 x 轴单位都会随着日期类型的变化而变化，运行结果如图 9.22 所示。

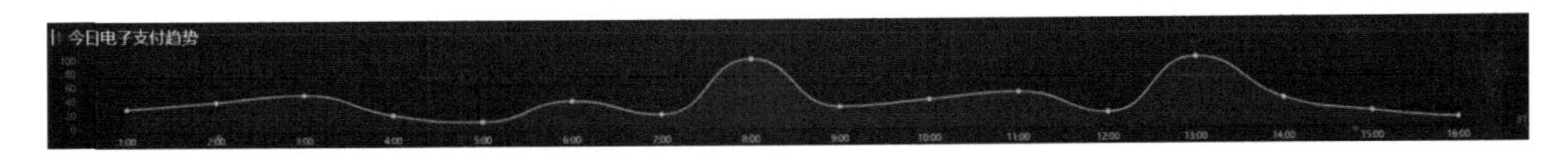

图 9.22　运行结果

新建 views/operation-screen/EPayTrend.vue，代码如下：

```
<template>
  <div class="e-pay-trend">
    <jie-header :title="curTitle"></jie-header>
    <div class="content">
      <div class="chart">
        <jie-echarts
          id="CurMonthEPayTrend"
          :style="chartStyle"
          :option="chartOption"
        />
      </div>
    </div>
  </div>
```

```
</template>

<script lang="ts">
import { defineComponent, onMounted, reactive, toRefs, computed } from "vue";
import { epayTendency } from "@/api/operation-screen";
import {
  deepCopy,
  getDataNameByType,
  getUnitNameByType,
  getColorByIndex,
}from "@/utils/common";
import useOptions from "./use-options";
import { lineOption } from "@/utils/chart-options";

export default defineComponent({
  name: "e-pay-trend",
  props: {
    title: {
      type: String,
    },
  },
  setup(props) {
    const { screenDataType, getTitle, chartStyle } = useOptions();
    const options = reactive({
      chartOption: deepCopy(lineOption),
    });
    const colorArr = [
      {start: "rgba(77, 232, 255, 0.2)", end: "rgba(42, 166, 255, 0.2)" },
    ];
    //初始化数据
    function initData() {
      epayTendency({ type: screenDataType.value }).then((res) => {
        // console.log("res3", res);
        const data = res.data.data;
        refreshData(data);
      });
    }
    let curTitle = computed(() => {
      return getDataNameByType(screenDataType.value) + getTitle(props);
    });
    onMounted(() => {
      initData();
    });
    //刷新数据
    function refreshData(data) {
      if (data) {
        options.chartOption.xAxis.data = data.xAxisData;
```

```
        options.chartOption.tooltip.formatter = "{c}%";
        options.chartOption.series[0].data = data.seriesData;
        options.chartOption.xAxis.name = getUnitNameByType(screenDataType.value);
        options.chartOption.series[0].areaStyle.color = getColorByIndex(
          colorArr,
          0
        );
      }
    }
    return { chartStyle, curTitle, ...toRefs(options), initData };
  },
});
</script>
```

在 utils/common.ts 中添加 getUnitNameByType 方法，代码如下：

```
//根据时间类型获取时间单位名称
export function getUnitNameByType(type:number):string {
  if (type == 0) return "时";
  if ([1, 2].includes(type)) return "天";
  return "月";
}
```

在 utils/chart-options.ts 中添加 lineOption 配置对象，代码如下：

```
//折线图
const lineColor = ["#009CFF", "#0078FF", "#07D3FF", "#FEB144", "#FFEA00"];
const hexToRgba = (hex, opacity) => {
  let rgbaColor = "";
  const reg = /^#[\da-f]{6}$/i;
  if (reg.test(hex)) {
    rgbaColor = 'rgba(${parseInt("0x" + hex.slice(1, 3))},${parseInt(
      "0x" + hex.slice(3, 5)
    )},${parseInt("0x" + hex.slice(5, 7))},${opacity})';
  }
  return rgbaColor;
};
//折线图配置项
export const lineOption:any = {
    tooltip: {
      trigger: "axis",
      ...tooltipObj
    },
    grid: {
      left: "3%",
      right: "30",
      bottom: "120",
      top: "30px",
```

```
    containLabel: false //grid 区域是否包含坐标轴的刻度标签。
  },
  xAxis: {
    type: "category",
    name: "",
    nameTextStyle: {
      color: "rgba(255, 255, 255, 0.5)" //name 的颜色
    },
    data: [],
    axisTick: {
      show: false
    },
    axisLabel: {
      fontSize: getRate(10,10),
      color: "rgba(255, 255, 255, 0.8)"
    },
    axisLine: {
      lineStyle: {
        color: "rgba(0, 33, 107, 1)"
      }
    }
  },
  yAxis: {
    type: "value",
    axisLabel: {
      fontSize: getRate(10,10),
      color: "rgba(255, 255, 255, 0.5)"
    },
    splitLine: {
      lineStyle: {
        // type: "dashed",
        color: "rgba(0, 33, 107, 0.5)"
      }
    },
    axisLine: {
      show: false
    },
    axisTick: {
      show: false
    },
    data: []
  },
  series: [
    {
      name: "支付金额",
      type: "line",
      smooth: true,
```

```
        data: [],
        areaStyle: {
          //渐变色
          color:new echarts.graphic.LinearGradient(
            0,
            0,
            0,
            1,
            [
              {
                offset: 0,
                color: "rgba(77, 232, 255, 0.6)"
              },
              {
                offset: 1,
                color: "rgba(42, 166, 255, 0.6)"
              }
            ],
            false
          ),
          shadowColor: hexToRgba(lineColor[0], 0.1),//阴影颜色
          shadowBlur: 5
        },
        itemStyle: {
          color: "#38C0FE"
        }
      }
    ]
  };
```

在/api/operation-screen.ts 中添加 epayTendency 方法,代码如下:

```
//当月电子支付趋势
export const epayTendency =  (params:IParams) => {
    return request({
        url: '/emptech-data-screen/operationScreen/epayTendency',
        method: 'get',
        params: {
            ...params,
        }
    })
}
```

在 mock/screen.ts 中添加 mock 代码:

```
// 当月电子支付趋势
Mock.mock(
  RegExp("/api/emptech-data-screen/operationScreen/epayTendency" + "*"),
```

```
"get",
(options) => {
 const item:any = getUrlQuery(options.url);
  const type = item.type||0;
  const dayItem = {
    xAxisData: [
      "1:00",
      "2:00",
      "3:00",
      "4:00",
      "5:00",
      "6:00",
      "7:00",
      "8:00",
      "9:00",
      "10:00",
      "11:00",
      "12:00",
      "13:00",
      "14:00",
      "15:00",
      "16:00",
    ],//横坐标数据
    seriesData: [
      30, 40, 50, 20, 10, 40, 20, 100, 30, 40, 50, 20, 100, 40, 20, 10,
    ],//纵坐标数据
  };
  const weekItem = {
    xAxisData: ["1", "2", "3", "4", "5", "6", "7"], //横坐标数据
    seriesData: [30, 40, 50, 20, 10, 40, 60], //纵坐标数据
  };
  const monthItem = {
  xAxisData: ["1", "2", "3", "4", "5", "6", "7"], //横坐标数据
  seriesData: [30, 40, 50, 20, 10, 40, 60], //纵坐标数据
  };
  const yearItem = {
    xAxisData: ["2015", "2016", "2017", "2018", "2019", "2020", "2021"], //横坐标数据
    seriesData: [30, 40, 50, 20, 10, 40, 60], //纵坐标数据
  };
  let resItem = dayItem;
  if (type == 1) {
    resItem = weekItem;
  }else if (type == 2) {
    resItem = monthItem;
  }else if (type == 3) {
    resItem = yearItem;
  }
```

```
    return {
      code: 200,
      msg: "查询成功",
      data: resItem,
    };
  }
);
```

在 mock 中，模拟切换不同的日期类型来返回不同的数据。

9.10.8 地图区域客流

地图区域客流主要在地图上展示不同行政区域上的客流信息，它的数据会随着日期类型的变化而变化，并且各个行政区域根据客流量降序排列展示，运行结果如图 9.23 所示。

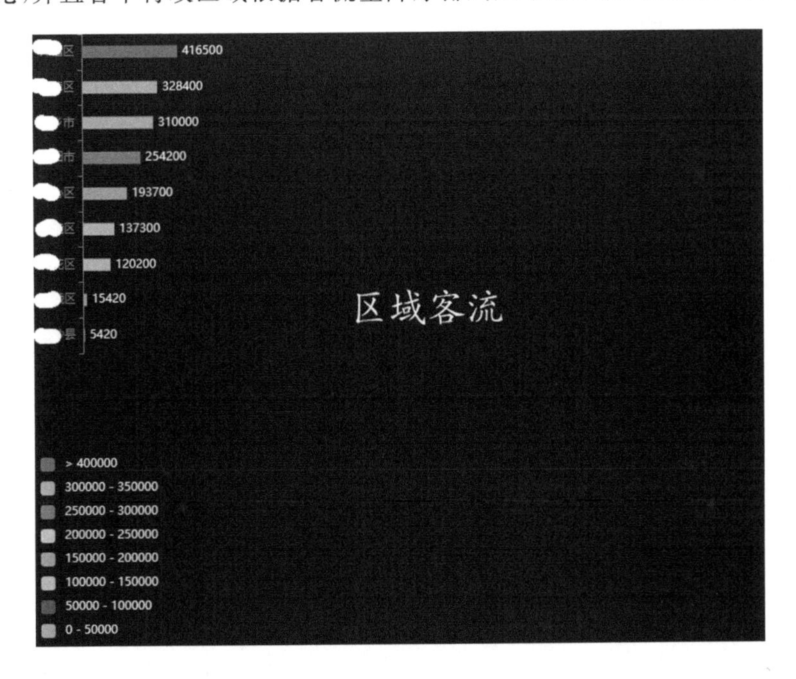

图 9.23 运行结果

新建 views/operation-screen/AreaPassengerStat.vue，代码如下：

```
<template>
  <div class = "area-passenger-stat">
    <div class = "content">
      <div class = "chart">
        <jie-echarts
          id = "AreaPassengerStat"
          :style = "chartStyle"
          :option = "chartOption"
          v-if = "customerBatteryCityData"
        />
```

```
        </div>
      </div>
    </div>
  </template>
  <script lang="ts">
  import { defineComponent, reactive, toRefs } from "vue";
  import useOptions from "./use-options";
  import { tooltipObj } from "@/utils/chart-options";
  import geoJson from "@/assets/json/changsha.json";
  import { compare } from "@/utils/common";
  import { areaPassenger } from "@/api/operation-screen";
  import * as echarts from "echarts";

  export default defineComponent({
    name: "area-passenger-stat",
    setup() {
      const { screenDataType, chartStyle } = useOptions();
      const tooltipBg = require("@/assets/images/screen/tooltip.png");
      const locationImg = require("@/assets/images/screen/location.png");
      let customerBatteryCityData: any[] = reactive([]);
      const options: any = reactive({
        geoCoordMap: {},
        //地图颜色列表
        mapColor: [
          "#F8503A",
          "#F4B387",
          "rgb(225,131,46)",
          "rgb(231,210,99)",
          "rgb(2,201,251)",
          "rgb(231,210,99)",
          "rgb(2,201,251)",
          "#82D7ED",
          "#5B8504",
          "rgb(159,202,70)",
        ],
        chartOption: {
          tooltip: {
            trigger: "item",
            ...tooltipObj,
            padding: 0,
            backgroundColor: "rgba(0,19,63,0.8)",
            formatter: function (params) {//params,ticket, callback
              let htmlStr = `<div style=" position: relative;height: 172px;width: 250px;">
          <img src=" ${tooltipBg}" height: 172px;width: 250px;/>
          <div style="position: absolute;top: 14px;left: 50%;transform: translateX(-50%);
height: 150px;width: 200px;text-align: center;">
          <div style="color: rgba(247, 208, 0, 1);font-size: 25px;">
           <div style="display: flex;justify-content: center;align-items: center;">
```

```
          < img src = " $ {locationImg}" height:24px;width: 19px style = "padding-right: 6px;"/>
$ {params.name}</div >
          </div >
          < div style = "font-size: 32px;color: # FFFFFF; padding-top: 45px;"> $ {params.value}</
div >
          < div style = " padding-top: 25px;font-size: 14px;"> $ {params.seriesName}</div >
          </div >
        </div >';
            return htmlStr;
          },
        },
        // 是视觉映射组件,用于进行视觉编码,也就是将数据映射到视觉元素(视觉通道)上
        visualMap: {
          left: "2 % ",
          type: "piecewise", // 类型为分段型
          seriesIndex: [0, 1], //指定取哪个系列的数据
          min: 0,
          max: 100,
          realtime: false,
          calculable: true,
          splitNumber: 7, //平均分层
          pieces: [
            {gt: 400000, color: " # F8503A" },
            {gt: 300000, lte: 350000, color: " # F4B387" },
            {gt: 250000, lte: 300000, color: "rgb(225,131,46)" },
            {gt: 200000, lte: 250000, color: "rgb(231,210,99)" },
            {gt: 150000, lte: 200000, color: "rgb(2,201,251)" },
            {gt: 100000, lte: 150000, color: " # 82D7ED" },
            {gt: 50000, lte: 100000, color: " # 5B8504" },
            {gte: 0, lte: 50000, color: "rgb(159,202,70)" },
          ],
          textStyle: {
            color: " # fff",
          },
          itemWidth: "15",
          dimension: 0, //指定用数据的哪个维度,映射到视觉元素上
        },
        grid: {
          x: "8 % ",
          y: "10 % ",
          top: "30px",
          width: "14 % ",
          height: "50 % ",
        },
        xAxis: {
```

```
    gridIndex: 0,
    axisTick: {
      show: false,
    },
    axisLabel: {
      show: false,
    },
    splitLine: {
      show: false,
    },
    axisLine: {
      show: false,
    },
  },
  yAxis: {
    gridIndex: 0,
    interval: 0,
    data: [], //yname,
    axisTick: {
      show: true,
    },
    splitLine: {
      show: false,
    },
    //刻度线样式
    axisLine: {
      show: true,
      lineStyle: {
        color: "#03a9f4",
      },
    },
    //刻度文本样式
    axisLabel: {
      show: true,
      color: "rgba(170, 170, 170, 1)",
      fontSize: "12",
    },
  },
  //geo 地图配置
  geo: [
    {
      map: "changsha",
      aspectScale: 0.9,
      roam: true, // 是否允许缩放
      zoom: 1, // 默认显示级别
```

```
        layoutSize: "95%",
        layoutCenter: ["55%", "50%"],
        label: {
          show: true,
          color: "#fff",
        },
        itemStyle: {
          areaColor: {
            type: "linear-gradient",
            x: 0,
            y: 400,
            x2: 0,
            y2: 0,
            colorStops: [
              {
                offset: 0,
                color: "rgba(37,108,190,0.3)", // 0% 处的颜色
              },
              {
                offset: 1,
                color: "rgba(15,169,195,0.3)", // 50% 处的颜色
              },
            ],
            global: true, // 缺省为 false
          },
          borderColor: "#4ecee6",
          borderWidth: 1,
        },
        // 高亮状态下的多边形和标签样式
        emphasis: {
          itemStyle: {
            areaColor: "#0160AD",//地图区域的颜色
          },
          label: {
            show: true,//是否显示标签
            color: "#fff",
          }
        },
        zlevel: 3,
      },
    ],
    series: [],
  },
});
//初始化地图的配置项
```

```
function initMapOption() {
  options.geoCoordMap = {};
  geoJson.features.map((m) => {
    options.geoCoordMap[m.properties.name] = m.properties.center;
  });
}
//初始化数据
function initData() {
  areaPassenger({ type: screenDataType.value }).then((res) => {
    const data = res.data.data;
    refreshData(data);
  });
}
//动态计算柱形图的高度(定一个 max)
function lineMaxHeight() {
  const maxValue = Math.max(
    ...customerBatteryCityData.map((item) => item.value)
  );
  return 0.1 / maxValue;
}
// 柱状体的主干
function lineData() {
  return customerBatteryCityData.map((item) => {
    return {
      coords: [
        options.geoCoordMap[item.name],
        [
          options.geoCoordMap[item.name][0],
          options.geoCoordMap[item.name][1] + item.value * lineMaxHeight(),
        ],
      ],
    };
  });
}
// 柱状体的顶部
function scatterData() {
  return customerBatteryCityData.map((item) => {
    return [
      options.geoCoordMap[item.name][0],
      options.geoCoordMap[item.name][1] + item.value * lineMaxHeight(),
    ];
  });
}
// 柱状体的底部
function scatterDataBottom() {
```

```
    return customerBatteryCityData.map((item) => {
      return {
        name: item.name,
        value: options.geoCoordMap[item.name],
      };
    });
  }
  initMapOption();
  initData();
  if (echarts) {
    // @ts-ignore
    echarts.registerMap("changsha", geoJson); //注册地图
  }
  //刷新数据
  function refreshData(data) {
    if (data) {
      customerBatteryCityData = data;
    }
    const descData = data.sort(compare("value", "up"));
    let seriesdata = [
      //客流量
      {
        z: 0,
        geoIndex: 0,
        showLegendSymbol: true,
        // left: "20%",
        name: "客流人次",
        type: "map",
        aspectScale: 0.75, //长宽比
        map: "changsha",
        // zoom: 1, //当前视角的缩放比例
        roam: true, //是否开启平游或缩放
        scaleLimit: {
          //滚轮缩放的极限控制
          min: 1,
          max: 2,
        },
        label: {
          show: true,
        },
        data: data,
      },
      // 右边图表客流量
      {
        z: 1,
```

```
    name: "客流人次",
    type: "bar",
    xAxisIndex: 0,
    yAxisIndex: 0,
    barWidth: "35%",
    color: [],
    itemStyle: {
      color: "#fff",
    },
    emphasis: {
      itemStyle: {
        areaColor: "#2AB8FF",
        borderWidth: 0,
        color: "#03EAFF",
      },
    },
    label: {
      show: true,
      position: "right",
      color: "white",
    },
    data: descData, //data
  },
  // 用于带有起点和终点信息的线数据的绘制,主要用于地图上的航线,路线的可视化
  {
    z: 2,
    type: "lines",
    zlevel: 5,
    effect: {
      show: false,
      symbolSize: 5, // 图标大小
    },
    lineStyle: {
      width: 17, // 尾迹线条宽度
      color: {
        type: "linear",
        x: 0,
        y: 0,
        x2: 1,
        y2: 0,
        colorStops: [
          {
            offset: 0,
            color: "rgb(199,145,41)", // 0% 处的颜色
          },
```

```
        {
          offset: 0.5,
          color: "rgb(199,145,41)", // 0% 处的颜色
        },
        {
          offset: 0.5,
          color: "rgb(223,176,32)", // 0% 处的颜色
        },
        {
          offset: 1,
          color: "rgb(223,176,32)", // 0% 处的颜色
        },
        {
          offset: 1,
          color: "rgb(199,145,41)", // 100% 处的颜色
        },
      ],
      global: false, // 缺省为 false
    },
    opacity: 1, // 尾迹线条透明度
    curveness: 0, // 尾迹线条曲直度
  },
  label: {
    show: 0,
    position: "end",
    formatter: "245",
  },
  silent: true,
  data: lineData(),
},
{
  z: 3,
  type: "scatter",
  coordinateSystem: "geo",
  geoIndex: 0,
  zlevel: 5,
  label: {
    position: "bottom",
    padding: [4, 8],
    backgroundColor: "#003F5E",
    borderRadius: 5,
    borderColor: "#67F0EF",
    borderWidth: 1,
    color: "#67F0EF",
  },
```

```
      symbol: "diamond",
      symbolSize: [17, 8],
      itemStyle: {
        color: "#ffd133",
        opacity: 1,
      },
      silent: true,
      data: scatterData(),
    },
    {
      z: 2,
      type: "scatter",
      coordinateSystem: "geo",
      geoIndex: 0,
      zlevel: 4,
      label: {
        formatter: "{b}",
        position: "bottom",
        color: "#fff",
        fontSize: 12,
        distance: 10,
      },
      symbol: "diamond",
      symbolSize: [17, 8],
      itemStyle: {
        color: {
          type: "linear",
          x: 0,
          y: 0,
          x2: 1,
          y2: 0,
          colorStops: [
            {
              offset: 0,
              color: "rgb(199,145,41)", // 0% 处的颜色
            },
            {
              offset: 0.5,
                color: "rgb(199,145,41)", // 0% 处的颜色
            },
            {
              offset: 0.5,
              color: "rgb(223,176,32)", // 0% 处的颜色
            },
            {
```

```
                offset: 1,
                color: "rgb(223,176,32)", // 0% 处的颜色
              },
              {
                offset: 1,
                color: "rgb(199,145,41)", // 100% 处的颜色
              },
            ],
            global: false, // 缺省为 false
          },
          opacity: 1,
        },
        silent: true,
        data: scatterDataBottom(),
      },
    ];
    const yname: any[] = [];
    const valList: any[] = []; //值列表
    for (let i = 0; i < data.length; i++) {
      yname.push(data[i].name);
      valList.push(data[i].value);
    }
    options.chartOption.yAxis.data = yname;
    options.chartOption.series = seriesdata;

    // 求最大值、最小值
    let max = Math.max(...valList);
    let min = Math.min(...valList);
    options.chartOption.visualMap.max = max;
    options.chartOption.visualMap.min = min;
  }
  return { chartStyle, ...toRefs(options), customerBatteryCityData ,initData};
 },
});
</script>
```

准备地图的 GeoJSON 文件。在 assets 目录下新建 json 文件夹，用于存储一些静态的 json 格式文件，在这里新建一个名为"changsha.json"的 json 格式文件，文件内容是 GeoJSON 格式的。

如果你想要查看或者下载全国指定市县的 GeoJSON 文件，可以去阿里云提供的地图在线选择器：http://datav.aliyun.com/tools/atlas/index.html，如图 9.24 所示。

复制这个 geojson 文件地址，直接在浏览器中打开即可浏览详细的文件，将其拷贝到我们的 json 文件夹下，自己命一个文件名存储起来即可。

GeoJSON 文件的格式看上去很乱，我们可以在线对其格式进行格式化处理，访问 JSON 在线格式化网址：https://www.json.cn/，复制 GeoJSON 文件代码，然后粘贴进去就可以进

行格式化处理了。

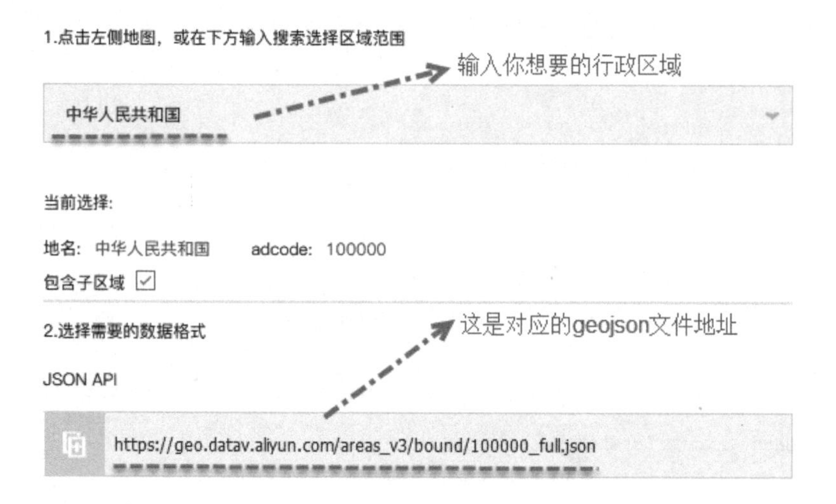

图 9.24 地图在线选择器

GeoJSON 是一种对各种地理数据结构进行编码的格式，基于 JavaScript 对象表示法(JavaScript Object Notation，简称 JSON)的地理空间信息数据交换格式。GeoJSON 对象可以表示几何、特征或者特征集合。GeoJSON 支持下面几何类型：点、线、面、多点、多线、多面和几何集合。GeoJSON 里的特征包含一个几何对象和其他属性，特征集合表示一系列特征。

GeoJSON 用 json 的语法表达和存储地理数据，可以说是 json 的子集。

例如，下面就是一个点数据：

```
{
  "type": "FeatureCollection",
  "features": [
        {"type":"Feature",
        "properties":{},
        "geometry":{
            "type":"Point",
            "coordinates":[105.380859375,31.57853542647338]
            }
        }
    ]
}
```

在 ts 中导入 json 文件，会出现如下警告信息“Consider using '--resolveJsonModule' to import module with '.json'”。意思是需要在 tsconfig.json 中加入 "resolveJsonModule": true，我们只需要到/tsconfig.json 文件中加这一行"resolveJsonModule": true 保存即可。

在/utils/common.ts 中添加 compare 方法，代码如下：

```
/**
 * 按属性升降序
 * @param property
 * @param orderType
```

```
 * @returns
 */
export function compare(property:any, orderType:string):any {
  return function(a:any, b:any) {
    const value1 = a[property];
    const value2 = b[property];
    return orderType === "up" ? value1 - value2 : value2 - value1;
  };
}
```

这个方法主要用于数组的升降序。

在 api/operation-screen.ts 中添加 areaPassenger 方法，代码如下：

```
//区域客流统计
export const areaPassenger = (params:IParams) => {
    return request({
        url: '/emptech-data-screen/operationScreen/areaPassenger',
        method: 'get',
        params: {
            ...params,
        }
    })
}
```

在 mock/screen.ts 中添加 mock 代码：

```
// 区域客流统计
Mock.mock(
  RegExp("/api/emptech-data-screen/operationScreen/areaPassenger" + "*"),
  "get",
  (options) => {
   const item:any = getUrlQuery(options.url);
    const type = item.type||0;
    return {
      code: 200,
      msg: "查询成功",
      data: [
        {
          name: "xx区",
          value: 328400 * getValByType(type),
        },
        {
          name: "xx区",
          value: 193700 * getValByType(type),
        },
        {
          name: "xx区",
```

```
        value: 137300 * getValByType(type),
      },
      {
        name: "xx区",
        value: 416500 * getValByType(type),
      },
      {
        name: "xx区",
        value: 120200 * getValByType(type),
      },
      {
        name: "xx区",
        value: 15420 * getValByType(type),
      },
      {
        name: "xx县",
        value: 5420 * getValByType(type),
      },
      {
        name: "xx市",
        value: 254200 * getValByType(type),
      },
      {
        name: "xx市",
        value: 310000 * getValByType(type),
      },
    ],
  };
 }
);
```

至此，我们的项目功能已经开发完成了，下一节我们将讲解如何来做大屏的自适应。

9.11 大屏自适应

在讲大屏自适应之前，我们有必要先来了解一下自适应与响应式。自适应网站与响应式网站的区别如下：

① 自适应网站是使用不同设备浏览网站时，网站呈现不同的网页，网页内容及版式风格或相似或完全不同，和 PC 端属于不同的网站模板，数据库内容或相同一致，或独立不同，目的在于为了符合访客的浏览习惯。针对一些优化人员，自适应网站更习惯于做到数据库同步，使 PC 端的网址和内容与移动端的网址和内容一一对应。

② 响应式网站是使用不同的设备浏览网站时，网站样式风格、内容和网址都是完全一样的，PC端和移动端属于同一个网站模板，数据库完全一致，也非常符合搜索引擎的优化规则。

响应式布局称为 Responsive Web Design，它是将已有的开发技巧（弹性网格布局、弹性图片、媒体和媒体查询）整合起来，针对任意设备对网页内容进行“完美”布局的一种显示机制。简而言之，就是一个网站能够兼容多个终端（手机、Pad、电脑）的布局方法，而不需要为每个终端书写一套特定版本的代码。

移动端的发展带来了自适应布局。自适应布局通过 JS 及 CSS 的控制，借助 rem、百分比等相对度量单位，让代码在多种分辨率的移动端正常呈现，是当前移动端实现网页布局最常用的布局方法，需要综合使用多种知识。

这里我们的需求是大屏界面要适配不同分辨率的显示器。我们通过 F12 打开谷歌浏览器的开发者工具，模拟笔记本分辨率来显示大屏，以 1 366×768 分辨率的笔记本为例，当去掉浏览器菜单栏和状态栏的高度，大致是 625 px，此处就以 1 366×625 来模拟，运行效果如图 9.25所示。可以看到大屏的内容被挤压在一起了。

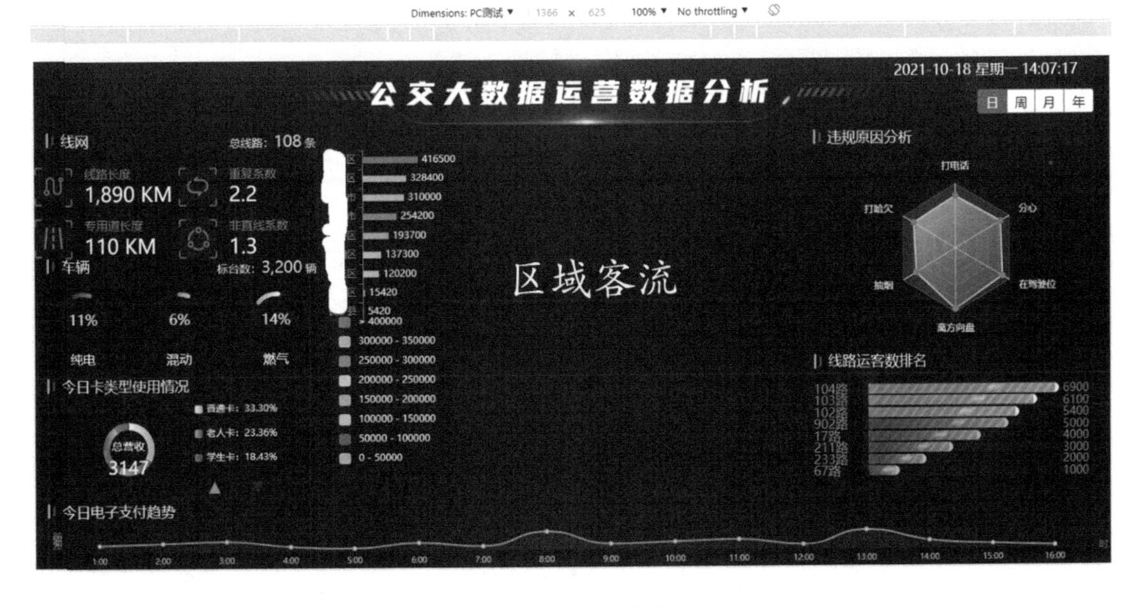

图 9.25 运行效果

9.11.1 postcss-pxtorem

在这里，我们选择使用 rem 来实现自适应布局。前面我们的 css 样式都是采用 px 来进行设计的，如果手动将其转换为 rem 会非常麻烦，我们可以利用 postcss-pxtorem 这个库来进行自动转换。postcss-pxtorem 是 PostCSS 的插件，用于将 px 像素单位生成 rem 单位。安装 postcss-pxtorem：yarn add postcss-pxtorem@5.1.1。

注意：安装时需要指定版本，否则可能出现错误提示“PostCSS plugin postcss-pxtorem requires PostCSS 8”。

安装依赖之后，将 postcss-pxtorem 的配置都放到 vue.config.js 中，代码如下：

```
css: {
    // 启用 CSS modules
    requireModuleExtension: false,
    // 是否使用 css 分离插件
    extract: true,
    // 开启 CSS source maps,一般不建议开启
    sourceMap: false,
    loaderOptions: {
      scss: {
        prependData: '@import "@/scss/variables.scss";',
      },
      //postcss 配置
      postcss: {
        plugins: [
          require('postcss-pxtorem')({
                  rootValue: 1920,
                  unitPrecision: 5,
                  propList: ['*'],
                  selectorBlackList: ['%','el-','cus-',"top-bar"],//这些样式不转为 rem "home-title-
box"
                  replace: true,
                  mediaQuery: false,
                  minPixelValue: 12,
                  exclude: function (file) { return ['node_modules'].some(s => file.includes
(s));} ///node_modules/ig
          }),
        ]
      }
    },
  },
```

参数解释:

① rootValue(Number | Function):表示根元素字体大小或根据 input 参数返回根元素字体大小。

② unitPrecision(Number):允许 rem 单位增加的十进制数字。

③ propList(Array):可以从 px 更改为 rem 的属性。propList 配置项需遵循如下规则:

a. 值必须完全匹配。

b. 使用通配符 * 启用所有属性,例如['*']。

c. * 在单词的开头或结尾使用(['* position *']将匹配 background-position-y)。

d. 使用! 不匹配的属性,例如['*', '! letter-spacing']。

e. 将“not”前缀与其他前缀组合,例如['*', '! font *']。

④ selectorBlackList (Array):要忽略的选择器,保留为 px。selectorBlackList 配置项需遵循如下规则:

a. 如果 value 是字符串,它将检查选择器是否包含字符串。

b. ['body']将匹配 .body-class。

c. 如果 value 是 regexp,它将检查选择器是否匹配 regexp。

d. [/^body$/]将匹配 body,但不匹配.body。

⑤ replace(Boolean):替换包含 rems 的规则。

⑥ mediaQuery(Boolean):允许在媒体查询中转换 px。

⑦ minPixelValue(Number):设置要替换的最小像素值。

⑧ exclude(String, Regexp, Function):要忽略并保留为 px 的文件路径。exclude 配置项需遵循如下规则:

a. 如果 value 是字符串,它将检查文件路径是否包含字符串。

b. 'exclude'将匹配 \project\postcss-pxtorem\exclude\path。

c. 如果 value 是 regexp,它将检查文件路径是否与 regexp 相匹配。

d. /exclude/i 将匹配 \project\postcss-pxtorem\exclude\path。

e. 如果 value 是 function,则可以使用 exclude function 返回 true,该文件将被忽略。

f. 回调函数会将文件路径作为参数传递,它应该返回一个布尔结果。例如:

function (file) { return file.indexOf('exclude') ! == -1; }

注意:忽略单个属性的最简单方法是在像素单位声明中使用大写字母,如将 px 写为 Px。

初始化 rem 值。新建 utils/rem.ts,代码如下:

```
//设置 rem 函数
function setRem () {
    //  PC 端
    console.log('非移动设备')
    // 基准大小
    const baseSize = 1920;
    const basePc = baseSize / 1920; // 表示 1920 的设计图,使用 1920PX 的默认值
    let vW = document.documentElement.clientWidth;//window.innerWidth; // 当前窗口的宽度
    const vH = document.documentElement.clientHeight;//window.innerHeight; // 当前窗口的高度
    // 非正常屏幕下的尺寸换算
    const dHeight = 937;//1080
    const dueH = vW * dHeight / 1920;
    console.log('值',vW,vH,dueH)
    if (vH < dueH) { // 当前屏幕高度小于应有的屏幕高度,就需要根据当前屏幕高度重新计算屏幕宽度
      vW = vH * 1920 /dHeight
    }
    const rem = vW * basePc; // 以默认比例值乘以当前窗口宽度,得到该宽度下的相应 font-size 值
    document.documentElement.style.fontSize =  rem + "px";
}
//初始化
setRem();
//改变窗口大小时重新设置 rem
window.onresize = function () {
  setRem()
};
```

在 main.ts 中引入：

```
import "./util/rem.js";
```

至此，我们的自适应已经做好了，我们可以在浏览器中按 F12，然后来模拟笔记本电脑的分辨率 1 366×768，运行效果如图 9.26 所示。可以看到，在笔记本电脑分辨率下显示正常，界面内容并没有被压缩。

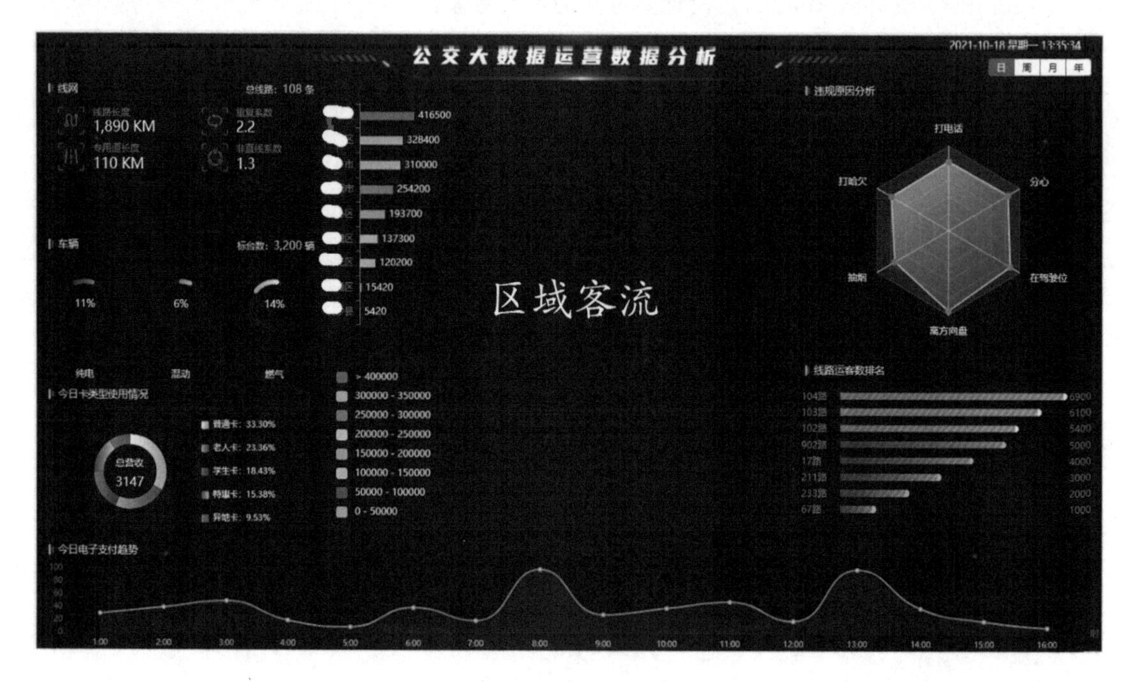

图 9.26　运行效果

9.12 常见错误及解决方案

警告"An import path cannot end with a '.ts' extension."，中文意思是导入路径不能以".ts"结尾。

解决方案：在 tsconfig.json 文件中添加如下配置：

```
"paths": {
  "@/*": [
    "src/*"
  ]
},
```

错误提示："Error: No PostCSS Config found"。

解决方案：在项目根目录下新建配置文件 postcss.config.js，并添加如下配置：

```
module.exports = {
    plugins: {
        'autoprefixer': {browsers: 'last 5 version'}
    }
  }
```

错误提示“The "xx" component has been registered but not used ”。

解决方案：在.eslintrc.js 文件中添加如下规则：

```
"rules": {
  "vue/no-unused-components": "off"
}
```

使用 TS 编写代码时，有些情况下，比如我们想给第三方的库对象增加一些属性，并且确认是没问题的，但是 TS 检查时会报错导致不能正常编译运行。可以通过添加// @ts-ignore 来告诉 TS 该条语句不检查类型问题，此时就可以正常编译了，但是// @ts-ignore 这条注释又报错了。

错误提示“Do not use "@ts-ignore" because it alters compilation errors @typescript-eslint/ban-ts-commen”。

解决方案：在.eslintrc.js 文件中添加如下规则：

```
"@typescript-eslint/ban-ts-comment": "off",
```

错误提示“Could not find a declaration file for module '@/utils/esresize.js'”。

解决方案：在 tsconfig.json 文件中的 compilerOptions 中添加 "noImplicitAny": false。

在 TypeScript 工程中，使用 node 模块需要进行 require 操作，require 操作会导致编译的时候报如下错误：

错误提示“This syntax requires an imported helper but module ‘tslib‘ cannot be found”。

解决方案如下：

① 在项目目录下安装 tslib：执行 npm install tslib 或 yarn add tslib。

② 在 tsconfig.json 中“compilerOptions”选项下新增“paths”的“tslib”配置，代码如下：

```
"paths": {
  "tslib" : ["node_modules/tslib/tslib.d.ts"]
},
```

第10章
Vue笔试面试

本章学习目标

- 制作简历
- 掌握面试技巧
- 掌握常见的笔试面试题

对于大多数人而言，我们学习 web 技术的目的就是为了能够找一份好的工作，也就是求职，既然是求职，就不可避免地会被面试。从众多的公司当中挑选出适合自己的公司和岗位很重要，因为它会影响你今后很长的一段路，而从广大的求职者当中脱颖而出最终成功入职，更是所有这一切的基本条件。

如今初级前端的工作已接近饱和，并且处于供大于求的情况，因此企业需要的是基础牢固，至少会一门后端技能的前端工程师，再也不是以前人们所说的美工、切图仔了。前端开发岗位在很多企业属于独立的、需要专业技能的岗位。

10.1 制作简历

简历是面试的敲门砖，也是给意向公司留下的第一印象，所以非常重要，一份优秀的简历将决定你是否有面试的机会。

制作简历之前，要明确自己的求职目标，如果我们准备找一份前端工程师的工作，那么我们就要重点突出自己在前端工程师这一方面的闪光点。

简历通常由以下几个部分组成：①基本资料；②教育背景；③专业技能；④工作经历；⑤项目经历。

简历二字，从字面意思来看，简，即简单、精炼，切记大篇幅记流水账；历，即个人履历，建议从大学开始写，不要把小学拿过三好学生等事迹也都写上去。如果你是刚毕业参加工作没多久的新人，建议篇幅不要超过一页，如果你已经具备多年的工作经验，也请将篇幅控制在两页以内。大多数 HR 和猎头在筛选海量简历时，往往只会在一份简历上停留十几秒钟，一扫而过，如果你的篇幅很长，他们基本上是没什么耐心看完的。所以我们要做的就是，让 HR 和猎头或者面试官们在你简历上停留的极短时间内留下较为深刻的印象，从而争取到面试的机会。

10.1.1 简历模板

简历模板的选择是很讲究的，有些简历 HR 基本不看内容就会将其刷掉，因为这些简历可能给 HR 一种很反感的视觉冲击。

制作简历，可以去网上下载相应的模板，通常为 Word 格式，当然也有一些人喜欢用 md 格式来进行编写，甚至我们还可以在一些在线的求职网上制作在线简历。在这里，我建议采用 Word 制作一份个人简历，既方便修改，也方便线上传播和阅读，然后把 Word 简历作为附件，挂到一些求职网上，这样就可以让更多的 HR 和猎头看到。

如何让别人对你的简历感兴趣？那就是突出你的闪光点，展示你的优点、特长、成就。以下为我以前的个人简历：

个人简历

个人信息

姓名：邹琼俊　　性别：男

电子邮件：zouyujie@126.com　　年龄：29

手机号码：1867312xxxx　　工作年限：7.5 年

技术博客：http://www.cnblogs.com/jiekzou/

github：https://github.com/zouyujie

著作：《ASP.NET MVC 企业级实战》

职业意向

期望行业：计算机软件　　期望职位：.NET 资深

期望地点：深圳　　期望月薪：面议

专业技能

---

1. 自学能力强，热爱编程，专注于.NET web 开发，熟悉.NET 技术体系，并具备 7 年以上 Web 项目开发经验。
2. 具有良好规范的文档和编程习惯及较强的面向对象的分析和设计能力以及系统架构能力。
3. 具备数据库性能调优和高并发处理经验，熟悉 NoSql、分布式缓存(Redis、Memcached 等)、Mongodb。
4. 熟悉 ASP.NET MVC、WebApi、.NET 控件组件开发，熟悉 SQLServer、Mysql、Oracle 数据库、Dapper、EF、LINQ、NHibernate。
5. 熟悉.NET Framework、C#、ASP.NET、ADO.NET、XML、Web Service、WCF、WebAPI、CRM2011、Sprint.net、Unity 等。
6. 熟悉 Vue.js、BootStrap、ExtJs、JqueryEasyUI、Layui、ASP.NET AJAX、Lucene.net、盘古

分词、SEO 等技术。熟悉 HTML5、JavaScript、Jquery。
7. 熟悉 MUI、H5、H5+移动应用开发,了解 Java 技术,例如 SpringBoot、Mybatis 等。

工作经历

2017.06—至今　　　深圳 XX
工作职责:负责公司整个机电运维项目。PC 项目框架搭建、H5 移动应用开发。
2015.09—2017.05　XX 集团
工作职责:xx 项目和 xx 云项目负责人,并为 ACRM 系统提供技术支持,同时负责解决.NET 项目的疑难技术问题。
……

项目经历

2017.08—2018.06 机电运维平台　　　　所在公司:XX 技术
项目职务:技术负责人
项目描述:主要包括设备维修、设备保养、设备巡检、设备台账、报警管理五块。
PC 使用技术:asp. net mvc5、webapi2、dapper、autofac、redis、mongodb、metronic。
App 使用技术:MUI、H5、H5+、Vue. js。
个人职责:技术选型、编码规范、前后端框架搭建、技术指导、疑难解决、数据库调优、性能优化。
……

以上是我以前的.NET 求职简历,涵盖了简历的各个组成部分,仅供大家参考。

10.1.2　个人信息

个人信息部分,姓名、电话、电子邮箱、求职意向这四项是必填,其他的都是选填,填好了是加分项,否则可能变成减分项。

需要注意的是,简历不要整得花里胡哨,要简单干净、目录结构清晰。如果你对自身相貌比较自信,想要把照片放上去,那么也请放那种非常职业的证件照,切忌放那种平时搞怪的生活照。

如果你的学历不错,是本科或研究生以上,就在显眼的位置写上吧,如果你的母校很出名,也写上吧。高学历和名校可以展示出你过去的学习能力不错。如果是专科、职高之类的,还在简历头部强调一遍学历,就会给 HR 造成你是“学渣”的印象,简历被刷的概率会大大增加,因为公司都喜欢学霸,学霸说明学习能力强。

如果你有开源项目、技术博客或出版过著作,就在第一页显眼的位置将其展示出来,都可以加分的哦!如果开源项目比较火,晒出你的星星数;如果你的书籍销量不错,晒出它的销量;如果你的博客知名度比较高,晒出你的博客地址;如果你在编程方面拿过一些奖项,如果你有丰富的开发经验,也果断晒出来吧!不要介意成为凡尔赛,简历就是要晒!简历就是为了秀出你自己!这些都是你的成就。如果你的博客或 GitHub 很少更新且没有什么贡献的话,那就别放上去了,放上去反而给面试官一种你是为了放上去而放上去的感觉,其潜台词就是:没有什么拿得出手的东西了。

然而，万一不幸的是，前面我所说的一切你都不具备，也不要灰心。你可以在简历上弱化个人的劣势，强化个人的优势。比如，你是自考本科，简历上你就写个本科。你刚毕业，没有任何工作经验，你就突出你的项目经验，展示大学做过的一些项目，展示你对编程的热爱、学习的勤奋。

如果你是大龄程序员，尤其是还在求职一份低端岗位的时候，简历上千万不要写年龄，因为一个大龄程序员如果还在求职一个中低端的岗位，那只能说明这些年你基本在原地踏步，也没有什么成长，加班能力又不如年轻人，基本上简历已经凉了一半。许多公司对不同岗位的招聘都是有年龄要求的。

如果你的个人信息平平无奇，可以直接按照下面这种最简洁的方式来填写，切勿画蛇添足！

姓名

电话号码|邮箱

高级前端工程师

10.1.3 专业技能

对程序员而言，专业技能其实就是技术栈，如何描述自己的技术栈也是有讲究的，比如什么算是精通？什么算是熟悉？什么算是了解？

精通：不仅可以运用某一门技术完成复杂项目，而且理解这项技术背后的原理，可以对此技术进行二次开发，甚至熟悉技术的源码。

熟悉：能够运用某一项技术独立完成工作，并且有多个实际项目的经验，在技术的应用层面不会有太大的问题，甚至理解部分原理。

了解：使用过某一项技术，能在别人的指导下完成工作，但不能胜任复杂的工作，也不能独立解决问题。

以 Vue 为例，如果你可以用 Vue 写一些简单的页面，单独完成几个页面的开发，但是无法脱离公司的脚手架工作，也无法独立从零完成一个有一定复杂度的项目，只能称之为了解。

如果你有大量运用 Vue 的经验，并且有从零开始独立完成一定复杂度项目的能力，可以完全脱离脚手架进行开发，且对 Vue 的原理有一定的了解，可以称之为熟悉。

如果你用 Vue 完成过复杂度很高的项目，而且非常熟悉 Vue 的原理和 Vue 的源码，可以称之为精通。

一些求职者可能急于表现自我（多表现在一些应届生和刚毕业两年的新手身上），但又对技术的深度与广度无知而导致过度自信，结果乱用专业技能的掌握程度，例如“精通”。过去我在做技术面试官时，通常也会根据简历上描述的专业技能掌握程度所对应的要求来考察求职者，如果其简历上写的精通，可是实际面试发现连熟悉都谈不上，这样一来，面试者给人的印象就非常差了。事实上，除非天赋异禀，极少有刚毕业一两年的新手能够精通非常多的技术的。

我们来看一下失败的专业技能模板：

前端技能：精通 HTML、CSS、JavaScript，精通 Vue、React、Angular 等 MVVM 前端框架。

后端技能：精通 PHP、Java、C＃、Python、Golang 等后端语言。

其他技能：精通性能调优、人工智能、驱动开发以及逆向工程。

这样的简历产生的不良后果就是：面试官一眼就看出你这人不踏实，那些各种都精通的全才在业界早就声名鹊起了，根本不可能还在投简历求职。你给面试官的第一印象就是个喜欢吹牛、满嘴跑火车、不靠谱的人。

10.1.4 工作经历

面试官往往想通过你的工作经历了解你背后的故事，了解你每段工作经历的持续时间、在不同公司的职责、是否有过突出的贡献、是否有过大厂的工作背景等。

工作经历需要避免出现的问题如下：

频繁跳槽：比如两年换了三家公司，每个公司待的时间不超过一年。面试官也很怕你在新公司干不了一年又跑了。

常年初级岗：这主要针对一些工作五年以上的求职者，比如工作了五年以上依然在做一些简单的项目开发。

末流公司经历：像一些很久以前的末流公司经验可以直接忽略不写，其实面试官也不在乎。

工作经历作假：许多刚毕业或者刚从培训机构出来的同学，简历上喜欢伪造工作经验，其实我不赞同这样做。做技术这种事情，你骗得了一时，骗不了一世，只有自己扎扎实实地花时间去积累，去总结，才会不断地提升。更何况面试官也不是傻子，他们无论工作经验还是面试经验往往都比你丰富太多，不要耍小聪明，很多时候，反而适得其反。

有一些求职者属于“半路出家”的那种，非科班出身，在社会上工作了几年后，觉得做 IT 挣钱，就去培训了一下，然后又没有开发方面的工作经历，找相关方面的工作困难，所以就伪造工作经历。如果你不得已而“造假”的话，简历上的项目一定要弄得非常透彻，否则会被面试官一眼看穿。

工作经历不要作假，但是可以“修饰”，如果你由于各种各样的原因，确实有频繁跳槽的经历，你可以把在几家公司的经历压缩为一家公司的，但是最近一家公司的工作经历不要压缩，因为新公司的入职通常都会查看离职证明，而离职证明上会详细注明你在上一家公司的工作起始日期。

10.1.5 项目经历

不管是社招还是校招项目，经历都是重中之重，有些时候甚至决定整个面试的成败。好的项目经历，可以让一个普通本科生逆袭，也可以让一个在小厂工作的员工获得大厂的面试机会。

(1) 项目经历需要避免的坑

① 记流水账。

常见的案例：主要负责基础信息、大屏首页、设备管理等相关页面的开发工作，能够利用 UI 提供的设计稿高度还原界面，项目采用了 Vue、Vuex、Vue-router、axios 等技术进行开发。

我见过很多求职者的简历都是这样写的，其糟糕的原因在于只显示“我干了什么”，而你应该体现的是你扮演的角色、负责的模块、遇到的问题、解决问题的思路、达成的效果、沉淀和收获。当然，如果你简历上没写，通常面试官也会问你这些问题。如果你简历上这些内容写得好，就会加分。

② 堆积项目。

这个问题主要体现在一些工作多年的求职者身上，试图以数量优势来掩盖项目质量的劣势，其实往往适得其反。一些 demo 项目和过于普通的项目千万别写上去。

③ 伪造虚假项目。

这个问题主要体现在一些刚毕业或者参加培训出来的求职者身上。可偏偏有一些求职者就是没有实际项目经验。想要造假成功，你得解决几个问题：了解背景、熟悉方案、深挖方案、模拟场景。不建议伪造虚假项目，应实事求是。

(2) 合格的项目经历怎么写?

① 项目概述。

项目概述的目的是让面试官理解项目，因为不是每个面试官都做过你做过的项目，所以需要对其作概述，方便面试官理解。

② 个人职责。

告诉面试官你在项目中扮演的角色，负责了哪些模块？承担了多大的工作量？面试官会以此来评估你在团队中的作用。

③ 项目难点。

目的在于让面试官看到你遇到的技术难题，方便后续面试时对项目进行一系列的讨论。

④ 工作成果。

面试官需要看到你在工作中取得的成绩，这个最好以数据说话，比如说在多少个地方成功上线等。

最后需要注意的是控制简历的篇幅，对于做过的项目只需要简单带过，让面试官对你的项目感兴趣，你想在简历上表述的东西，通常面试官都会问你的，如果没有问，但是你想让他知道的话，也可以在面试的过程中往相应的方向引导。

(3) 注意事项

有些人喜欢在简历的最后一节写上个人的自我评价，主要是想给他人留一个第一印象，展示自己的性格、兴趣、爱好、价值观，以及对未来的规划和展望。如果你有优秀的人格魅力，可以写，如果平平无奇，那还不如不写。因为技术面试几乎没有人看你的自我评价。如果你一定要写的话，也切记话不要过多。

简历封面千万别加，费力不讨好。

没什么含金量的证书就不要写了(比如英语四级、计算机二级等)，如果是应届生，又没有什么拿得出手的东西，则可以酌情考虑添加。

(4) 总　结

大厂履历、名校学历、出色的项目，只要有一项拿得出手，都会成为市场上的香饽饽。随着时间的推移，教育背景反而越发显得没那么重要，更重要的是工作履历和项目经历。学历代表过去，能力代表现在，学习力代表将来！

10.2 选择公司和岗位

先选公司，再选岗位。人们常说："选择大于努力！"雷军也曾说："站在风口上，猪都能飞起来。"

毕业前五年，建议一定要想尽办法进大厂！一线互联网巨头公司，无论是薪酬还是福利待遇以及后续的发展都是非常不错的。即便以后去其他公司，一线大厂的工作经验也能为你的工作履历贴金。

对于公司的选择，建议优先选择互联网大厂，其次是上市公司、外企、国企、私企、创业型公司，最后是软件外包。

进入公司之后，会有许许多多的岗位，不同的岗位职责、薪酬、待遇都会不一样，最好是选和自己专业对口的或者是自己感兴趣的岗位。通常，在你进公司之前就会定岗，当然，在后续的工作当中，也不排除调岗。实习生调岗的概率相对更大一些。甚至有时候，你去一家公司明明面试的是A岗，可是最后通知你入职的却是B岗。换岗是需要成本的，所以不要盲目去换，而是应该在某一岗位上深耕，自然而然就会不断晋级。

所选的岗位最好是在你的职业规划当中的，否则你可能坚持不了多久，只有自己感兴趣或喜欢的岗位，才更能长久地做下去。

10.3 面试准备和自我介绍

10.3.1 面试准备

最好是带好纸质简历和一支笔，尽管现在大多数公司都可以打印在线简历，但面试时最好还是带上纸质简历和笔。相比对方随意给你一支不确定的笔，拿一支自己熟悉的笔写字自然是更加得心应手的。

网上提前了解一下你即将面试的公司的背景和招聘的岗位需求、公司文化等，要做到知己知彼。

提前规划路线，按照面试时间及时到场面试，可以适当提前一点到达公司楼下，等时间到了再进入公司，尽量不要迟到。

着装干净整洁，不要染头发、纹身，最好梳一个精神点的发型，程序员并不是看起来越颓废越好！

面试通常不需要带身份证、毕业证、离职证明等资料，那些资料只有在办理入职的时候才会看。

10.3.2 自我介绍

很多时候，面试官在你进行自我介绍的时候才有时间看你的简历。通常，面试官自己还在做开发的时候，HR会突然扔过来几份简历让他们去面试，导致面试官没时间看，或者即便看了也记不住。

在你做自我介绍的过程中，面试官一边了解你的语言表达能力、自信气场、仪表形态，一边在想问你什么问题。

自我介绍的时间通常控制在3分钟以内，语速适中，条理要清晰，可以先提前准备，反复试讲。着重体现个人专业技能、工作经验、工作能力、过往成就、表达沟通能力。不要讲和工作无关或对工作没有帮助的内容，所谓言多必失。

自我介绍要讲的内容包括姓名、年龄、专业、特长、有价值的经历，要讲出跟招聘有关联性的东西，讲出自己擅长的是什么？最深入研究的领域知识是什么？做过最成功的是什么？最主要的成就是什么？自我介绍的过程中要抬头挺胸，抑扬顿挫，声音洪亮，语速适中。

10.4 面试总结

每次面试，一定要进行经验总结，否则，面试面得再多也是枉然。每一次面试都是一次历练和提升，可以让你发现自己在哪些方面存在不足。当发现自身在技术方面或者表达沟通方面存在问题时，及时地去充电，面试当中不会的知识点，去查资料学习，或者你也可以直接问面试官，大多数面试官还是愿意告诉你的。

在面试的时候，有时面试官会问你一些问题的解决方案，当你回答完你自己的解决方案后，你可以再问一下面试官："这是我想到的解决方案或者曾经用过的方案，您还有其他的解决方案吗？我正好学习一下。"其实面试也是一种交流，一种技术人之间的交流，也是一个相互学习的过程。面试之后不总结，你就无法在面试中沉淀和成长，而面试是需要成本的，一场面试往往需要你抽出几小时甚至半天的时间出来，而时间就是金钱。

10.5 常见笔试面试题

想要拿到offer，刷题几乎是必经之路。现在的前端面试，大多数情况下，会先让你做一份笔试题。尽管大多数开发人员都很反感做笔试题，可偏偏大多数公司都喜欢提供笔试。这样做的目的是考查求职者的基本功是否扎实，也更便于筛选。经过笔试后，通常面试官会从笔试卷中刷掉一些得分很差的求职者。笔试过后，就是面试官和你面对面的面试了，通常他会拿着你的笔试答卷和简历开始问你试卷和简历上的问题。

笔试题和面试题往往是不做严格区分的，笔试的题目可能面试的时候问你，面试的题目也可能让你笔试去写，后面我将这两类题统称为面试题。接下来，我将整理出在前端工程师(Vue方向)面试中出现频率非常高的一些面试题。

同样的题目，如果是笔试，基于篇幅和时间的考虑，需要凝练内容、组织语言，只写一些核心的知识点，为后面面试做铺垫，通常后面的面试也会围绕笔试题进行。而如果是面试的话，则可以畅所欲言，秀出你所知道的知识，尤其是一些比较有技术含量的内容。

10.5.1 单页应用和多页应用的区别

网站交互有以下两种常用的方式：

① 经典的多页面。

② 现代式的单页面。

由多页面组成的站点称为多页应用，由单页面组成的站点称为单页应用。

在过去，许多 Web 后台常用 UI 框架，如 ExtJS、EasyUI 等，通过 iframe 来嵌套页面，表面上看起来像单页应用，其本质依旧是多页应用。

以前的 Web 应用，都是通过不同的 html、css、js 进行控制的，而网站就是网页的集合，我们称之为多页面应用(multi-page application，MPA)，随着 vue、react、angular 的诞生，单页面应用(single page application，SPA)产生了，构建 Web 应用可能只有一个页面，这个页面不再是简单地把内容进行布局排版，它已经成为 Web 应用的容器。这样只有一个页面的 Web 应用程序称为单页面应用程序，也叫单页应用。

当 Web 浏览器加载一个 Web 页面的时候，就会创建这个 Web 页面的文档对象模型。DOM 将页面描述为一个树的结构，实际上只需要通过 HTML 标签就可以描述页面的结构布局。

如果你创建的是单页应用，要使用 Web 浏览器的 JS 来操作 DOM，从而创建额外的元素。单页应用可以动态重写当前的页面来与用户交互，而不需要重新加载整个页面。

相对于传统的 Web 应用，单页应用做到了前后端分离，后端只负责处理数据和提供接口，页面逻辑和页面渲染都交给了前端。单页应用意味着前端越来越“重”，前端代码更复杂、更庞大，模块化、组件化以及架构设计也变得越来越重要。

1. 多页 Web 应用(MPA)

每一次页面跳转的时候，后台服务器都会返回一个新的 HTML 文档，这种类型的网站就是多页网站，也叫作多页应用。

多页应用以服务端为主导，前后端混合，例如：. php 文件、aspx 文件、jsp 文件。多页应用特点如下：

① 用户体验一般，每次跳转都会刷新整个页面。

② 页面切换慢，等待时间过长。

③ 每个页面都要重新加载渲染，速度慢。

④ 首屏时间快，SEO 效果好(蜘蛛会爬取链接)。

⑤ 前后端糅合在一起，开发和维护效率低。

(1) 为什么多页应用的首屏时间快?

首屏时间就是页面首个屏幕内容展现的时间。当我们访问页面的时候，服务器返回一个 HTML，页面就会展示出来，这个过程只经历了一个 HTTP 请求，所以页面展示的速度非常快。

(2) 为什么搜索引擎优化(SEO)效果好?

SEO(search engine optimization)为搜索引擎优化,它是一种利用搜索引擎的搜索规则来提高网站在搜索引擎排名的方法。搜索引擎在做网页排名的时候,要根据网页内容给出网页权重,从而进行网页的排名。搜索引擎是可以识别 HTML 内容的,而我们每个页面所有的内容都放在 HTML 中,所以这种多页应用的 SEO 排名效果好。

(3) 为什么页面切换慢?

因为每次跳转都需要发出一个 HTTP 请求,如果网络比较慢,在页面之间来回跳转时,就会发生明显的卡顿现象。

2. 单页 Web 应用(SPA)

单页 Web 应用就是只有一个 Web 页面的应用,是加载单个 HTML 页面并在用户与应用程序交互时动态更新该页面的 Web 应用程序。浏览器一开始会加载必需的 HTML、CSS 和 JavaScript,所有的操作都在这个页面上完成,都由 JavaScript 来控制。

单页应用开发技术复杂,所以诞生了一系列的开发框架:Angular. js、Vue. js、React. js 等。

单页应用前后端分离,各司其职,服务端只处理数据,前端只处理页面(两者通过接口来交互)。

单页应用的优点如下:

① 用户体验好:使用感就像一个原生的客户端软件一样,切换过程中不会有被频繁"打断"的感觉。

② 前后端分离:开发方式好,开发效率高,可维护性好。服务端不关心页面,只关心数据;客户端不关心数据库及数据操作,只关心通过接口拿到数据和服务端交互、处理页面。同一套后端程序代码,不用修改就可以用于 Web 界面、手机、平板等多种客户端。

③ 局部刷新:只需要加载渲染局部视图即可,不需要整页刷新。

④ 完全的前端组件化:前端开发不再以页面为单位,更多地采用组件化的思想,代码结构和组织方式更加规范化,便于修改和调整。

⑤ API 共享:如果你的服务是多端的(浏览器端、Android、iOS、微信等),单页应用的模式便于你在多个端共用 API,可以显著减少服务端的工作量。容易变化的 UI 部分都已经前置到了多端,只受到业务数据模型影响的 API 更容易稳定下来,便于提供更棒的服务。

⑥ 组件共享:在某些对性能体验要求不高的场景,或者产品处于快速试错的阶段,借助于一些技术(Hybrid、React Native),可以在多端共享组件,便于产品的快速迭代,节约资源。

单页应用的缺点如下:

① 首次加载大量资源:单页面应用会将 JS、CSS 打包成一个文件,在加载页面显示的时候会加载打包文件,要在一个页面上为用户提供产品的所有功能,在这个页面加载的时候,首先要加载大量的静态资源,这个加载时间相对比较长。

② 对搜索引擎不友好:因为界面的数据绝大部分都是异步加载过来的,所以很难被搜索引擎搜索到。

③ 开发难度相对较高:开发者的 JavaScript 技能必须过关,同时需要对组件化、设计模式有所认识,单页应用所面对的不再是一个简单的页面,而是类似一个运行在浏览器环境中的桌面软件。

④ 兼容性:单页应用虽然已经很成熟了,但是无法兼顾低版本浏览器。

⑤ 其他:前进、后退、地址栏等需要程序进行管理(由于是单页面,不能用浏览器的前进后

退功能，故需要自己建立堆栈管理）。书签需要程序来提供支持。

单页应用和多页应用的对比如表 10－1 所列。

表 10－1　单页应用和多页应用对比

比较点	多页应用模式(MPA)	单页应用模式(SPA)
应用构成	由多个完整页面构成	一个外壳页面和多个页面片段构成
跳转方式	页面之间的跳转是从　个页面跳转到另个页面	页面片段之间的跳转是把一个页面片段删除或隐藏，加载另一个页面片段并显示出来。这是片段之间的模拟跳转，并没有开壳页面
跳转后公共资源是否重新加载	是	否
URL 模式	http://xxx/page1.html http://xxx/page1.html	http://xxx/shell.html#page1 http://xxx/shell.html#page2
用户体验	页面间切换加载慢，不流畅，用户体验差，特别是在移动设备上	页面片段间的切换快，用户体验好，包括在移动设备上
能否实现转场动画	无法实现	容易实现（手机 App 动效）
页面间传递数据	依赖 URL、cookie 或者 localstorage，实现麻烦	因为在一个页面内，页面间传递数据很容易实现
搜索引擎优化(SEO)	可以直接做	需要单独方案做，有点麻烦，Vue 官网提供了两种解决方案： ① 使用预渲染的方式对网页的路由指定模板； ② 使用服务端渲染 SSR
特别适用的范围	需要对搜索引擎友好的网站； 需要兼顾低版本浏览器的网站	对体验要求高的应用，特别是移动应用； 管理系统
开发难度	低一些，框架选择容易	高一些，需要专门的框架来降低这种模式的开发难度
CSS 和 JS 文件加载	每个页面都需要加载自己的 CSS 和 JS 文件	整个项目的 CSS 和 JS 文件只需要加载一次
页面 DOM 加载	浏览器需要不停地创建完整的 DOM 树，删除完整的 DOM 树	浏览器只需要创建一个完整的 DOM 树，此后的伪页面切换其实只是换某个 div 中的内容
页面请求	所有页面请求都是同步的——客户端在等待服务器响应的时候，浏览器中一片空白	所有的“伪页面请求”都是异步请求——客户端在等待下一个页面片段到来时，仍可以显示前一个页面内容——浏览器体验更好
HTML 页面数	项目中有多个完整的 HTML 页面	整个项目中只有一个完整的 HTML 页面；其他 HTML 文件都是 HTML 片段

说明:现在除了一些电商网站,其实已经很少有系统需要去兼容低版本的浏览器,大部分是IE9以上的浏览器。而用户想要拥有更好的上网操作体验,就不得不选择高版本的浏览器。如果不需要考虑SEO的项目,建议采用单页应用的开发方式,因为这样可以前后端完全分离,提高开发效率,同时用户体验也更友好。

10.5.2 什么是MVVM

MVVM是前端视图层的概念,主要关注于视图层分离,也就是说,MVVM把前端的视图层分为了三部分,分别为Model、View、View Model(VM)。

MVC表示:Model(模型),View(视图),Controller(控制器)。

MVVM表示:Model(模型),View(视图),Controller(控制器),View Model(VM)。

VM是数据层和视图层的桥梁,数据与视图分离。

MVVM是MVC的增强版,正式连接了视图和控制器,并将表示逻辑从Controller移出放到一个新的对象里,即View Model。MVVM听起来很复杂,但它本质上就是一个精心优化的MVC架构。

MVVM体现了前端视图层的分层开发思想,主要把每个页面分成了M、V、VM,其中VM是MVVM思想的核心,因为VM是M和V之间的调度者,它负责数据的双向绑定。MVVM的思想主要是为了让用户开发更加方便,如图10.1所示。

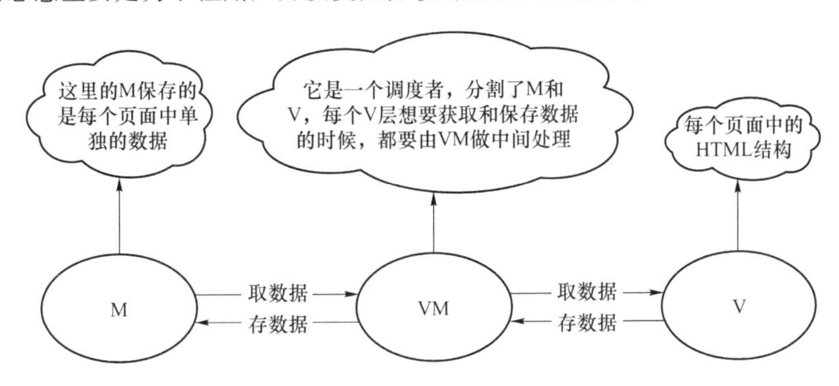

10.1 MVVM开发思想

10.5.3 Vue响应式原理

由于Vue2和Vue3的响应式原理不同,所以接下来分开来介绍。

1. Vue2响应式原理

Vue2响应式的基本逻辑:

① 监听对象数组变化。

② 设置拦截,读取的时候进行依赖收集,设置的时候进行派发更新操作。

Vue2对象和数组的响应式:

① 对象响应化:递归遍历每个key,使用Object.defineProperty()方法定义getter、setter。

② 数组响应化:采用函数拦截方式,覆盖数组原型方法,额外增加通知逻辑。重写了数组的方法,Vue将data中的数组进行了原型链重写,指向了自己定义的数组原型方法。当调用

数组 api 时，可以通知依赖更新。如果数组中包含引用类型，会对数组中的引用类型再次递归遍历进行监控。

Vue2 实现响应式的基本过程：

① 创建一个 Vue 实例，将 Vue 实例中的 data 数据传送给 Obverse，在 Obverse 中用 Object.defineProperty()方法对各个属性进行监听，同时创建 Dep 对象，一个属性对应一个 Dep 对象，Dep 里调用 addSub 方法可增加订阅者。

② 将 el 模板传送给 Compile，解析 el 模板中的指令，一个指令对应创建一个 Watcher，然后这个 Watcher 会指向对应属性的 Dep 对象。第一次创建 Vue 实例时，会初始化视图，在 View 中显示第一次创建的属性。

③ 这时数据发生了改变，Obverse 监听到数据发生了改变，就会在 Dep 对象里调用 notify()方法并通知 Watcher，Watcher 会调用 update 方法对 View 视图进行更新，从而实现数据的响应。

Vue2 实现响应式的总体流程如图 10.2 所示。总结起来就是：数据劫持、收集依赖、派发更新。

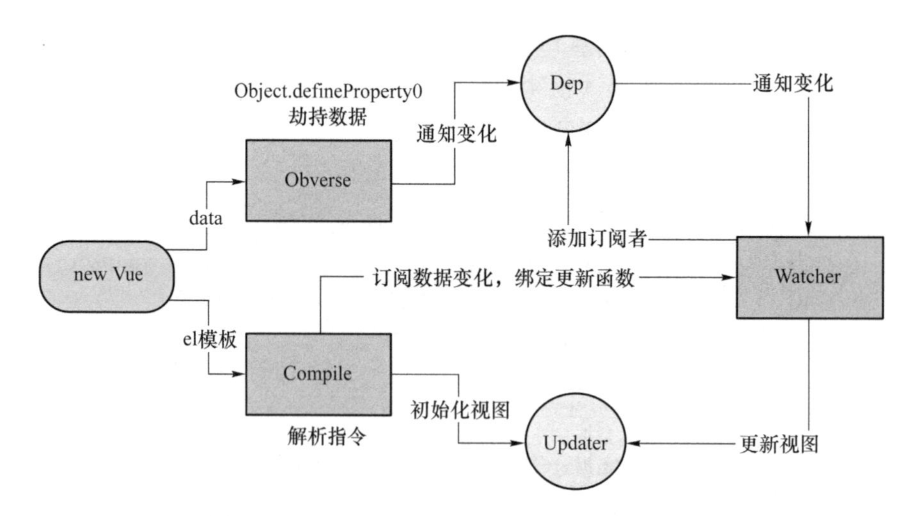

图 10.2 Vue2 实现响应式的总体流程

接下来，我们通过代码来模拟一下这个过程：

```
//订阅者
class Watcher {
  constructor() {}
  update() {
    console.log("发生 update");
  }
}
//发布订阅者
class Dep {
  static target: ? Watcher;
  subs: Array<Watcher>;
//构造器，初始化订阅者容器集合
```

```
  constructor() {
    this.subs = [];
  }
//增加订阅者
  addSub(sub: Watcher) {
    this.subs.push(sub);
  }
//移除订阅者
  removeSub(sub: Watcher) {
    remove(this.subs, sub);
  }
//依赖收集
  depend() {
    if (Dep.target) {
      Dep.target.addDep(this);
    }
  }
//事件通知
  notify() {
    const subs = this.subs.slice();
    for (let i = 0, l = subs.length; i < l; i++) {
      subs[i].update();
    }
  }
}
class Vue {
  constructor(options) {
    observer(options.data);
  }
  //响应式处理
  observe(obj) {
    if (typeof obj != = "object" || obj == null) {
      return;
    }
    // 增加数组类型判断,若是数组则覆盖其原型
    if (Array.isArray(obj)) {
      const originalProto = Array.prototype;
      //拷贝一份数组原型方法
      const arrayProto = Object.create(originalProto);
      defineReactiveArr(obj, arrayProto);
    }else {
      //对象遍历处理
      const keys = Object.keys(obj);
      for (let i = 0; i < keys.length; i++) {
        const key = keys[i];
```

```
        defineReactive(obj, key, obj[key]);
      }
    }
  }
  /* 对象处理 */
  defineReactive(obj, key, val) {
    observe(val); // 解决嵌套对象问题
    Object.defineProperty(obj, key, {
      get() {
        dep.depend(); //依赖收集
        return val;
      },
      set(newVal) {
        if (newVal !== val) {
          observe(newVal); // 新值是对象的情况
          val = newVal;
          dep.notify(); //派发更新
        }
      },
    });
  }
  /* 数组处理 */
  defineReactiveArr(obj, arrayProto) {
    Object.setPrototypeOf(obj, arrayProto);
    //这七个方法会让数组的长度或顺序发生变化,需要单独处理
    ["push", "pop", "shift", "unshift", "splice", "reverse", "sort"].forEach(
      (method) => {
        //方法重写
        arrayProto[method] = function () {
          originalProto[method].apply(this, arguments);
          let inserted;
          switch (method) {
            case 'push':
            case 'unshift':
              inserted = arguments
              break
            case 'splice':
              inserted = arguments.slice(2)
              break
          }
          observe(inserted);//处理项进行响应式化
          dep.notify(); //派发更新
        };
      }
    );
  }
}
```

Vue2 响应式原理的弊端如下：

① 响应化过程需要递归遍历，消耗较大。

② 新加或删除属性无法监听数组响应化，需要额外实现。

③ Map、Set、Class 等无法响应式修改。

2. Vue3 响应式原理

在 Vue3.x 中，数据劫持中的 Object.defineProperty 方法改成了用 ES6 中的 Proxy。Proxy 可以监听整个对象，省去了递归遍历，可以有效提升效率。

Vue3 响应式的基本原理：

① 利用 reactive 注册响应式对象，对函数返回值操作。

② 利用 Proxy 劫持数据的 get，set，deleteProperty，has，own。

③ 利用 WeakMap，Map，Set 来实现依赖收集。

Proxy 和 Reflect 是 ES6 新增的两个类，Proxy 相比 Object.defineProperty 更加好用，它解决了后者不能监听数组改变的缺点，并且还支持劫持整个对象，并返回一个新对象，不管是从操作便利程度还是底层功能上来看，Proxy 都远强于 Object.defineProperty。Reflect 可以拿到 Object 内部的方法，并且在操作对象出错时返回 false 不会报错。

Vue3 响应式代码示例可以参考前面的 4.6.2 小节。

Vue3 响应式的优势如下：

① Object.defineProperty()方法无法通过监听数组内部的数据变化来实现内部数据的检测，而 Proxy 可以监听到数组内部的变化，也可以直接监听对象而非属性。

② Proxy 有多种拦截方法，如 apply，deleteProperty 等，这是 Object.defineProperty()不具备的。

③ Proxy 返回值是一个对象，可以直接进行操作，而 defineProperty()要先遍历所有对象属性值才能进行操作。

Vue3 响应式的不足：因为 Object.defineProperty()是 ES5 的特性，所以 Object.defineProperty()兼容性相对来说要高一些。

10.5.4 data 为什么是函数

一个组件被多次复用的话，就会创建多个实例。本质上，这些实例用的都是同一个构造函数。

如果 data 是对象的话，对象属于引用类型，会影响到所有的实例。所以为了保证组件不同的实例之间 data 不冲突，data 必须是一个函数。data 是一个函数的时候，每一个实例的 data 属性都是独立的，不会相互影响。

注意：在声明式渲染中，由于不存在组件化的问题，data 可以是对象。因为声明式渲染中 data 只在当前页面挂载的 div#app 这个点上使用，不会出现一个页面多次使用的情况。

假设 data 是对象，当我们定义构造函数 Vue 时，给它内部的 data 设置了一个值，该值为对象类型，对象类型在 js 中称为引用数据类型，在栈中存储了一个指向内存中该对象的堆中的地址。当我们创建一个实例对象时，要获取函数中的 data，其实只是获取了那个堆中的地址，同样的，创建第二个实例对象时，获取的也是那个地址，然而该地址指向的都是同一个数据。当我们改变其中一个实例对象 data 中的属性时，其实是先顺着地址去找到内存中的那个对象，然后改变一些值，但是因为所有创建的实例都是按照地址去寻找值的，所以其中一个改变，另一个也会跟着改变。

10.5.5 v-model 原理

v-model 可以看成是 value+input 方法的语法糖，它实际上做了两步动作：

① 绑定数据 value。

② 触发输入事件 input。

可以绑定 v-model 的是表单元素，如 input、checkbox、select、textarea、radio 等。

10.5.6 v-if 和 v-show 的区别

v-if 和 v-show 都能实现元素的显示隐藏，它们的区别如下：

① v-show 只是简单地控制元素的 display 属性，v-show 的元素始终会被渲染并保存在 DOM 中，而 v-if 是条件渲染(条件为真，元素将会被渲染；条件为假，元素会被销毁)。

② v-show 有更高的首次渲染开销，而 v-if 的首次渲染开销要小得多。

③ v-if 有更高的切换开销，v-show 切换开销小。

④ v-if 有配套的 v-else-if 和 v-else，而 v-show 没有。

⑤ v-if 可以搭配 template 使用，而 v-show 不行。

总结：如果需要非常频繁地切换，则使用 v-show；如果在运行的时候很少改变，则使用 v-if 较好。

10.5.7 computed、watch 以及 method 的区别

computed 本质是一个具备缓存的 watcher，依赖的属性发生变化就会更新视图，适用于性能消耗较大的计算场景。当表达式过于复杂时，在模板中放入过多逻辑会让模板难以维护，可以将复杂的逻辑放入计算属性中处理。

watch 没有缓存性，更多的是观察的作用，可以监听某些数据执行回调。当我们需要深度监听对象中的属性时，可以打开 deep：true 选项，这样便会对对象中的每一项进行监听。但是这样会带来性能问题，优化的话可以使用字符串形式监听，例如：

```
watch: {
  "queryData.name": {
  handler: function () {
    //do something
    },
  },
},
```

method 每次调用都会重新执行一次，不会自动触发。

10.5.8　Vue 的生命周期及顺序

Vue2 和 Vue3 的生命周期有一些细微区别，下面分别作简单介绍。

1. Vue2 生命周期

Vue2 的生命周期按照执行的先后顺序依次如下：

① beforeCreate：是 new Vue()之后触发的第一个钩子，在当前阶段 data、methods、computed 以及 watch 上的数据和方法都不能被访问。

② created：在实例创建完成后发生，当前阶段已经完成了数据观测，也就是可以使用数据，更改数据，在这里更改数据不会触发 updated 函数。可以做一些初始数据的获取，在当前阶段无法与 DOM 进行交互，如果非要交互，可以通过 vm. $ nextTick 来访问 DOM。

③ beforeMount：发生在挂载之前，在这之前 template 模板已导入渲染函数编译。而当前阶段虚拟 DOM 已经创建完成，即将开始渲染。在此时也可以对数据进行更改，不会触发 updated。

④ mounted：在挂载完成后发生，在当前阶段真实的 DOM 挂载完毕，数据完成双向绑定，可以访问到 DOM 节点，使用 $ refs 属性对 DOM 进行操作。

⑤ beforeUpdate：发生在更新之前，也就是响应式数据发生更新，虚拟 DOM 重新渲染之前被触发，你可以在当前阶段更改数据，不会造成重渲染。

⑥ updated：发生在更新完成之后，当前阶段组件 DOM 已完成更新。要注意的是避免在此期间更改数据，因为这可能会导致无限循环的更新。

⑦ beforeDestroy：发生在实例销毁之前，在当前阶段实例完全可以被使用，我们可以在这时进行善后收尾工作，比如清除计时器。

⑧ destroyed：发生在实例销毁之后，这个时候只剩下了 DOM 空壳。组件已被拆解，数据绑定被卸除，监听被移出，子实例也统统被销毁。

2. Vue3 生命周期

在 setup 中使用的 hook 名称和原来 Vue2. x 生命周期的对应关系如下(右侧是 Vue3)：

① beforeCreate→不需要；

② created→不需要；

③ beforeMount→onBeforeMount；

④ mounted→onMounted；

⑤ beforeUpdate→onBeforeUpdate；

⑥ updated→onUpdated；

⑦ beforeUnmount→onBeforeUnmount；

⑧ unmounted→onUnmounted；

⑨ errorCaptured→onErrorCaptured；

⑩ renderTracked→onRenderTracked；

⑪ renderTriggered→onRenderTriggered。

Vue3 生命周期详情参见 4.8 节。

10.5.9 接口请求一般放在哪个生命周期中?

如果不需要操作DOM,就把接口请求放到created中,否则放到mounted中,mounted阶段el已经挂载,可以操作DOM。如果是服务端渲染,需要把接口请求放到created中,因为服务端渲染只支持beforeCreat与created两个钩子。

10.5.10 Vuc组件的通信方式

Vue组件的常见使用场景可以分为以下三类:

① 父子通信:

a. 父向子传递数据是通过props完成的,子向父传递数据是通过 $emit / $on完成的。

b. $emit / $bus。

c. Vuex。

d. 通过父链 / 子链也可以通信($parent / $children)。

e. ref也可以访问组件实例。

② 兄弟通信:

a. $emit / $bus。

b. Vuex。

③ 跨级通信:

a. $emit / $bus。

b. Vuex。

c. provide / inject API。

d. $attrs/ $listeners。

10.5.11 slot插槽

slot插槽包括单个插槽、命名插槽、作用域插槽、scoped和slots。更多详细信息参见3.11节。

10.5.12 虚拟DOM

(1) 什么是虚拟DOM?

虚拟DOM本质上就是一个普通的JS对象,用于描述视图的界面结构。在Vue中,每个组件都有一个render函数,每个render函数都会返回一个虚拟DOM树,这也就意味着每个组件都对应一棵虚拟DOM树。

(2) 为什么需要虚拟DOM?

在Vue中,渲染视图会调用render函数,这种渲染不仅发生在组件创建时,也发生在视图依赖的数据更新时。如果在渲染时直接使用真实DOM,由于真实DOM的创建、更新、插入等操作会带来大量的性能损耗,故会极大地降低渲染效率。

因此,Vue在渲染时使用虚拟DOM来替代真实DOM,主要是为了解决渲染效率的问题。

(3) 虚拟 DOM 是如何转换为真实 DOM 的?

在一个组件实例首次被渲染时,它先生成虚拟 DOM 树,然后根据虚拟 DOM 树创建真实 DOM,并把真实 DOM 挂载到页面中合适的位置,此时每个虚拟 DOM 便会对应一个真实的 DOM。

如果一个组件受响应式数据变化的影响需要重新渲染时,它仍然会重新调用 render 函数,创建出一个新的虚拟 DOM 树,通过对比新树和旧树,Vue 会找到最小更新量,然后更新必要的真实 DOM 节点。这样一来,就保证了对真实 DOM 达到最小的改动。

(4) 模板和虚拟 DOM 的关系

Vue 框架中有一个 compile 模块,它主要负责将模板转换为 render 函数,而 render 函数调用后将得到虚拟 DOM。编译的过程分两步:

① 将模板字符串转换成为 AST;

② 将 AST 转换为 render 函数。

如果使用传统的引入方式,则编译时间发生在组件第一次加载时,称为运行时编译。如果是在 vue-cli 的默认配置下,编译发生在打包时,称为模板预编译。

编译是一个极其耗费性能的操作,预编译可以有效地提高运行时的性能,而且由于运行的时候已不需要编译,vue-cli 在打包时会排除掉 Vue 中的 compile 模块,以减少打包体积。

模板的存在,仅仅是为了让开发人员更加方便地书写界面代码。

10.5.13 Vue 中 key 的作用

key 的特殊属性主要用在 Vue 的虚拟 DOM 算法中,即在新旧 nodes 对比时辨识 VNodes。

如果不使用 key,Vue 会使用一种最大限度减少动态元素并且尽可能地尝试就地修改/复用相同类型元素的算法。而使用 key 时,它会基于 key 的变化重新排列元素顺序,并且会移除 key 不存在的元素。

key 属性作为元素的唯一标识,加载过的数据标签不会再去进行循环,也不会再次渲染,从而能够提高性能。

10.5.14 nextTick 原理

nextTick 就是一个异步方法。nextTick 方法主要是通过使用宏任务和微任务(事件循环机制)定义一个异步方法,多次调用 nextTick 会将方法存入队列中,通过这个异步方法可以清空当前队列。

nextTick 将回调函数延迟在下一次 DOM 更新数据后调用,可以简单理解为当更新的数据在 DOM 中渲染后,自动执行该函数。所有放在 Vue.nextTick()回调函数中的应该是会对 DOM 进行操作的 JS 代码;使用 nextTick 的目的是为了保证当前视图渲染完成。

nextTick 中定义的 3 个重要变量如下:

① callbacks:用来存储所有需要执行的回调函数。

② pending:用来标志是否正在执行回调函数。

③ timerFunc:用来触发执行回调函数。

nextTick 的使用场景如下：

① 在 Vue 生命周期的 created()钩子函数进行的 DOM 操作一定要放在 Vue. nextTick()的回调函数中。当 created()钩子函数执行的时候，DOM 其实并未进行任何渲染，而此时进行 DOM 操作无异于徒劳，所以此处一定要将 DOM 操作的 JS 代码放进 Vue. nextTick()的回调函数中。与之对应的就是 mounted 钩子函数，因为该钩子函数执行时所有的 DOM 挂载已完成。

② 在数据变化后，当要执行的某个操作需要使用随数据改变而改变的 DOM 结构的时候，该操作应该放进 Vue. nextTick()的回调函数中。

10.5.15 说说 Vuex

Vuex 就是一个仓库，仓库里放了很多对象，它可以用于状态管理。Vuex 有以下 5 个属性：

① state：存放数据，读取方式为：this. $ store. state. name。

② mutations：是操作 state 数据的，但它是同步的，调用方式为：this. $ store. commit('edit',25)。

③ actions：与 mutations 一样，但 actions 是异步操作，提交的是 mutations 通过 dispatch 分发的方法。actions 可以包含任意异步操作。

④ getters：相当于计算属性。例如：this. $ store. getters. name。

⑤ modules：模块化 Vuex。

不用 Vuex 可能带来的问题如下：

① 可维护性会下降。你需要修改数据，并且维护多个地方。

② 可读性下降。因为你根本就看不出来组件里的数据是从哪里来的。

③ 增加耦合。大量的上传派发会让耦合性大大增加，本来 Vue 用 Component 就是为了减少耦合，现在这么用，和组件化的初衷相背。

④ 复制代码导致代码重复。

10.5.16 keep-alive

keep-alive 是用来缓存组件实例的，主要用于缓存不活动的组件实例，避免重新渲染。keep-alive 有以下两个常用的属性：

① include： 字符串或正则表达式，只有匹配的组件会被缓存。

② exclude：字符串或正则表达式，任何匹配的组件都不会被缓存。

keep-alive 的两个生命周期为 activated 和 deactivated。第一次进入页面时，钩子的触发顺序为 created→mounted→activated，退出时触发 deactivated。当再次进入(前进或者后退)时，只触发 activated。

10.5.17 Router 和 Route 的区别？

Router 是一个路由实例对象，包含了路由跳转和钩子函数。

Route 是一个路由信息对象，包括 query、params、path、name。

10.5.18　vue-router 有哪几种导航钩子？

全局守卫：beforEach(to ,from ,next)、afterEach(to,from,next)。

组件守卫：beforRouterEnter(to ,from ,next)。

独享守卫：beforEnter (to ,from ,next)。

10.5.19　vue-loader 是什么？它的用途有哪些？

vue-loader 是 Vue 文件的一个加载器，它会解析文件并提取出每个语言块，将 template/js/style 转换成 JS 模块，如果有必要会通过其他 loader 处理，最后将它们组装成一个 CommonJS 模块，再通过 module.exports 导出一个 vue.js 组件对象。

用途：JS 可以写 ES6，style 样式可以为 scss 或 less，template 可以加 jade 等。

10.5.20　Vue 性能优化

Vue 的性能优化可以从以下几点来谈，分别是编码优化、打包优化、用户体验以及 SEO 优化。

① 编码优化：

a. 事件代理。

b. keep-alive 缓存。

c. 拆分组件、代码模块化。

d. key 保证唯一性。

e. 路由懒加载、异步组件。

f. 防抖节流。

② Vue 打包优化：

a. 第三方模块按需导入(babel-plugin-component)。

b. 图片懒加载。

c. productionSourceMap 设置为 false、开启 gzip 压缩。

d. 使用 cdn 的方式外部加载一些资源，比如 vue-router、axios 等 Vue 的周边插件，externals 配置。

e. 减少图片使用、小图片采用 base64。

③ 用户体验：

a. app-skeleton 骨架屏。

b. Progressive Web App(pwa)。

④ SEO 优化：

a. 使用预渲染的方式对网页的路由指定模板。

b. 使用服务端渲染 SSR。

参考文献

[1] Timothy. Vue 中 computed 和 watch 的区别[EB/OL]. https://www.cnblogs.com/jiajialove/p/11327945.html.

[2] lzg9527. 从 javascript 事件循环看 Vue.nextTick 的原理和执行机制[EB/OL]. https://segmentfault.com/a/1190000022301747.

[3] Saga Two. Vue3 项目 keepAlive 使用方法详解[EB/OL]. https://blog.csdn.net/m0_46309087/article/details/109403655.

[4] 呼唤远方. 图片 Base64 编码的利与弊分析[EB/OL]. https://www.imooc.com/article/27804.

[5] 阮一峰. CSS Grid 网格布局教程[EB/OL]. http://www.ruanyifeng.com/blog/2019/03/grid-layout-tutorial.html.

[6] star-1331. Vue2 和 Vue3 响应式原理对比剖析[EB/OL]. https://blog.csdn.net/weixin_40970987/article/details/108712686.

[7] 浮生若梦_为欢几何_. Vue 虚拟 DOM 原理及面试题(笔记)[EB/OL]. https://blog.csdn.net/weixin_44231864/article/details/115264217.

[8] 王三. Vue 核心面试题(nextTick 实现原理)[EB/OL]. https://blog.csdn.net/qq_42072086/article/details/106987202.